빅뱅에서 인간까지

_우주, 생명, 문명

빅뱅 에서 인간 까지

_우주, 생명, 문명

28명의 과학자가 들려주는
우주의 시작부터 인간의 탄생까지
과학의 모든것

마그나 히스토리아 연구회 지음

청아출판사

서문

푸른 하늘 은하수 하얀 쪽배에

계수나무 한 나무 토끼 한 마리

돛대도 아니 달고 삿대도 없이

가기도 잘도 간다 서쪽 나라로

밤하늘에 떠서 서쪽으로 넘어가는 반달. 계수나무 한 그루와 함께 토끼 한 마리가 타고 하늘을 가로질러 흐르는 은하수를 항해하며 서쪽으로 가고 있는, 돛대도 삿대도 없는 하얀 쪽배. 일제 시대였던 1926년 윤극영이 작사, 작곡한 동요 〈반달〉은 오랫동안 남녀노소 누구나 즐겨 부르던 우리나라 최초의 창작 동요입니다. 우리에게 가장 가까이 있는 천체로, 밤마다 모양을 바꿔 가며 나타나 밤하늘을 밝혀 주는 달을 노래하고 있지요.

이렇듯 우리는 달을 곁에 가까이 있는 친근한 존재로 받아들이지만, 한편으로는 달을 보고 소원을 비는 등 미지의 대상으로 여기고 경외심을 갖기도 합니다. 때때로 아이들은 달에 대한 호기심 가득한 질문을 해 엄마, 아빠를 궁지에 몰아넣기도 하죠. 달이 무엇일까, 왜 밤마다 모양이 바뀔까, 밤마다 나타나는 시간이 왜 다를까, 어떻게

4

만들어졌을까, 어디에서 왔을까, 언제부터 생겼을까, 누가 살고 있을까 등 우리에게 수많은 물음을 갖게 했던 달.

달에 대한 인류의 호기심의 방향을 결정적으로 바꾼 사건이 있었습니다. 1969년 7월 21일, 미국 시간으로 7월 20일에 아폴로 11호 선장 닐 암스트롱이 인류 최초로 달에 첫 발을 딛는 모습이 한국에서도 생방송으로 중계됐습니다. 이날은 인류 최초의 달 착륙이라는 엄청난 사건을 기념하고자 심지어 우리나라에서도 임시 공휴일로 지정되었고, 전 세계적으로 5억이 넘는 사람들이 이 사건을 생방송으로 시청했다고 합니다. 당시 전 세계 인구가 35억을 겨우 넘었고, TV 보급률이 매우 낮았던 걸 감안하면 엄청난 사건이었던 것은 틀림없습니다. 네 살이었던 나도 5억 명 중 한 명으로 그 장면을 지켜보았고, 그렇게 어렸음에도 아직까지 그 감동의 기억은 여전히 남아 있습니다. 그것은 과학이 무엇인지 아무것도 모르던 어린아이였던 내가 과학에 관심을 가지고 과학을 업으로 하는 사람이 되는 계기가 되었습니다.

이제 달은 더는 계수나무 옆에서 토끼가 불로초를 만들고자 방아를 찧고 있는 곳이 아니며, '항아', '셀레네', '아르테미스' 또는 '디아나'와 같은 여신이 살고 있는 '월궁'이 아닙니다. 달은 더 이상 신화나 동화 속에 등장하는 대상이 아니게 되었습니다. 27.3일에 한 번씩 지구 주위를 돌면서 정확히 같은 주기로 자전해 한쪽 면만 우리에게 보여 주고, 중력 세기는 지구의 1/6 밖에 되지 않아 대기도 거의 존재하지 않습니다. 하지만 자신의 중력으로 지구에서 밀물과 썰물이 일어나게 영향을 끼치는 그런 존재입니다. 과학적 탐구의 대상이 되어 본질이 드러나게 된 겁니다. 인류는 달을 넘어 태양계의 유일한 별인 태양과 태양계 다른 행성의 비밀을 밝혀내고, 더 나아가 무한히 넓은 우주에 대한 탐구를 계속하며 우주의 신비를 하나씩 하나씩 밝혀내고 있습니다.

수백만 년 전 지구상에 처음 등장한 인류의 조상은 혹독한 환경에서 살아남아 지금에 이르렀습니다. '종'으로서의 인류는 때로는 힘겹게 멸종의 위기를 극복했고, 때로는 잔혹하게 다른 종을 멸종시키며 살아남았죠. 현재는 지구상 최고 포식자가 되어 생존해 있습니다. 이러한 생존 과정에서 어려운 상황을 타개하고자 탐구를 하게 되었고, 보다 많은 먹을거리를 구하거나 생산하고자 그리고 외부 위협을 막아내고자 필요한 도구를 개발하고, 여러 방법을 고안하고 개선했습니다. 이런 과정에서 우리 인류는 먹고사는 문제를 넘어서서 스스로의 존재 가치에 대한 질문을 던지기 시작했습니다. 이 세상은 어떻게 만들어졌을까, 밤하늘 저 멀리 보이는 별들은 무엇일까, 우주의 크기는 얼마나 될까, 우리 주위에 있는 물질은 무엇으로 이루어져 있을까, 우리 주위에 있는 동식물은 어떻게 생겨났을까, 생명은 무엇인가, 우리 인간은 누구인가, 우리가 느끼는 감정은 무엇인가, 인간의 지적 활동은 어떻게 가능한가, 우리 주위의 환경이 우리에게 어떤 영향을 끼칠까 등과 같은 여러 가지 질문은 오랫동안 우리 인류가 대답하지 못한 질문입니다. 이러한 질문에 답을 하려고 오랫동안 종교와 신학의 힘을 빌려 형이상학적 답을 내어 놓기도 했습니다. 16세기에 시작된 과학혁명 이후 과학은 종교와 신학을 대신해 이러한 질문에 답을 주기 시작했고, 오늘날에 더 많은 근본적인 답을 주고 있을 뿐만 아니라, 우리가 오랫동안 인식하지 못했던 새롭고 중요한 질문들을 던지고 있습니다.

이 책은 인류가 직면한 중요하고 거대한 질문에 답을 주기보다는 이러한 질문을 해결하기 위해 인간이 발전시켜 온 과학과 과학적 발견을 소개하며 이를 통해 왜 과학적 사고가 중요한지에 대해 다룹니다. 뿐만 아니라 과학적 사고에 기반을 두고 새로운 질문을 만들어 내는 것이 얼마나 중요한지도 다루고 있습니다. 이 책은 '빅히스토리'적 전개 방식을 일부 차용해 기술하고 있습니다.

우리 주위에 존재하는 수많은 물질과 우리 인간을 포함한 다양한 생명체뿐만 아니라 이들을 모두 담고 있는 공간과 시간, 이 모든 것의 가장 본질적인 기원은 빅뱅입니다. 이로부터 물질이 생겨나고, 생명체가 탄생하고, 결국 우리 인간종이 이 땅에 등장하고 진화해 지금의 우리가 되고, 우리를 둘러싸고 있는 환경과 문명이 이루어져 온 과정들을 다룹니다. 그리고 이 책이 쓰인 보다 근본적인 목적인 과학적 사고를 위해 빅히스토리적 서술과 결합해 과학이 어떻게 발전해 왔는지, 어떤 과학적 이론과 논리가 자연을 기술하는지 다루고 있습니다.

1~4장에서는 거시 세계와 미시 세계를 다루는 현대 물리학의 두 축인 상대성이론과 양자역학을 다룹니다. 우리 선조가 바라본 우주부터 현대적 관점의 우주까지를 다루며 빅뱅에서 시작한 상대론적 시공간에서 명멸하는 별의 일생을 기술합니다. 눈에 보이지 않는 미시 세계를 지배하는 불확정성 원리를 통해 시공간과 함께 우주의 구성 성분인 물질의 본질을 이해하고자 합니다.

5~7장에서는 양자역학 원리에 의해 구성된 다양한 물질들이 어떻게 탄생되고 '진화'되어 왔는지, 물질과 물질, 물질과 생명체, 생명체와 생명체 등 이 모든 것과 환경의 순환을 지배하는 열역학 법칙에 대해 에너지와 엔트로피를 중심으로 설명합니다. 또한 지금까지 축적된 과학 지식에 기반을 두고 우리 인류가 만들어 낸 다양한 과학 문명을 이야기합니다.

8~11장에서는 생명이란 무엇인지 재조명하는 질문에서 시작해 생명체의 기원, 생명체와 물질의 과학적 차이, 생명의 본질인 연속성을 잇는 생식과 함께 유전과 생명공학의 개념부터 생명윤리의 관점까지 논의합니다. 더 나아가 생명체가 이루는 그물망을 통해 개체의 정체성과 그 개체 간의 상호 작용이 가져오는 공생과 종 분화에 대해 설명하고, 현대 생물학에서 더욱 중요해진 진화의 개념과 그 메커니즘, 새롭게 부상하는 사회생물학의 논점을 다룹니다.

12~14장에서는 다른 생명종과 우리 인간을 가장 확실하게 구별하는 특징인 문명이 뇌의 발달과 어떻게 연결되는지, 생각과 사고를 하는 인간의 뇌가 얼마나 우수한지 설명합니다. 더 나아가 우리가 살고 있는 지구와 생태계 및 환경에 대해 설명하고, 우리가 이룩한 인류 문명이 우리를 둘러싸고 있는 생태계와 환경, 급변하는 기후 변화에 어떤 영향을 끼치고 있는지 알아보고, 우리의 대응책을 논의합니다.

　독자들에게 이 책이 과학은 어렵고 따분하고 자신에게는 크게 필요하지 않을 것 같다는 생각에서 벗어나는 계기가 되면 좋겠습니다. 더 나아가 우리 주변에서 일어나는 다양한 자연 현상을 관심 있게 관찰하고, 우리가 누리는 과학 문명의 '빛과 그림자'를 과학적으로 이해해 그 안에 숨겨진 '보물'을 찾을 수 있으면 합니다. 과학은 겉으로 드러난 현상보다 그 현상 배후에 깊숙이 숨어 있는 근본적인 원리를 탐구하는 것입니다. 그리고 기존에 알려진 이론을 넘어서는 더 근본적인 원리가 새롭게 등장하면 그 전에 과학적 원리라고 불렸던 것들의 한계를 인정하고 새로운 원리를 받아들이는 과정이라는 것을 알게 되길 바랍니다. 우리가 살아가는 이 세상을 바라보는 새로운 눈을 가지고, 비합리적인 권위로 주어지는 전제를 깨고 과학적이고 합리적인 사유 방식을 가지는 시민의 길로 여러분을 초대합니다.

권영균

목차

CHAPTER 1

우주, 미시에서 거시까지

CHAPTER 2

시간과 공간

CHAPTER 3

별의 생과 사

12
CHAPTER

인류와 문명

13
CHAPTER

지구 환경과 인류의 미래

14
CHAPTER

기후 변화와 위기의 생태계

CHAPTER

우주, 미시에서 거시까지

많은 별과 은하수가 흐르는 멋진 밤하늘을 카메라 노출을 오래해서 찍으면 어떤 결과가 나타날까요? 지구가 자전한 결과를 사진으로 볼 수 있습니다. 별의 움직임이 원 모양으로 궤적을 남긴 것을 볼 수 있죠. 이렇게 원운동을 하는 별들의 중심에는 북극성이 있습니다. 정확히 지구의 자전축 위에 있는 북극성은 지구가 돌 때 움직이지 않습니다. 그리고 북극성 주변 별들은 원운동을 하듯이 보입니다. 원운동을 하지 않고 옆으로 움직이는 별들은 무엇일까요? 그 별들은 실제로 움직인 별들, 별똥별(유성)입니다.

그런데 요즘 도심에서는 별을 거의 볼 수 없습니다. 빛공해가 심하기 때문이죠. 우리가 직접 보는 밤하늘 말고, 제대로 된 우주를 생각해 봅시다. 우리가 포함되어 있는 은하수Milky Way라고 불리는 곳에 수천억 개의 별이 있는데, 우주에는 은하수 같은 은하계가 수천억 개 존재한다고 합니다. 스스로 빛을 내는 항성, 태양계로 치면 태양만 센 것인데도 이렇게 많아요. 그러니까 우주에는 수많은 항성들이 있고, 항성의 주변에는 행성들도 있고, 그 숫자가 엄청나게 많습니다.

그러면 수많은 별 중에 우리와 같은 생명체가 살고 있는 별도 있을까요? 최근 미국 항공우주국NASA은 약 39광년 떨어진 곳에 지구와 비

✦ 그림 1
많은 별과 은하수가 보이는 밤하늘

✦ 그림 2
노출을 오래해서 찍은 별의 움직임

숫한 환경을 가진 행성^{GJ11326}이 있다, 그것도 한 개가 아니고 여러 개가 있을 수 있다고 발표했습니다.

우주의 모습은 어떨까요? 과연 우리 눈에 보이는 모습이 전부일까요? 시작과 끝은 있을까요? 시작이 있다면 그 시작은 누가 만들었을까요? 우주에 끝이 있다면 그 너머에는 무엇이 있을까요? 그런 물음을 갖다 보면 우리 인간이 너무나 작고 보잘 것 없이 느껴집니다. 하지만 우리는 호기심을 가지고 이 공간을 살아가고 있고, 우리의 지적 능력으로 우주에 대해서 많은 것을 알았고, 앞으로도 더 많이 알게 될 겁니다. 거대한 우주에 비하면 보잘 것 없는 우리 작은 인간들이 우주를 탐구하고 있습니다. 우리는 그걸 할 수 있는 능력이 있습니다. 자부심을 가져야 합니다.

그러면 우리는 왜 우주를 바라봐야 할까요? 왜 우주에 대한 이야기를 하고, 우주에 대한 공부를 해야 할까요? 그것은 우주에 우리가 살아가는 모든 자연의 비밀이 담겨 있기 때문입니다. 여기서 자연을 품고 있는 우주란 눈에 보이는 물질, 생물, 행성만 지칭하는 게 아닙니다. 우리 눈에 보이지 않는 시간, 공간 같은 것도 우주 안에 들어갑니다. 즉 이 우주에는 시간, 공간, 물질이 담겨 있고, 이 물질로부터 생명과 인간이 만들어졌습니다. 이것들을 이해하려면 우주를 이해해야 할 뿐 아니라 우주의 시작이 있었다는 것을 이해해야 합니다. 우리는 이제부터 우주에 대한 이야기, 시공간에 대한 이야기를 시작합니다.

우주의 시작

우주는 어떻게 시작됐을까요? 신을 믿는 사람들은 신이 천지창조를 했다고 믿을 것이고, 138억 년 전의 시초가 신의 행위라고 할 겁니다. 과학적으로는 그 138억 년 전에 빅뱅^{big bang}이 있었을 것이라고 생각합니다. 138억 년 전 시작된 우주는 처음 모습대로 고정된 것이 아니라 계속 변하고 있습니다. 점점 더 커져 가고 있어요. 그래서 우리가 우주를 바라본다는 것은 우주가 언제, 어떻게 시작했고, 어떻게 변해 왔는지를 알아 가는 겁니다. 즉 우주에 대해 가능한 한 깊이 이해하고 이를 토대로 앞으로 우주가 어떻게 변해 갈 것이라 예측하는 것이 여기서 공부하려는 과학적 방법입니다.

그렇다면 현재의 우리만이 우주를 바라보고 이해하고 있는 걸까요? 실은 우리가 원시인이라고 생각하는 인류의 오랜 조상들도 우주에 대해 연구했습니다.

우연히 길을 가다가 어떤 돌을 발견했다고 합시다. 그런데 그 돌에 별자리 모양의 점이 박혀 있고, 전문가에게 물어보니 청동기 시대에 만들어진 유물이라는 겁니다. 이런 돌을 발견하면 청동기 시대 사람들이 별자리를 돌에 새겼다고 생각할까요, 아니면 우연히 만들어졌을 거라 추측할까요? 이렇게 돌에 새겨진 별자리 모양을 통해 당시 사람들이 별자리를 연구했다고 확신할 수 있을까요? 이런 모양의 돌이 한두 개가 아니라 굉장히 많이 발견되면서 더 이상 우연이 아닌

게 되었습니다. 그래서 그 옛날에도 사람들이 별자리를 보고 우주에 대한 관찰과 탐색을 했다는 것을 알 수 있습니다.

오래전 메소포타미아 사람들은 둥근 하늘과 평평한 땅, 그 사이에 해, 달, 별이 있다고 생각했습니다. 이집트 사람들은 어땠을까요? 땅을 이루는 것은 남신이고, 몸에 별을 가진 여신이 하늘을 이루고 있고, 그 사이에서 태어난 자식인 신과 대리인들이 세상을 다스린다고 생각했습니다.

고대 인도에서는 코끼리 여러 마리가 땅을 떠받치고 있다고 생각했습니다. 옛 사람들은 땅을 받쳐 주지 않으면 꺼진다고 생각했어요. 그래서 신적인 존재로 여긴 동물 중에서 힘도 세고 덩치도 큰 거대한 코끼리가 지구를 받치고 있다고 생각한 겁니다. 그럼 코끼리가 떨어질 땐 어떡할까요? 훨씬 더 큰 거북이가 받쳐 주고, 거북이는 다시 뱀이 받쳐 줍니다. 그리고 뱀은 스스로 꼬리를 물어서 떨어지는 상황을 막는다는 겁니다. 인도에서는 이런 식으로 우주를 생각했어요.

그리스 사람들은 우주를 어떻게 바라봤을까요? 둥근 하늘과 땅, 그 사이에 별과 태양이 있고요, 아래로 지하세계가 있다고 생각했습니다. 기원전 6세기까지 대부분 지역에서 사람들은 우주의 모습으로 평평한 땅에 둥근 하늘, 그 사이에 태양, 달, 별이 있다고 여겼습니다.

우리나라 사람들도 별을 보면서 많은 생각을 했습니다. 별을 바라본 이유는 무엇일까요? 달력도, 시계도 정확하지 않았던 당시에는 별자리를 보면서 계절의 변화를 관찰하고 농사를 지었습니다. 하늘과

✛ 그림 3
이집트 신화 속 대지의 신 게브와 하늘의 여신 누트

농경은 떼려야 뗄 수 없는 관계입니다. 하늘을 바라보고 별자리를 정하고 살펴보는 것이 단순한 호기심을 넘어 농업사회가 제대로 굴러가는 데 큰 역할을 한 것입니다. 그래서 동양에서는 방향에 따라 별과 상상 속에 존재하는 동물을 연결시켜서 신적인 동물을 설정하고, 그것들이 농사짓는 데 도움을 준다는 이야기를 만들어 냈습니다.

이처럼 동서양 모두 별을 바라봤습니다. 우리나라를 비롯한 동양은 기록이 많이 남아 있지 않으므로 먼저 기록이 잘 되어 있는 서양의 것을 살펴볼까 합니다.

천동설

기원전 5세기경부터 사람들은 지구가 둥글다는 사실을 인식하기 시작했습니다. 피타고라스를 중심으로 하는 피타고라스 학파가 지구는 둥글다고 주장했어요. 플라톤 역시 지구가 둥글다고 말했습니다. 그런데 그 사람들이 왜 지구를 둥글다고 했는지 근거가 확실하지 않습니다. 과학적으로 밝혀낸 것인지, 추측을 한 것인지 기록이 없어요.

기록으로 남아 있는 것 중 지구가 둥글다는 사실을 과학적으로 보인 첫 번째 사람이 아리스토텔레스입니다. 그는 지구가 왜 둥근지 엄밀하게 측정하고, 발견했습니다. 땅이 평평하다고 생각해 봅시다. 그렇다면 밤에 바라보는 별자리 모양은 어디서 보든 크게 바뀌지 않을 겁니다. 별자리의 좌우상하 비율은 바라보는 위치에 따라서 조금 달라질 수 있지만, 전체적인 대강의 모양은 유지되어야 합니다. 그런데 만약 지구가 둥글다면 시야의 반대 면은 보이지 않습니다. 또한 위치를 옮길 때마다 보이는 별의 종류가 다른 것도 지구가 평평하지 않다는 증거라고 했습니다. 그걸 아리스토텔레스가 최초로 주장한 겁니다.

수평선 멀리 바라보고 있으면 어떨까요? 지구가 평평하다면 멀리 있는 풍경이 작게 보일 뿐 전체가 다 보여야 합니다. 그런데 멀리서 바라봤더니 대상물의 전체가 다 보이는 대신 저 멀리 수평선 꼭대기에서 대상물이 조금씩 스멀스멀 드러나 보이더라는 겁니다. 배로 표

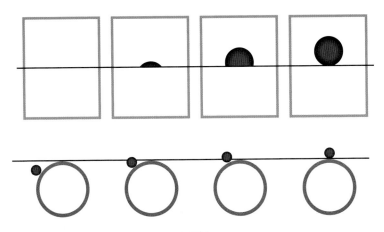

+ 그림 4
지구가 둥글다는 증거. 멀리서 바라보면 대상물이 꼭대기부터 보인다.

현하면 위 깃발만 보이다가 결국에는 선체가 전부 보이게 되는 거죠.

월식은 어떤가요. 태양 빛에 의해 달에 생긴 지구의 그림자가 달을 가려서 월식이 일어난다는 것을 아리스토텔레스는 이미 알고 있었습니다. 그림자 모양을 '지구는 둥글다'라는 증거로 제시했죠. 그래서 기원전 5세기 이후에는 사람들이 지구가 둥글다는 사실을 알았어요.

그런데 중세 유럽에서는 로마 교회를 중심으로 한 모든 교회에서 지구가 평평하다고 이야기합니다. 그리고 대부분의 사람들이 과학적인 사실로부터 차단당하고, 모든 지식과 정보는 종교와 정치 지도자들만 독점합니다. 일반 백성은 지식과 정보로부터 소외당하는 거죠. 왜 그랬을까요? 당연하게도 협박하기 좋으니까 그랬죠. 그래서 백성 중 말을 안 듣는 사람이 있다면 '지구가 평평하니까 그 끝으로 보내서 절벽 아래로 떨어뜨리겠다, 그곳이 지옥이다'라면서 협박했습니다. 바로 과학 독점의 폐해입니다. 그렇기 때문에 모든 사람들이 과학을 배우고 과학적 사고를 해야 하는 것입니다.

사람들은 지구가 둥글다는 사실을 알았지만, 여전히 지구가 우주의 중심이고 모든 우주가 지구를 중심으로 돌고 있다고 생각했어요. 태양이 동쪽에서 뜨면 아침이 되고 서쪽으로 지면 밤이 되었기 때문에 당시 사람들에게는 너무나도 당연한 결론이었습니다. 이것이 바로 천동설입니다. 지구가 우주 가운데 있고, 하늘이 지구를 중심으로 돌고, 하늘에 태양이 있으므로 우주의 크기는 지구와 태양의 거리만큼을 반지름으로 하는, 현재의 입장에서 보면 굉장히 작은 우주로 인식했습니다.

이렇게 사람들이 지구가 태양 주변을 돈다는 사실을 전혀 인식하지 못하고 있을 때, 현재 우리가 알고 있는 것과 꽤 유사한 우주의 모습을 주장한 사람이 있었습니다. 아리스타르코스라는 사람입니다. 그의 주장은 아르키메데스가 쓴 《모래알 세는 사람》(하늘의 별이 마치 바닷가 모래알만큼 많고, 별 세는 행위를 모래알 세는 행위에 빗대 붙인 제목이라고 한다)이라는 책에 남아 있습니다. 이 책은 인류 최초로 쓰인 대중 과학서라고 할 만합니다. 아르키메데스는 이 책으로 과학자가 아닌 시라쿠사의 왕에게 아리스타르코스의 주장을 포함해 우주에 대한 설명을 했습니다. 이 책에 있는 아리스타르코스의 주장은 "지구가 우주의 중심이 아니라 태양이 우주의 중심이고, 태양과 지구 사이의 거

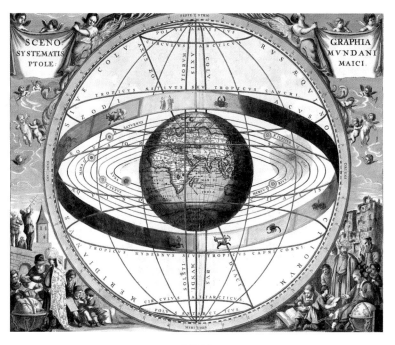

✦ 그림 5
중세 사람들은 모든 우주가 지구를 중심으로 돌고 있다고 생각했다.

리를 무시할 수 있을 정도로 우주는 어마어마하게 크다. 그리고 지구
가 자전도 하고 태양 주변을 돈다."라는 것입니다. 당시로는 상상하
기 힘든 주장이었죠. 하지만 이것이 현재 전해지는 기록의 전부입니
다. 왜 태양이 우주의 중심이며, 왜 지구가 태양 주위를 도느냐에 대
한 이유는 적혀 있지 않습니다.

　그러나 당시 아리스타르코스의 주장은 매우 예외적인 것이었습니
다. 중세까지도 사람들은 지구가 우주의 중심이라고 믿었습니다. 왜

냐면 신이 인간을 만들었고, 그런 존재는 인간이 유일하므로 우리가 살고 있는 지구가 우주의 중심이어야 하고, 지구 주위에 있는 우주는 신이 창조한 존재들이므로 완벽한 모습을 이루고 있어야 한다는 세계관을 가지고 있었기 때문이었죠. 완벽한 모양이란 바로 '구(球)'입니다. 이 완벽한 구 모양의 천체는 다시 완벽한 도형, 즉 원 모양으로 돌아야 된다는 거죠. 완벽한 천체여야 하므로 구 모양으로 원운동을 한다고 믿은 겁니다.

그런데 이런 믿음에 엄청난 균열이 갈 만한 발견을 합니다. 거꾸로 가는 행성, 즉 역행하는 행성을 발견한 겁니다. 모든 천체가 원운동을 완벽하게 해야 하는데, 똑바로 가다가 거꾸로 간다는 거예요. 그런데 사람들은 이 발견을 기존에 잘 확립되었다고 생각하는 전제를 가지고 설명하려고 합니다. 전제가 이렇게 무섭습니다. 이것을 깨고 나가는 것이 정말 어렵습니다. 이를테면 1900년대 중반까지만 해도 여성에게 참정권조차 없는 나라가 많았어요. 여자는 온전한 사람이 아니라는 거죠. 그 전제를 깨는 데 무척 오랜 시간이 걸렸습니다. 잘못된 전제를 깨는 게 어렵습니다. 당시 우주의 모습에 대한 전제가 '지구가 우주의 중심에 있으며, 지구 주위에 구 모양의 천체들이 있고, 그것들은 지구를 중심으로 원운동을 한다'라는 겁니다. 이게 전제에요. 앞서 이야기한 것처럼 신이 그렇게 만들었으니까요. 지금 보면 틀린 것이지만, 당시 과학자들도 그 전제를 당연한 진리로 받아들였어요. 자신들이 진리로 믿고 있는 전제하에 역행하는 행성을 설명

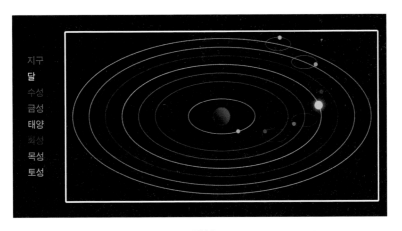

지구
달
수성
금성
태양
화성
목성
토성

✦ 그림 6
프톨레마이오스의 주전원 개념이 포함된 천동설 모델

해야 했던 거죠. 그러면 당시 과학자들이 어떻게 했을까요?

당대 최고의 석학이었던 프톨레마이오스는 역행하는 행성의 운동을 설명하고자 주전원epicycle이라는 개념을 도입합니다. 행성이 지구 주위에서 그냥 원운동을 하는 것이 아니라 완벽한 작은 원운동을 하면서 지구 주위를 돈다는 겁니다.✦그림6 완벽한 원운동은 여전히 유지되는 거예요. 작은 원운동을 하면서 큰 원을 그리며 도는 것이므로 이 역행하는 영역이 용납된다는 겁니다. 프톨레마이오스는 주전원 개념을 토대로 지구 주변을 역행하는 행성들의 위치를 계산해 냈습니다. 잘못된 전제가 잘못된 과학 이론을 만든 겁니다.

프톨레마이오스는 주전원 개념이 포함된 천동설 모델을 만들었습니다. 천동설이 영어로는 'geocentrism'인데요, 'geo(땅)'가 center(중

+ 그림 7
유럽 암흑시대에 아랍인은 과학적으로 우주를 관찰했다.

심)이다'라는 의미입니다. 즉 지구가 중심이고 그 주위로 달과 주전원
을 그리며 도는 수성, 금성, 그다음에 태양, 그러고 나서 역시 주전원
을 그리며 화성, 목성, 토성이 지구 주위를 도는 모델입니다. 즉 지구
주위를 하늘이 도는 천동설입니다.

　이렇게 서양이 잘못된 전제를 받아들이며 과학에 있어 암흑기였
던 것에 반해 당시 중동 지역의 아랍인은 과학적인 활동을 활발히 하
고 있었습니다. 망원경을 만들어서 우주를 관찰하기도 하고, 측량을

통해 계산과 분석을 하고, 둥근 지구본을 만들기도 했습니다.

여기서 잠깐 전제에 대해 생각해 보겠습니다. 과학적 사고에 있어서 가장 중요한 전제는 무엇일까요? 바로 '우리는 틀릴 수 있다'라는 겁니다. 이것이 과학의 가장 중요한 전제입니다. 그러니까 지금 나온 과학적 결과는 이제까지 나온 과학적 전제 혹은 근거에서만 성립하는 것들이에요. 그래서 어느 순간 잘못되었다고 판단되면 모두 허물고 새로운 과학을 세울 수도 있어야 하는 것입니다. 그렇게 과학은 발전해 왔고, 앞으로도 그럴 것입니다.

지동설

중세 때 이것을 실현한 사람이 있었습니다. 바로 코페르니쿠스입니다. 프톨레마이오스의 천동설이 진리로 받아들여지던 시대에 그는 지구가 돈다는 지동설을 주장했습니다. 지동설을 받아들이면, 주전원이라는 기이한 개념 없이 행성들이 그냥 태양 주변을 돌면 되는 겁니다. 지구도 태양 주위를 돌기 때문에 상대적인 위치 차이로 역행하는 것처럼 보이는 행성도 자연스럽게 관측됩니다.

코페르니쿠스의 지동설에 기반을 둔 태양 중심설은 영어로 'heliocentrism'이라고 합니다. helio가 태양이라는 뜻으로, 태양이 중심이라는 의미입니다. 태양을 중심으로 수성, 금성, 지구(그 주위를 도는 달), 화성, 목성, 토성이 돌고 있어요. 여기에는 주전원이라는 개념이 전혀 필요 없습니다. 그냥 각자가 태양을 중심으로 돌면 관측된 행성의 운동이 설명됩니다.

갈릴레이가 종교재판을 받게 된 것은 코페르니쿠스의 지동설에 동조해 같은 주장을 했기 때문입니다. 당대에 일반적으로 믿어지는 전제를 허무는 것은 목숨을 걸어야 하는 위험한 행동이었던 거죠. 그 이후 갈릴레이는 망원경으로 천체를 관찰하면서 태양이 천체의 중심이라는 사실을 신부들에게 보여 줍니다. 신부들을 초청해서 망원경을 보게 하고, 신부들도 인정할 수밖에 없는 상황이 되면서 지동설이 받아들여집니다. 그럼에도 당시에는 여전히 천동설이 대세였고요, 지동설은 하나의 가능한 설 정도로 살짝 언급되었습니다.

혹시 티코 브라헤라는 이름을 들어보셨나요? 시력이 너무너무 좋았던 그는 당시 최고의 천체 관측 장비를 확보해 우주의 다양한 모습을 관측하고 어마어마한 기록을 남긴 사람입니다. 어느 날 티코 브라헤는 다른 사람은 보지 못하고 자기만 볼 수 있는 초신성이란 것을 관찰합니다. 초신성은 우주 먼 곳에서 갑자기 폭발해서 어마어마하게 밝은 빛을 내는 별입니다. 하지만 너무 멀리 떨어진 곳에서 빛을 내니까 대부분의 사람 눈에는 잘 안 보이는데, 티코 브라헤는 초신성을 맨눈으로 관측했습니다. 그는 이 관측으로부터 코페르니쿠스가 주장하는 '태양 중심의 우주'가 맞는지를 확인하고자 합니다. 어떻게 확인했느냐 하면, 자신이 본 초신성의 시차를 관측한 겁니다. 영어로는

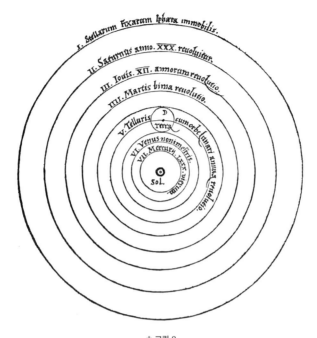

✤ 그림 8
코페르니쿠스의 지동설

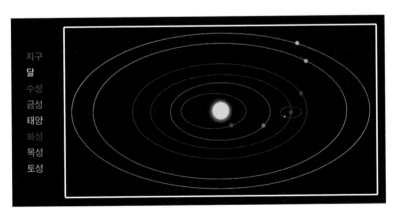

✤ 그림 9
코페르니쿠스의 지동설에 기반을 둔 태양계 모델

'stellar parallax', '별의 시차'라고 합니다. 여기서 시차의 뜻은 무엇일까요? 이것은 시간 차이가 아니고요, 계절에 따라 별의 위치가 상대적으로 달라져 보이는 것입니다.

티코 브라헤는 지구가 태양 주위를 돈다는 지동설이 맞다면 자신이 발견한 초신성의 시차가 관측되어야 한다고 생각했고, 그 시차를 관측하려고 시도했습니다. 시차가 관측되면 지구가 공전하는 것을 확인하게 되는 것이죠. 그런데 불행히도 그는 시차를 관측하지 못했습니다. 그가 관측한 초신성의 시차가 너무 작았기 때문에 당시의 관측 기술이나 장비의 성능으로 불가능했던 것이죠. 지금은 그 작은 시차도 관측 가능하지만, 티코 브라헤는 구별할 수 없었던 겁니다. 초신성의 시차를 관측하지 못한 티코 브라헤는 지동설을 인정할 수 없다는 결론을 내립니다. 그래서 우주는 태양 중심이 아니고 여전히 지구 중심이라는 결론을 내렸습니다. 즉 지구 중심이라는 당시 전제를 깨는 증거를 확인할 방법이 없었던 거죠.

그런데 프톨레마이오스가 주장했던 주전원 개념은 티코 브라헤의 관측 결과와 맞지 않는 경우가 많아서 그 개념도 마음에 들지 않았던 것 같아요. 그래서 티코 브라헤는 스스로 새로운 우주의 모습을 만들어 냅니다. 그것을 '티코계Tychonic system'라고 부릅니다. 이 모델에서 지구는 여전히 우주의 중심이고, 지구를 중심으로 태양이 돌아요. 그런데 나머지 행성들은 지구 주위를 도는 것이 아니라 태양 주위를 돌고 있습니다. 태양이 지구 주위를 돌고 태양 주위를 다른 행성들이 돌기

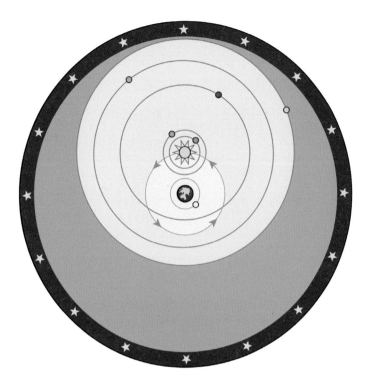

✦ 그림 10
티코 브라헤가 만든 새로운 우주의 모습 티코계

때문에 주전원 개념 없이도 지구에서 바라보면 역행하는 행성을 관측할 수 있는 겁니다. 그럴 듯하지만 거의 받아들여지지 않고 사장된 이론입니다. 이것이 지동설이 나온 다음 '천동설의 역습'이라 할 만한 내용입니다. 그 당시 나름 과학적 논쟁이 있었음을 보여 주는 예입니다.

케플러의 법칙

요하네스 케플러라는 이름을 들어 보셨나요? 이 사람은 티코 브라헤보다 훨씬 유명합니다. 우리에게는 티코 브라헤의 제자이며, 티코 브라헤가 관측해 얻은 엄청난 자료를 토대로 행성들의 운동을 법칙으로 만든 사람으로 알려져 있습니다.

다음은 케플러가 찾아낸 세 가지 법칙입니다.

1법칙 행성은 태양을 한 초점으로 하는 타원 궤도를 그리면서 공전한다.
✛ 그림 11-1

2법칙 행성과 태양을 연결하는 가상의 선분이 같은 시간 동안 쓸고 지나가는 면적은 항상 같다. ✛ 그림 11-2

3법칙 행성의 공전 주기(T)의 제곱은 행성의 타원 궤도의 긴반지름(a)의 세제곱에 비례한다. 즉 $T^2 \propto a^3$ 이다. ✛ 그림 11-3

케플러는 이 세 가지 법칙으로 행성의 운동을 정리했습니다.

이 중에서 2법칙인 '같은 시간 동안 쓸고 지나가는 면적이 같다'라는 내용을 좀 더 자세히 볼게요. 이 법칙이 성립하려면 행성이 태양과 멀수록 느리게 움직이고, 태양과 가까운 행성은 비교적 빨리 움직이겠죠? 그래서 멀리 있을 때는 천천히, 가까이 있을 때는 빨리 움직입니다. 바꿔 말하면 멀리 있으면 태양의 중력이 약해서 천천히 움직이

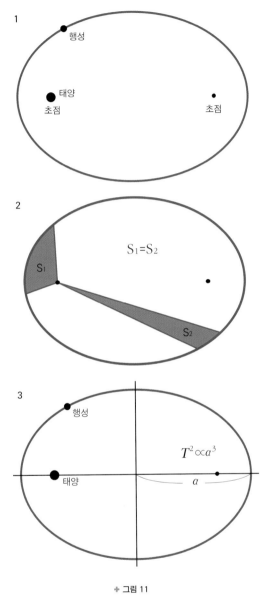

1

행성

태양
초점

초점

2

$S_1 = S_2$

S_1

S_2

3

행성

태양

$T^2 \propto a^3$

a

✛ 그림 11
위부터 차례로 케플러 1법칙, 케플러 2법칙, 케플러 3법칙고, 가까이 있으면 태양의 중력이 강해서 빠르게 움직인다는 겁니다.

3법칙에 나오는 공전 주기는 행성이 태양 주위를 한 바퀴 돌 때 걸리는 시간입니다. 그리고 〈그림11-3〉에 나타난 행성이 공전하는 타원 궤도를 보면 수평 방향으로는 길고 수직 방향으로는 짧죠. 긴 쪽에 해당하는 반지름을 장축, 짧은 쪽을 단축이라고 합니다. 케플러는 한 바퀴 돌 때 걸리는 시간, 즉 주기와 장축 사이의 관계인 '주기의 제곱이 장축 길이의 세제곱에 비례한다'를 법칙으로 찾아냈어요.

여기에 당시 잘못 알려진 몇 가지 관측 결과를 갈릴레이가 망원경 성능을 개선해서 제대로 관측해 냈습니다. 혹시 갈릴레이가 망원경을 발명했다고 알고 있나요? 그건 잘못된 지식입니다. 망원경은 그전부터 있었고, 주로 적국 군인의 동태를 감시하거나 항해하는 데 사용했습니다. 갈릴레이는 이 망원경의 방향을 하늘로 향하게 해 우주를 관측했습니다. 그리고 하늘을 더 잘 바라보려고 망원경의 성능을 개선했습니다. 이제 많은 사람들이 케플러의 세 가지 법칙과 망원경을 사용해 본격적으로 천체를 관측하기 시작했습니다.

우주를 관측하기 위한 망원경의 성능은 점점 더 좋아졌습니다. 접안렌즈와 바깥렌즈의 거리가 45m나 되는 거대한 망원경을 이미 17세기에 설계해서 하늘을 바라봤어요. 그렇게 몇백 년간 우주를 관측한 자료가 쌓였고, 그 자료를 토대로 우주에 대한 여러 과학적 연구를 진행하여 사람들은 어마어마한 결론을 내립니다. 그것은 '우주가 처음 탄생했을 때, 빅뱅이 일어나서 3분 만에 원자를 이루는 '핵'들이 형성되

✦ 그림 12
초신성 폭발

었다'라는 겁니다. 그렇게 빨리 만들어졌다는 거예요. 그리고 38만 년
정도 됐을 때 자유롭게 떠돌던 전자들이 '핵'에 붙잡혀서 '원자'를 이
루게 됐고, 3억 년 정도 됐을 때 최초의 '별'이 만들어졌다는 거예요.
별은 여기서 스스로 빛을 내는 항성을 말합니다. 이 정의를 따르면 지
구는 별이 아닙니다. 그리고 이렇게 만들어진 별에서 조금 더 무거운

탄소나 산소 같은 원소들이 만들어지다가 철이라는 제법 무거운 원소까지 만들어졌습니다. 그러면 우리 몸에 존재하는 철보다 훨씬 무거운 원자들은 어디서 생겨났을까요? 그것은 초신성이 폭발하면서 만들어졌고요. 그런 것들이 우리의 몸, 즉 생명체를 구성하게 됩니다. 인간의 몸을 구성하는 원자에 안드로메다에서 온 원자도 있고, 다른 은하에서 온 원자들도 있다는 거예요.

빅뱅에 대하여

빅뱅은 우주의 시작입니다. 지금 나오는 숫자는 기억해야 할 숫자입니다. 우리의 시작이 언제 있었는지를 알려 주는 숫자죠. 바로 138억이라는 숫자입니다. 138억 년 전에 빅뱅이 일어나면서 우주가 시작되었습니다. 2015년까지만 해도 137억 년 전에 빅뱅이 있었다고 했거든요. 이게 무려 1억 년이나 차이 나게 됐습니다. 138억 년이나 137억 년이나 무슨 차이냐고 할 수 있겠지만, 빅뱅을 연구하는 사람들에게는 엄청난 숫자입니다. 새로운 관측 사실이 나와서 뒤집어진 거니까요. 그래서 138억 년이 현재까지는 정확한 우주의 나이입니다. 이 나이를 어떻게 알아냈을까요?

우주는 모든 것을 포함하고 있으니까, 우리가 알고 있는 어떤 것보다도 나이가 많아야겠죠? 지구의 나이가 45억 년(운석의 방사능 연대 측정으로 추정한 나이. 추정 오차는 약 1%이다)이므로 우주의 나이는 그보다 무조건 많아야 합니다. 또 우주에 있는 구상 성단이라는 오래된 별 집단의 나이를 분석해 봤더니 110억 년이었어요. 그러니 110억 년보다 많아야겠죠? 우주가 어떻게 움직이고 행동해야 하는지, 어떤 물질이 우주를 구성하고 그것들이 어떻게 움직이는지 분석해서 거슬러 계산하는 겁니다. 이렇게 거꾸로 추적해 나가면서 내린 결론이 138억 년입니다.

그러면 지금은 우주를 어떻게 관측할까요? 이미 거대한 천체 망원경과 전파 망원경, 대기권 밖에 쏘아 올린 망원경 등 다양한 방식으로 우주의 저 멀리서 오는 신호를 관측하고 있습니다. 새롭게 건설될 초거대 천체 망원경E-ELT은 영국 런던에 있는 런던아이London Eye 관람차 정도 크기라고 합니다. 앞으로 이렇게 엄청난 망원경으로 우주를 바라보게 될 겁니다.

〈그림13〉은 우주의 일생을 보여 줍니다. 왼쪽에 밝게 빛나는 순간이 빅뱅입니다. 빅뱅이란 모든 것이 한 점에 모여 있다 한순간 폭발해서 확 퍼져 나가는 겁니다. 빅뱅으로부터 약 38만 년쯤 지났을 때 전자가 핵과 연결되면서 원자가 만들어지기 시작합니다. 즉 처음으로 물질이 형성될 수 있는 원자가 만들어진 겁니다. 그전에는 핵과 전자, 빛(광자)이 모두 섞여 우주는 안개가 자욱하게 긴 것과 같은 불투명한 상태였습니다. 지금은 빛과 물질이 분리되어 있잖아요? 그런데 당시에는 모든 것이 엄청난 온도로 섞여 있었던 겁니다. 그러다가

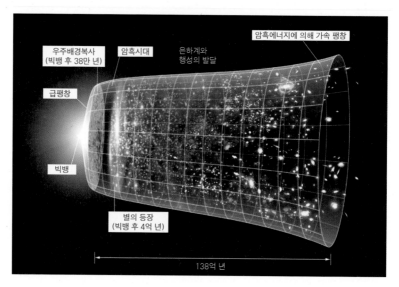

+ 그림 13
우주의 일생

온도가 내려가면서 핵과 전자가 결합해 원자가 만들어지고, 빛이 드디어 자유롭게 퍼져 나가게 됩니다. 그 빛이 바로 지금 우리가 관측하는 우주배경복사입니다. 이때 우주는 투명해졌고, 당시 우주로 퍼져 나간 빛은 우리 눈에 보이지 않는 가시광선 영역 밖에 있는 것이라 이때부터 별의 등장 전까지를 암흑시대dark ages라고 합니다.

빅뱅이 있은 지 4억 년이 지나고 처음으로 별이 등장합니다. 별이란 스스로 빛을 내는 존재이므로 암흑시대였던 우주에 다시 빛이 만들어지기 시작합니다. 우주에 빛을 만드는 별이 생겨 빛이 우주 공간을 밝히게 된 거죠. 더 많은 별들이 만들어지면서 우주도 팽창하고요.

오른쪽으로 갈수록, 즉 시간이 흘러갈수록 우주가 점점 커져 가는 것이 보이나요? 굉장히 의미 있는 그림입니다. 이 모습이 갈수록 우주가 커지는 속도가 빨라지는 것을 나타낸 것입니다. 가속하는 우주, 가속 팽창하는 우주라는 것이 최근의 관측 결과입니다. 이 모든 것을 거꾸로 거슬러 가면 138억 년 전에 빅뱅이 있었음이 밝혀집니다.

이렇게 이야기하면 사람들이 우주에 대해서 다 알고 있는 것 같죠? 아인슈타인이 만든 상대성이론은 우주를 바라보는 데 가장 중요한 이론입니다. 그리고 또 하나의 중요한 이론이 양자역학입니다. 물질에 관해 설명할 때 없어서는 안 되는 이론이죠. 상대성이론과 양자역학, 이 두 이론으로 우주를 바라보고 설명합니다. 그런데 이것은 우주의 5%도 안 되는, 우리가 볼 수 있는 물질에 한해서입니다. 거기에서 빅뱅이라고 하는 우주의 시작이 있었다는 이론이 만들어지고, 그것을 관측한 결과 우주가 팽창하고 있다는 사실이 발견됐습니다.

관측 기술이 부족했던 과거에는 '정상(정지된 상태의)우주'라고 여겼습니다. '우주가 팽창하지 않는다, 멈춰 있다', 즉 줄어들거나 늘어나지 않고 멈춰 있다는 겁니다. 바로 정상상태steady state라는 거예요. 그렇게 정상우주론이 받아들여지던 때가 있었습니다. 아인슈타인도 팽창한다는 관측 결과가 없으니까 정상우주론을 받아들였어요. 그런데 그가 만든 일반상대성이론을 기반으로 우주에 대한 이론을 만들어서 살펴봤더니 정상우주가 아니라는 결과가 나온 것입니다. 아인슈타인의 이론에 따르면 우주는 정상상태에 있지 않고 반드시 변해

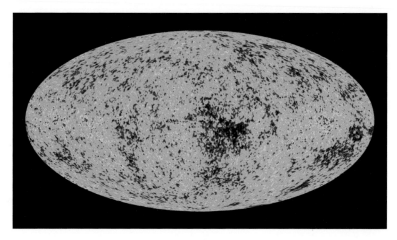

✤ 그림 14
우주배경복사

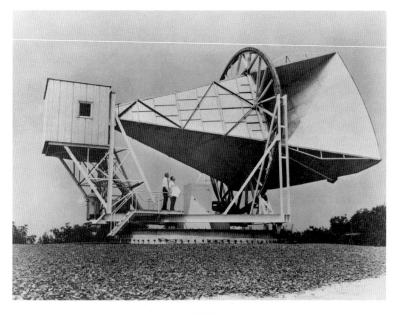

✤ 그림 15
우주배경복사를 발견한 전파를 보는 망원경

야 합니다. 그러면 어떻게 하겠어요? 내 이론이 틀렸나 보다, 보통은 이게 맞겠죠. 관측 결과가 뒷받침하지 못하니까요. 아인슈타인도 변하지 않는 정상우주를 믿었고, 그때까지 변하는 우주에 대한 관측 결과가 없었기 때문에 우주의 크기가 변해야 하는 자기 이론이 틀렸다, 무언가 부족하다고 생각했어요. 그래서 추가로 우주상수를 도입했습니다. 그냥 정상우주를 설명하려고 넣은 거예요. 그런데 천문학자 허블이 관측을 정교하게 해서 우주가 팽창한다는 사실을 알게 됐습니다. 인류 역사상 최고의 천재라고 할 수 있는 아인슈타인도 "내가 왜 이런 짓을 했을까." 하고 후회했다고 합니다. 일생일대의 실수다, 우주상수는 실수다, 이렇게 선언한 겁니다. 그런데 최근 보다 정교한 관측으로 우주는 그냥 팽창하는 것이 아니라 팽창 속도가 점점 증가하는 가속 팽창을 한다는 사실을 알게 되었습니다. 이 가속 팽창을 설명하려고 보니까 다시 우주상수가 필요하게 되었어요. 이때의 우주상수란 정상우주를 설명할 때와는 또 다른 상수입니다.

빅뱅 이후 약 38만 년이 지난 뒤 빛과 물질이 섞여 있다가 원자가 형성되면서 퍼져 나간 빛을 '우주배경복사'라고 합니다. 〈그림14〉는 관측된 우주배경복사이며, 그 색깔 차이는 아주 작은 온도 차이에요. 그때 빛이 나오고 굉장히 오랜 시간이 흘러서 현재는 절대온도로 2.7도 정도 됩니다. 절대온도 0도는 영하 273도입니다. 그러니까 2.7도라고 하면 영하 270도보다 조금 더 낮은, 엄청나게 낮은 온도인 것이죠.

우주배경복사를 처음으로 발견한 망원경+ 그림 15 은 전파를 보는 망

43

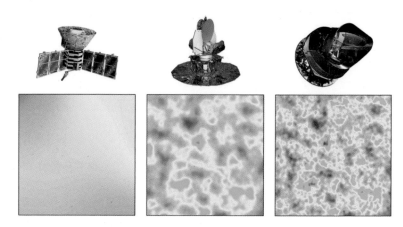

+ 그림 16
왼쪽부터 차례로 코비, WMAP, 플랑크 위성으로 관측한 우주배경복사

원경인데, 실은 전파 안테나와 같은 것입니다. 아노 펜지어스와 로버트 윌슨이라는 사람은 통신회사에서 위성통신을 위한 고감도 전파 안테나와 수신기를 만들려고 잡음을 완전히 제거하는 연구를 하고 있었습니다. 그런데 모든 잡음을 다 제거해도 자꾸 원인을 알 수 없는 잡음이 들어오는 거예요. 이 이상한 잡음을 분석하다가 이것이 우주배경복사라는 것을 알게 되었고, 그 공로로 1978년 노벨 물리학상을 받습니다. 지금은 지상에서 관측하는 게 아니고, 대기권 밖에 인공위성을 띄워서 관측합니다. 1989년, 2001년, 2009년에 각각 다른 인공위성이 찍어서 화질도 확실히 좋아졌습니다. + 그림 16

평균적으로 절대온도 2.7도이지만, 특정 구간에서 온도가 다른 영역이 있다는 것도 관측되었습니다. 그게 사진에서 서로 다른 색깔로

표현된 것입니다. 여기서부터 '빅뱅이론이 맞다'라는 결론이 도출되었습니다.

해결되지 않은 이슈들

현재 우주와 관련된 해결되지 않은 이슈가 몇 가지 있습니다.

먼저 나선은하 문제입니다. 나선은하들도 케플러 법칙을 만족해야 합니다. 은하 중심에 별들이 뭉쳐 있고, 이 별들이 케플러 법칙을 만족하면서 돌아야 합니다. 중력이 작용하고 있으니까요.

앞에서 기억하라고 했던 케플러의 두 번째 법칙이 뭐였죠? 멀리 있는 행성은 천천히, 가까이 있는 행성은 빨리 돈다는 거죠. 나선은하 바깥쪽에서 은하 중심 주위를 도는 별들의 속도를 케플러 법칙과 뉴턴 법칙에 따라서 계산했습니다. 그런데 실제 관측을 했더니 계산보다 굉장히 빨리 움직인다는 걸 알았습니다. 그건 중력이 더 세다는 의미입니다. 하지만 아무리 관측해도 중력 역할을 하는 물질을 발견할 수 없었어요. 우리 눈에 보이는 가시광선뿐만 아니라 다양한 전자기파를 통해서도 관측할 수 없었습니다. 은하 바깥쪽의 별들을 아무리 살펴봐도 빨리 움직이도록 중력을 줄 수 있는 물질이 우리 눈에 보이지 않습니다. 별들을 빨리 움직이게 하는 중력은 작용하지만, 우리가 관측할 수 있는 빛을 내지 않는 무언가가 있어야 합니다. 이것

✛ 그림 17
나선은하

에 '암흑물질$^{dark\ matter}$'이라고 이름을 붙입니다. 현재 암흑물질을 발견하려고 시도하고 있지만, 실험적으로 명확한 결과는 나오지 않고 있습니다.

이번에는 가속 팽창에 대해 알아봅시다. 우리는 먼저 눈으로 볼 수 있는 물질을 관찰했습니다. 은하가 빨리 회전하게 하는, 눈에 보이지 않는 중력의 원인이 되는 암흑물질을 예측했고요. 그런데 물질과 암흑물질을 토대로 우주를 설명하려고 하니 앞에서 언급한 가속 팽창을 설명할 수 없는 거예요. 그냥 팽창하는 것까지는 설명이 되는데, 팽창 정도가 점점 더 커지는 가속 팽창을 설명할 수 없었습니다.

그래서 등장한 것이 '암흑에너지dark energy'입니다. 에너지는 팽창하는 힘의 원동력이 될 수 있습니다. 그런데 암흑에너지는 암흑물질보다 더 모릅니다. 그리고 이 암흑에너지가 바로 우주가 가속 팽창하게 만드는 그 무언가라는 겁니다. 잡아당기는 추가적인 중력을 주는 암흑물질과 가속 팽창을 주는 암흑에너지, 이 두 가지 개념이 현재 우주를 설명하기 위한 큰 이슈입니다.

눈에 보이는 물질에 작용하는 것이 '중력', '전자기력', '강한 핵력'과 '약한 핵력'이라는 우주에 존재하는 네 가지 힘입니다. 그 외에 힘은 우리가 모릅니다. 새로운 힘이 등장할지도 모르고요. 지금으로써는 이 네 가지가 전부입니다.

핵력은 핵 발전이나 핵폭탄과 관련되어 있다는 정도 외에는 익숙지 않은 개념입니다. 우리에게 친숙한 개념은 중력입니다. 중력이 일상생활에서 어떻게 작용하는지 생각해 볼게요. 우리가 우주로 떠돌지 않고 지구에 있게 해 준다, 지구가 태양 주위를 돈다, 봄, 여름, 가을, 겨울이 생긴다, 딱 이 정도를 알고 있을 겁니다. 물론 중력은 우주를 구성하는 제일 중요한 힘이에요. 하지만 일상생활에 큰 영향을 끼치지 않습니다. 우리의 중력은 왜 중요하지 않을까요? 우리는 스스로의 중력으로 주변 사람들을 잡아당기지 않습니다. 그러니까 사람 사이에 중력은 거의 없는 거나 마찬가지입니다. 지구가 우리를 잡아당겨 지구 표면에서 살아갈 수 있게 해 주는 배경과 같은 힘입니다. 우리 사이에도 중력이 물론 있지만, 너무 약해서 느끼지 못하는 겁니다.

중요한 것은 전자기력입니다. 우리가 걸을 수 있는 것은 전자기력 덕분입니다. 전자기력이 없으면 걸어 다닐 수 없어요. 사람은 어떻게 걷는지 물리적 에너지로 설명해 봅시다. 얼음 위에서는 걷기 어렵죠? 마찰력이 없기 때문입니다. 즉 우리는 마찰력으로 걷는 겁니다. 그렇다면 마찰력의 근원은 무엇일까요? 바로 전자기력입니다. 펜으로 필기하는 것, 지우개로 지우는 것 모두 전자기력 덕분입니다. 중력을 제외한 우리의 모든 행동은 전자기력 덕분입니다.

이러한 네 가지 힘이 우리가 아는 물질 간의 상호 작용이자 우주를 구성하는 힘입니다. 이 개념들을 이해해야 우주를 이해할 수 있습니다. 물론 이 개념도 완전히 틀린 것으로 판명날 수 있어요. 과학이란 잘못된 개념이 밝혀지면 금방 인정하고 받아들이는 학문입니다.

우주를 구성하는 분포를 살펴보면 암흑물질이 우주의 21%, 암흑에너지가 74%나 됩니다. 잘 모르는 것이 95%나 되며, 우리가 아는 영역은 전체의 5%도 안 됩니다. 더욱이 인간, 지구, 별을 이루는 것은 단 0.5%에 불과합니다. 또 우주먼지, 우리와 관련 없어 보이는 헬륨과 수소가 우주에 가장 많은 원자입니다. 그래서 수소로 가는 자동차를 만들자는 이야기도 나오죠. 그러면 우리에게 알려진 물질 5%는 어떻게 이루어질까요? 물질을 구성하는 양성자와 중성자가 만나서 핵이 만들어지고, 핵이 전자와 만나서 원자가 만들어지고, 원자가 모여서

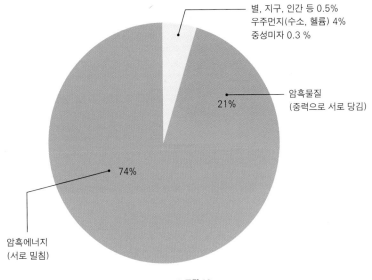

별, 지구, 인간 등 0.5%
우주먼지(수소, 헬륨) 4%
중성미자 0.3 %

암흑물질
(중력으로 서로 당김)
21%

74%

암흑에너지
(서로 밀침)

✛ 그림 18
우주는 무엇으로 만들어졌을까

분자가 되고, 분자가 모여서 고체가 됩니다. 그리고 양성자를 이루는
더 기본적인 물질로 쿼크가 있습니다.

다시 정리하자면 물리학에서 가장 중요한 두 가지가 상대성 이론과
양자역학입니다. 양자역학은 모든 물질에 대해 설명할 수 있는 것이
고, 일반상대성이론으로는 우주를 설명할 수 있습니다. 그런데 이 두
가지가 충돌하는 부분이 있습니다. 바로 빅뱅이 일어나는 곳입니다.
빅뱅이 시작한 순간은 양자역학과 상대성이론을 동시에 적용해야만
하는데, 아직 그 방법이 완성되지 않아 이론적인 예측이 불가능하다
는 겁니다. 다시 말해, 우주가 시작된 직후의 상황을 이해하려면 양자

역학과 상대성이론을 결합하는 무언가 새로운 이론이 필요합니다. 아인슈타인은 이렇게 말했습니다.

과학을 논리적으로 무언가 하는 학문이라고 생각할 수도 있는데, 과학을 한다는 것은 논리뿐만이 아니라 상상이 훨씬 더 중요합니다. 논리라는 것은 여러분을 A에서 B로 옮겨 주지만, 상상이라는 것은 여러분을 모든 곳으로 데려갈 수 있습니다(Logic can take you A or B, but imagination can take you everywhere).

그러니 여러분도 상상력을 넓히면 좋겠습니다.

CHAPTER 2

시간과 공간

우주를 구성하는 것에는 눈에 보이는 물질, 인간, 생명체뿐만 아니라 눈에 보이지 않는 시간과 공간도 있습니다. 시간과 공간을 이야기하려면 우선 아인슈타인의 이론들을 이해해야 합니다.

우리에게 유명한 아인슈타인은 1905년에 특수상대성이론을 발표했고, 1915년에는 일반상대성이론을 발표했습니다. 상대성이론은 많이 들어 보셨죠? 뭐가 떠오르나요? 시간? 우주여행? 타임머신? 빛? 이 세상에서 가장 유명한 방정식이 $E=mc^2$입니다. 방정식이 의미하는 것은 몰라도 본 적이 있을 겁니다. 바로 이 방정식이 상대성이론에서 나왔어요. 아인슈타인은 노벨상을 받았습니다. 그런데 상대성이론으로 받은 게 아니라 광전효과로 받았습니다. 광전효과란 빛을 쏘아 주면 전자가 튀어나온다는 겁니다. 별로 관심이 없을 수 있지만 어마어마한 업적입니다. 이 광전효과를 1905년에 특수상대성이론과 같이 발표했어요. 1905년은 물리학에서 어마어마한 발견들이 있었던 해고, 아인슈타인이 그중 세 가지를 발표했습니다. 특수상대성이론, 광전효과와 함께 브라운 운동을 발표했어요. 사람에 따라서는 아인슈타인이 남들이 다 해놓은 걸 숟가락만 얹어서 가져갔다고 주장하기도 합니다. 저는 거기에 동의하지 않습니다. 아인슈타인의 천재성을 너무도 많은 곳에서 볼 수 있기 때문입니다. 이제부터 특수상대성이론과 일반상대성이론을 시간과 공간과 엮어서 이야기해 보려 합니다.

상대성이론

상대성이론이라고 할 때 '상대'가 무엇에 대한 '상대'인지를 알아야 합니다. '진리는 상대적'이라고 할 때 그 '상대'가 아니고, 서로를 바라보는 관측이 상대적이라는 겁니다. 관측은 상대적이지만, 관측을 통해 얻어질 수 있는 법칙은 절대적입니다. 한 가지 예를 들어 보죠.

뛰어가는 사람과 자전거를 타고 오는 사람이 있습니다. 뛰어오는 사람의 속력을 자전거에 탄 사람이 보면 어떨까요? 예를 들어서 자동차가 두 대라고 합시다. 하나는 서 있고, 다른 하나는 시속 60km로 지나가요. 정지한 자동차에 탄 사람은 다른 자동차가 시속 60km로 가는 걸로 보이고, 길에 서 있는 사람이 봐도 60km로 보겠죠? 반대로 움직이는 차에 탄 사람이 멈춰 있는 차를 바라보면 속력이 얼마라고 생각할까요? 반대 방향으로 시속 60km로 보인다고요? 이 차는 멈춰 있는데 왜 시속 60km라고 생각할까요? 자기가 멈춰 있고, 상대가 움직인다고 생각하는 거죠? 맞습니다. 그게 상대론의 상대입니다. 운동이라는 것이 나는 멈춰 있고, 상대가 움직인다고 보는 겁니다.

상대에 따라서 멈춰 있느냐, 움직이느냐, 얼마나 빠르게 움직이느냐가 달라진다는 거예요. 이제는 시속 60km의 속력으로 서로 마주 보고 달리는 두 대의 자동차가 있다고 가정해 봅시다. 서로를 바라보면 속력이 얼마일까요? 시속 120km로 보입니다. 그게 상대적인 겁니다. 거기에는 직관적으로 동의하시죠? 하지만 조금 뒤 여러분의 직관을 완전히 흔들어 놓을 겁니다. 서로 관찰할 때 보이는 움직이는 모습은 상대적이지만, 거기에 적용되는 법칙은 절대적이라는 것이 물리에서 말하는 상대론이라는 겁니다. 상대론은 아인슈타인이 처음 얘기한 게 아닙니다. 갈릴레이가 먼저 말했어요. 갈릴레이가 상대론을 얘기하기 전에는 모든 운동에 절대적인 기준이 있다고 생각했습니다.

◆ 갈릴레이의 상대론과 뉴턴의 역학법칙

지구가 자전을 하는 것은 어떻게 알까요? 해가 뜨고 지는 걸로 알 수 있습니다. 여기서 해가 움직인다는 게 옛날 사람이 주장한 천동설입니다. 지구가 자전한다는 건 낮과 밤이 바뀌는 걸로도 알 수 있습니다. 그런데 이 역시 태양이 돌아도 되잖아요? 이게 천동설을 주장하는 사람의 얘기입니다.

지구가 정말로 자전을 한다면, 말이 안 되는 상황이 벌어질 거라 생각했습니다. 빨리 돌아가고 있는 지구 위에서 점프를 한다면, 점프하는 동안 지구는 돌아갈 테니 뒤로 넘어져야 한다는 거예요. 이것이 아리스토텔레스와 프톨레마이오스가 주장한 겁니다. 그런데 점프하면

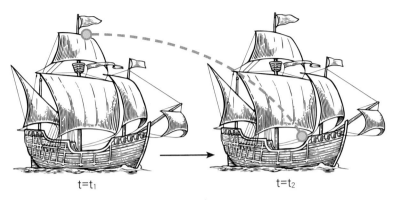

t=t₁   t=t₂

✦ 그림 1
가상디의 실험

어떻게 되나요? 제자리로 내려오죠? 지구는 자전하고 있는데 왜 그럴까요? 우리도 지구와 같이 돌고 있으니까, 우리와 지구는 서로에게 상대적으로 멈춰 있는 것이죠. 이런 게 상대적이라는 겁니다. 상대적이라는 걸 그때는 몰랐던 거죠. 절대 기준인 지구가 있고, 지구가 멈춰 있고 내가 움직인다고 생각했던 겁니다. 절대 기준인 지구가 움직이면 모든 것이 엉망이 된다는 게 그때까지의 생각이었습니다.

갈릴레이가 주장한 상대론으로부터 이러한 절대 기준이 있다는 생각이 틀렸음을 알게 되었고, 프랑스의 물리학자이며 수학자이자 철학자였던 피에르 가상디는 배 위에서 실험을 해서 갈릴레이의 상대론이 맞는다는 것을 입증했습니다. 움직이고 있는 배의 돛대 꼭대기에서 돌을 떨어뜨렸습니다. 밖에서 떨어지는 돌을 보면 〈그림1〉처럼 배가 가는 방향으로 날아가면서 떨어집니다. 배에서 보면 돛대 꼭

대기에서 똑바로 아래로 떨어지는 것으로 보이지만, 밖에서는 그렇지 않다는 거죠. 운동은 절대적인 것이 아니라 보는 사람에 따라 다르게 보인다는 것입니다. 이제 잔잔한 바다를 일정한 속력으로 항해하는 배에 타고 있다고 상상해 봅시다. 배 안에는 선실이 여러 개 있는데, 그중 하나가 배 한가운데 있어서 물결이 보이지 않습니다. 그 안에서는 밖에 있는 것이 아무것도 보이지 않아요. 밖에 있는 사람은 배가 움직이고 있는 것을 보고 있지만, 배 안에 있는 우리는 배가 움직이는지, 멈춰 있는지 알 수 없다는 거예요. 자기가 움직이는지 모르고 멈춰 있다고 생각하는 거죠. 이렇게 운동은 절대적인 것이 아니라 보는 사람에 따라 다르게 보인다는 것, 이게 상대론입니다.

갈릴레이의 상대론은 이 실험을 통해 좀 더 설득력을 갖게 되었습니다. 이후로 여러 논란이 있었지만, 결국 받아들여지게 됐죠. 실험도 많이 했고요. 갈릴레이의 상대론과 티코 브라헤의 관측 결과들로부터 케플러의 세 가지 행성 운동법칙, 뉴턴의 역학법칙이 만들어지면서 과학혁명이 일어납니다.

여기서 가장 기본이 갈릴레이의 상대론입니다. 모든 것은 상대적이지만, 그 안에 들어간 물리법칙은 항상 일정하다는 것. 움직이면서 바라보나 멈춰 서서 바라보나 그 운동은 동일한 법칙으로 설명할 수 있다는 겁니다. 그래서 뉴턴이 만들어 낸 운동법칙에 의해서 모든 것들이 수학적, 기계적으로 설명되고 어떻게 움직일지가 다 정해져 있다는 거죠. 뉴턴에 의하면 미래도 알고, 과거도 알고, 모든 걸 알 수가 있습니다. 어떤 물체에 작용하는 힘을 알고, 이 물체가 현재 어디에 있고 어떻게 움직이는지만 알면, 그 물체가 미래에는 어떨 것이고 과거엔 어땠는지 알 수 있다는 거예요. 뉴턴의 운동법칙이 나오면서 '결정론'이라는 철학 사조가 이 세상을 지배하게 됩니다. 모든 것은 결정되어 있다는 거죠. 뉴턴이 죽고 나서 영국 시인 알렉산더 포프는 뉴턴의 묘비명으로 이런 말을 제안합니다. 실제 뉴턴의 묘비명에 올라가지는 않았지만 한 번 봅시다.

> 자연과 자연법칙은 암흑에 감춰져 있다. 하느님이 가라사대, "뉴턴, 있
> 으라." 하니 모든 것이 밝아졌다(NATURE and Nature's Laws lay hid in
> Night: God said, "Let Newton be! and all was light).

성경의 창세기 내용을 패러디했습니다. 뉴턴의 등장으로 자연에 대한 일종의 눈이 확 뜨여서 세상이 밝아졌다는 거죠. 이걸 보고, 종교적 신앙심이 투철한 분들은 신성 모독이 아니냐는 생각을 할 수도 있는데, 아닙니다. 뉴턴도 독실한 기독교 신자였습니다.

뉴턴 이후로 이신론적 우주가 등장합니다. 신이 필요 없는 우주라는 겁니다. 신이 존재하지 않는다는 걸 의미하는 게 아닙니다. 신이 존재하지 않는다는 게 아니라 '신은 시계공이다God as a watchmaker'라는 말이에요. 시계공이 시계를 만든 뒤 시계를 움직이게 하려고 계속 돌리지 않지요? 마찬가지로 신이 세상을 창조한 것을 인정하거나 전

제로 하고, 신이 우주를 만들고 나서는 손을 떼고 있다는 겁니다. 신이 우주를 만들었지만 그 이후는 뉴턴이 발견한 자연법칙에 의해 우주가 알아서 돌아가고 있다는 것이죠. 사실 그전 사람들은 천사들이 모든 행성을 마차에 매달아서 태양 주위로 끌고 다닌다고 생각했습니다. 그게 행성이 태양 주위를 공전하는 이유였습니다. 이신론적 우주관에서는 그런 게 다 필요 없다는 겁니다. 뉴턴의 법칙으로 모두 설명되니까요. 심지어 프랑스 수학자로 후작 작위까지 받은 피에르 시몽 라플라스는 프랑스 황제 나폴레옹에게 이렇게 말했습니다.

"저는 천사나 신이 행성을 돌리는 가설이 필요 없습니다. 제게 단지 뉴턴의 역학법칙만 있으면 모든 걸 설명할 수 있습니다."

뉴턴 역학이란 고전역학으로, 우리 눈에 보이는 모든 물체에 적용할 수 있는 법칙입니다. 상대성이론과 양자역학은 현대물리학이라 부릅니다. 그전까지 물리법칙은 모두 고전물리학이라고 합니다. 고전역학에서 운동은 서로 상대적이지만, 상대적인 운동을 품고 있는 절대적인 시간과 공간이 있다는 가정하에 만들어진 법칙입니다. 절대적인 시공간이 무슨 의미일까요. 강의실에 있는 단상은 강의할 때만 존재하나요? 강의를 하지 않아도 항상 존재합니다. 배우들이 공연을 하지 않아도 연극 무대는 늘 존재합니다. 즉 절대적인 시간과 공간은 항상 존재하고 있다는 겁니다. 다시 말해서 공간과 시간은 인간이나 물질의 존재 유무와 무관하게 항상 있다는 겁니다. 뉴턴의 법칙은 공간과 시간에 관여하지 않습니다. 절대 시간이 영원한 과거로부터 영원한 미래로 일정하게 흘러가고 있고, 절대 공간이 역시 영원히 변함없이 존재하고 있다고 전제하고, 그 안에서 물체의 운동을 설명하는 겁니다.

그런데 아인슈타인의 특수상대성이론에 의하면 그렇지 않다고 합니다. 시간과 공간이라 나눠 부르지 않고, '시공간'이라 부르는 거죠. 그 시공간은 우리가 알고 있는, 우리가 경험하는 것과는 많이 다른 모습을 보이게 됩니다.

◆ 실패한 실험

미국 물리학자인 앨버트 마이컬슨과 에드워드 몰리가 한 실험은 아인슈타인의 상대성이론이 나오게 한 가장 중요한 실험입니다. 그런데 이 실험은 역사상 가장 유명한 '실패한 실험'입니다. 이 실험 결과로 두 사람은 1907년에 노벨 물리학상을 받습니다. 실패한 이유와 실패의 의미에 대해 알아보겠습니다.

대화를 나눌 때 상대방 목소리를 어떻게 들을 수 있을까요? 공기의 진동 때문입니다. 말을 하면 목소리가 입 근처의 공기를 떨게 해그 진동이 귀로 들어가기도 하고, 스피커에서 나오는 소리가 공기를 흔들어서 들어가기도 합니다. 소리는 파동이고, 파동은 무언가를 진동시켜서 그 진동이 전달되는 겁니다. 즉 우리가 말하고 들을 수 있는 이유는 말하는 사람이 혀를 움직이고, 입술을 움직여서 공기를 흔들고, 그 진동이 계속 전파돼서 귀에 들어가기 때문입니다. 고막이 거기에 맞게, 말에 따라 다르게 떨릴 거고요. 떨림이 뇌로 전달되면, 뇌에서 분석해서 '이게 이런 말이구나' 하고 알아듣게 됩니다. 이 얘기를 하는 이유는, 파동은 무언가 떨리게 해야 한다는 겁니다. 즉 말은 공기를 진동시켜야 합니다. 잔잔한 호수에 돌멩이를 던져서 물결이 생기는 것도 파동, 즉 물의 진동입니다. 그런데 당시 사람들은 빛도 파동이라고 알고 있었습니다. 빛이 파동이라는 걸 보여 주는 실험이 너무나도 많았거든요.

빛이 파동이라면, 빛이라는 파동을 만드는 것에 진동하는 무언가가 있어야 합니다. 물결파를 만드는 물이 물결파의 매질이고, 소리도 공기가 매질입니다. 이렇게 파동은 매질이 있어야 하니, 빛도 파동이므로 매질이 있어야 된다고 생각한 거예요. 그런데 빛의 매질이 무엇인지 발견하지 못했습니다. 그래서 발견하지 못했음에도 당연히 있어야 한다고 생각한 그 매질을 '에테르^{ether}'라고 부르기로 했어요. 마이컬슨과 몰리는 바로 그 빛의 매질, 에테르를 발견하려고 했습니다.

지구는 태양 주위를 돌고, 태양은 그보다도 훨씬 빨리 은하계의 중심 주위를 돌고 있어요. 은하계도 우주 공간을 움직이고 있습니다. 그래서 당시 사람들은 파동인 빛이 우주 공간을 진행하니 그 빛의 매질인 에테르가 우주 공간을 가득 채우고 있을 거라 생각했습니다. 이렇게 지구와 태양이 에테르 속을 움직이니 에테르는 지구의 운동에 대해 상대적으로 움직일 거라고 생각했고요. 이런 에테르의 상대적인 움직임을 '에테르 바람'이라고 불렀습니다. 태양의 움직임에 더해

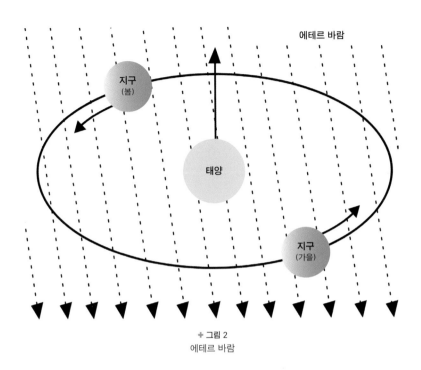

에테르 바람

＋ 그림 2
에테르 바람

공전하는 지구의 위치가 달라지면 '바람'이 다르게 관측될 거라고 생각한 거죠. ＋그림2 즉 지구와 태양, 은하계의 움직임이 다 다르므로, 지구가 움직이는 순간순간 에테르의 상대적인 움직임이 달라지고, 따라서 빛의 속력을 측정하면 아주 적은 차이라도 그것을 측정할 수 있다고 생각했어요. 다른 말로 여러 다른 순간에 빛의 속력을 측정해 차이를 발견하면 에테르의 존재를 증명할 수 있다는 거였습니다. 그 차이를 정할 수 없자 계속해서 측정의 정밀도를 높여 갔어요. 하지만 결론은 '전혀 차이를 발견할 수 없다'였습니다. 다른 사람들도 정밀도를 높이며 비슷한 실험을 했는데 그 차이를 측정하지 못했어요. 그래서 나온 결론이 '빛은 매질을 진동시켜서 전파되는 파동이 아니고, 매질 없이 스스로 진동하는 매우 특별한 파동'이라는 겁니다. 결국 마이컬슨과 몰리는 '에테르 발견의 실패'로 노벨상을 받게 됩니다. 추가적으로 누가 보느냐, 즉 관측자에 상관없이 빛의 속력은 변하지 않는다는 결론에 도달합니다. 굉장히 중요한 결론입니다. 광속은 관측자에 상관없이 변하지 않는다는 '광속 일정의 법칙'이 나오게 된 겁니다.

◆ 시공간과 빛원뿔

우리가 사는 공간은 삼차원입니다. 공간과 시간은 다릅니다. 시간을 또 다른 축으로 추가하면 사차원이 됩니다. 우리는 사차원에 살고 있습니다. 사차원을 그림으로 그리려면 평면인 종이에 표현해야 하는데 쉽지 않아요. 그래서 삼차원 공간을 이차원인 것처럼 표현합니다. 즉 수평 방향은 공간을 나타내는 차원이고요, 삼차원이 이차원으로 줄어드는 거죠. 수직 방향으로 시간에 대한 축을 세우는 거예요. 이것을 공간과 시간을 동시에 나타내는 '시공간'이라 부릅니다. 또 원뿔 모양을 빛원뿔이라고 합니다. 이게 무엇인지 생각해 볼게요.

속력은 움직인 거리를 걸린 시간으로 나누는 것으로, 단위 시간 동안 얼마만큼 갔는지를 나타내 주는 겁니다. 예를 들어 시속 60km 속력이라는 의미는 1시간 동안 60km의 거리를 간다는 거고, 2시간 동

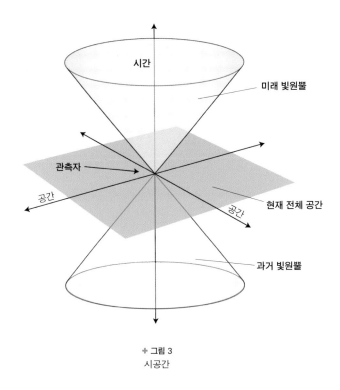

시간

미래 빛원뿔

관측자

공간

공간

현재 전체 공간

과거 빛원뿔

✛ 그림 3
시공간

안 120km, 3시간이면 180km를 간다는 거죠. 이렇게 움직인 거리와 시간을 점으로 연결하면 직선이 되겠죠? 직선은 기울기가 일정하고 그 기울기가 바로 속력이 되는 것입니다. 이제 빛원뿔을 볼게요. 빛은 1초에 30만km를 가는데, 그 속력이 일정합니다. 그러니 빛이 움직인 거리를 시간의 그래프로 나타내면 마찬가지로 직선이 되고, 〈그림3〉처럼 공간을 이차원으로 표현했으니, 그 직선을 이차원으로 돌아가며 그리면 빛원뿔 그래프가 됩니다. 질량이 있는 움직이는 물체의 속력은 빛의 속력보다 빠를 수 없습니다. 당연히 같은 시간 동안 움직이는 거리는 빛보다 짧겠죠? 그렇다면 물체의 움직임은 빛원뿔 안에 있을까요? 밖에 있을까요? 같은 시간 동안 빛이 간 거리보다 훨씬 짧은 거리를 가야 하니 사람을 비롯한 모든 물체의 움직임은 모두 빛원뿔 안쪽에 있어야 합니다. 시간축 가까이 있는 거죠. 빛원뿔이 움직임의 경계가 됩니다. 이 빛원뿔 안에 존재하는 움직임만 기술할 수 있고, 밖에 존재하는 운동은 기술할 수가 없습니다.

특수상대성이론

이제 아인슈타인의 특수상대성이론을 살펴보겠습니다. 여기서 '특수'의 의미는 가속하지 않는 '특수'한 관찰자가 관측한 운동에 관한 거라는 겁니다. 가속은 속도가 변하는 것을 말합니다. 속도가 증가하는 것뿐만 아니라 감속되는 것도 가속이라고 부릅니다. 즉 속도가 변하는 건 점점 더 빨라지거나 점점 더 느려지는 것을 의미합니다. 또한 방향만 바꾸는 것도 속도가 변하는 것, 즉 가속운동을 하는 것입니다. 특수상대성이론은 그런 가속하는 상태에 있는 관찰자가 보는 건 다루지 않는 경우입니다. 같은 속력으로 직선으로만 움직이거나 혹은 멈춰 있는 관찰자들이 다루는 이론이 특수상대성이론입니다. 일반상대성이론은 말 그대로 일반적이니까 가속하는 경우도 다 포함한다는 거죠.

◆ 상대론과 광속 불변

아인슈타인이 특수상대성이론을 정립하려고 내세운 가설 두 가지가 있습니다. 첫째가 상대론이고요, 둘째는 광속 불변입니다. 가설이라고 하면 보통 잠정적 결론, 확인되지 않았는데 맞는다고 생각하는 것 등을 떠올립니다. 영어로는 'assumption'이라 하고, 대개 가설을 세우고 실험으로 테스트합니다. 그런데 아인슈타인이 말하는 가설은 'postulate'입니다. 두 단어 다 가설로 번역하지만, 'postulate'는 공리(公理)나 공준(公準)으로 번역하는 게 좀 더 정확합니다. '이것은 사실이다, 단 수학적으로 증명되지는 않는다'라는 의미입니다. 그러니까 상대론과 광속 불변이라는 가설^{postulate}은 모든 사람이 인정하고 모든 실험이 뒷받침하지만 수학적으로 증명할 수 있는 게 아니라서 처음부터 받아들이고 시작해야 합니다.

과학적 방법론 중 대표적으로 귀납법을 들 수 있습니다. 꼭 과학에만 적용되는 건 아니고 인문학, 사회과학을 하는 경우에도 필요한 방법론입니다. 실험과 경험을 토대로 중심이 되는 원리, 법칙을 찾아내는 것입니다. 귀납법적 방법은 완벽한 진리를 증명할 수 없으며, 귀납법으로 얻는 진리는 깨질 수도 있습니다. 이에 반해 연역법은 절대적인 진리라는 가설을 세우고, 거꾸로 증명해 나가는 방법입니다. 아인슈타인이 쓴 방법이 연역법입니다. 그것으로부터 모든 자연 현상을 기술하는 거예요. 갈릴레이의 상대론을 다시 봅시다.

모든 관측된 운동은 상대적이고, 절대 운동은 없다. 하지만 그 운동을 기술하는 물리법칙은 누가 보든 상관없이 항상 동일하게 성립한다.

'현상은 상대적이지만, 관찰자에 상관없이 법칙은 일정하다'라는 게 상대론입니다. 뉴턴에게는 이 갈릴레이 상대론이 유일한 가설이었어요. 아인슈타인은 여기에 마이컬슨과 몰리 실험으로 나온 '광속 불변의 법칙'을 가설로 세웁니다. 아무것도 없는 진공 상태에서 빛의 속력은 관측자의 운동과 상관없이 항상 일정하다는 겁니다. 이게 어마어마한 가설입니다. 광속에는 오차가 없습니다. 예전에는 1m 길이와 1초 시간으로 표준을 정하고, 이를 토대로 빛의 속력을 얻었기 때문에 어느 소수점 이하 자리는 쓸 수 없을 정도의 불확정도가 있었습니다. 그런데 지금은 없습니다. 누구에게나 일정한 빛의 속력을 표준으로 정했습니다. 빛의 속력으로부터 길이가 나옵니다. 예전에는 길이를 정해 놓고 거꾸로 빛의 속력을 찾았는데, 지금은 빛의 속력을 정해 놓고 1m는 상대적으로 '얼마'라고 말합니다. 빛의 속력은 299,792,458㎧이며, 빛의 속력 상수는 항상 영어 문자 c를 사용해 표현합니다. 이것은 오차가 전혀 없는 상수입니다. 오차가 존재하는 다른 물리 상수와 다릅니다. 다른 건 어디까지 갈지 모르는 상수가 많은데, 빛의 속력은 정말 정확한 상수입니다.

광속 불변의 법칙이 얼마나 대단한지 보겠습니다. 어떤 물체가 빛의 속력에 가까운 속력으로 달리면 무슨 일이 벌어질까요? 빛의 속력으로 움직일 수 있는 자동차가 있다고 합시다. 여러분은 그대로 멈춰 있어요. 저는 자동차를 타고 빛의 속력으로 움직이며 헤드라이트를 켰습니다. 헤드라이트는 빛의 속력으로 움직이는 차에서 빛을 내뿜었어요. 여러분이 봤을 때 이 차는 얼마의 속력으로 움직일까요? 빛의 속력으로 움직입니다. 헤드라이트에서 나오는 빛의 속력은 얼마로 보일까요? 빛의 속력으로 움직이는 자동차의 헤드라이트에서 빛이 나갔으니 빛의 속력 더하기 빛의 속력이 되어 빛의 속력의 두 배의 속력으로 보일까요? 그렇지 않다는 것이 아인슈타인의 가설입니다. 광속 불변. 헤드라이트에서 나오는 빛의 속력은 그냥 빛의 속력이에요. 이게 무슨 말인가요? 여러분이 보면 헤드라이트에서 빛이 안 나가고 차와 같이 움직이고 있다는 겁니다.

그러면 빛의 속력으로 달리는 차 안에 있는 제가 헤드라이트에서 나가는 빛을 보면 어떤가요? 여러분 입장에서 볼 때 헤드라이트에서 빛이 나가지 못하고 차에 붙어 있었으니 제가 봐도 헤드라이트 빛이 자동차 앞을 비추지 못할까요? 그렇다면 제게 헤드라이트 불빛의 속력은 얼마가 될까요? 0이 됩니다. 하지만 이게 아니죠? 빛의 속력으로 움직이는 자동차에 타고 있는 제가 헤드라이트에서 나온 빛을 바라봐도 그 속력은 빛의 속력이어야 하는 거예요. 광속 불변! 누가 보든 광속은 변하지 않습니다. 멈춰 있는 여러분이 보나, 빛의 속력으로 움직이는 제가 보나, 빛의 속력은 빛의 속력으로 보인다는 거예요. 제가 빛의 속력으로 움직이면서 켠 헤드라이트의 불빛은 빛의 속력으로 나갑니다. 그런데 여러분이 볼 때 그 빛은 차에 붙어서 같이 가요. 그게 사실이죠. 그게 광속 불변입니다.

자, 이번에는 자동차 두 대가 있습니다. 한 대에는 여러분이 타고 있고, 나머지 한 대에는 제가 타고 있어요. 여러분은 저 멀리서 저를 향해서 다가오고, 저는 여러분을 향해서 갑니다. 우리 모두 시속 60km로 움직인다고 합시다. 서로 마주 볼 때 상대가 120km의 속력으로 움직이는 걸로 보이겠죠? 60 더하기 60 해서 120km입니다. 이번에는 두 자동차가 빛의 속력으로 움직인다고 합시다. 광속 불변 가설로 빛의 속력으로 움직이는 게 있다면 그게 무엇이든 빛과 마찬가지로 관측자에 상관없이 속력이 일정합니다.

아까처럼 한 차에는 여러분이, 다른 차에는 제가 타서 서로를 향해 각각 빛의 속력으로 다가갑니다. 이때 상대방 차가 얼마의 속력으로 보일까요? 빛의 속력으로 보입니다. 이 차가 헤드라이트를 켰어요. 그러면 상대가 바라봐도 빛의 속력은 빛의 속력으로 보입니다. 두 배로 보이지 않아요. 이게 무슨 말인가요? 하나는 멈춰 있고 다른 하나만 빛의 속력으로 움직이는 경우나 둘 다 서로를 향해 빛의 속력으로 움직이나 상대 속력은 똑같이 빛의 속력이라는 겁니다. 이게 말이 되나요? 같은 시간 동안 움직인 상대적인 거리가 다를 텐데 속력이 같다니…… 이게 맞으려면 같은 시간 동안 움직인 상대적인 거리가 같아야 합니다. 좀 더 포괄적으로 말하면 어떤 물체가 얼마나 빨리 움직이느냐에 따라서 시간과 공간이 변한다는 얘기예요. 물체들이 상대적으로 어떻게 움직이더라도 모든 관측자에게 빛의 속력이 일정하도록 시간과 공간이 같이 변한다는 거죠. 더 이상 절대적인 시간과 절대적인 공간이 아니라는 겁니다. 그런 일 때문에 어마어마한 일들이 벌어집니다.

◆ 시간 지연

시간 지연time dilation이란 무엇일까요? 두 가지 용어를 기억해야 합니다. 먼저 '고유 시간'이란 개념이 있습니다. 고유 시간은 사건이 일어나는 위치와 같은 위치에 있는 관측자가 측정한 두 가지 사건 사이의 시간입니다. 그냥 시간은 관측자가 어디에 있든지 관계없이 그 관측자가 측정한 두 사건 사이의 시간입니다. 같은 위치든 아니든 상관없이요. 같은 위치에 있다면 시간과 고유 시간이 같고요. 상대적으로 위치가 달라지면 두 시간이 달라진다는 얘기입니다. 한 가지 예를 들겠습니다.

〈그림4〉를 일종의 우주선이라고 합시다. 우주선 안의 A에서 레이저빔을 쏴서 빛이 거리 L만큼 떨어진 곳에 있는 거울 B에 반사됐다가 되돌아오는 시간 Δt를 생각해 봅시다. 속력은 움직인 거리를 걸린 시간으로 나눈 겁니다. 따라서 빛이 쏘아지고 다시 돌아오는 동안 움직인 거리는 $2L$이고 걸린 시간이 Δt이므로, 빛의 속력은 $2L$을 Δt로

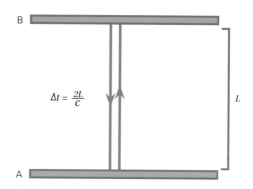

+ 그림 4
우주선 안에 있는 관측자가 본 A와 B 사이를 왕복하는 빛의 경로

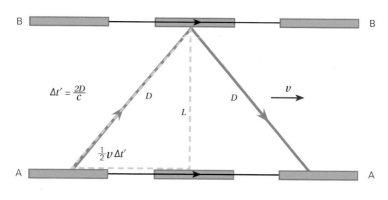

$$\Delta t' = \frac{2D}{c} = \frac{2\sqrt{L^2 + \left(v\,\frac{\Delta t'}{2}\right)^2}}{c} \qquad \Delta t' = \frac{2L/c}{\sqrt{1-\frac{v^2}{c^2}}} = \frac{\Delta t}{\sqrt{1-\frac{v^2}{c^2}}}$$

+ 그림 5
v의 속력으로 움직이는 우주선 밖에 있는 관측자가 본 우주선 안에서 A와 B 사이를 왕복하는 빛의 경로

빅뱅에서 인간까지_ 우주, 생명, 문명

나눈 겁니다. 즉 $c=2L/\Delta t$이라는 식을 얻게 됩니다. A와 B 사이의 간격을 알고 빛의 속력을 알고 있으니 걸린 시간 Δt는 $\Delta t=2L/c$이라는 식을 얻을 수 있습니다. 빛이 L 만큼 떨어진 거리를 왕복하는것, 즉 $2L$이라는 거리를 가는 데 걸린 시간을 구했습니다. 우주선 안의 같은 공간에서 빛을 쏜 사건과 빛이 되돌아 온 사건 사이의 시간 Δt를 구했으므로 이 시간이 두 사건 사이의 고유 시간이 됩니다. 꼭 빛이 왔다 갔다 할 필요는 없고요, 같은 공간 내에서 어떤 두 사건을 잡고, 그 두 사건 사이의 시간을 재면 됩니다.

그렇다면 시간은 무엇일까요? 어디에 있든 관계없이 관측자가 측정한 두 사건 사이의 시간을 말합니다. 제가 타고 있는 우주선에서 두 사건이 일어났습니다. 우주선에 타고 있지 않은 여러분이 우주선이라는 다른 공간에서 일어난 두 사건 사이의 시간을 측정하는 겁니다.

우주선이 오른쪽으로 v라는 속력으로 움직인다고 생각해 봅시다. 〈그림5〉는 우주선이 오른쪽으로 움직이는 걸 표현한 것입니다. 왼쪽은 A에서 빛을 쏜 사건의 순간, 가운데는 빛이 거울 B에 도달하는 순간, 오른쪽은 A에 다시 되돌아 온 순간을 동시에 나타냈어요. 그 사이에 빛은 화살표로 표시된 경로를 따라 움직이겠죠? 우주선에 타고 있는 제가 봤을 때 빛은 〈그림4〉처럼 똑바로 올라갔다가 똑바로 내려오지만, 여러분이 보면 오른쪽으로 움직이는 우주선 안에서 빛이 움직이는 거니까 〈그림5〉처럼 빛은 오른쪽 사선 위로 올라갔다가 오른쪽 사선 아래로 내려오겠죠? 처음과 끝 사건 사이의 시간을 $\Delta t'$이라고 합시다. 이제 우주선 안에 있는 제가 측정한 두 사건 사이의 시간, 즉 고유 시간 Δt와 여러분이 측정한 시간 $\Delta t'$을 비교하겠습니다. 처음 빛이 출발한 위치에서 마지막 빛이 도착한 위치 사이의 수평 거리는 우주선이 v라는 속력으로 $\Delta t'$이라는 시간 동안 간 거리와 같으므로, 그 거리는 $v\Delta t'$이 됩니다. 여기서 다시 한 번 강조하지만 광속 c는 관측자와 관계없이 불변입니다. 그렇다면 여러분이 본 빛은 D라는 거리만큼 비스듬히 올라갔다가 다시 D만큼 비스듬히 내려옵니다. 즉 여러분이 본 빛이 움직인 거리는 $2D$가 되어 우주선 안에서 제가 봤을 때 빛이 움직인 거리 $2L$보다 더 길어졌습니다. 이 사이의 시간은 앞에서와 마찬가지로 움직인 거리를 빛의 속력으로 나누면 되니 $\Delta t'=2D/c$가 됩니다.

〈그림5〉에서 연두색 점선으로 그린 직각 삼각형을 봅시다. 밑변은 우주선이 움직인 수평 거리의 절반이므로 $\frac{1}{2}v\Delta t'$이고, 높이는 A와 B 사이의 거리인 L, 빗변이 D가 됩니다. 수학은 자연을 가장 쉽게 설명할 수 있는 언어입니다. 여기서 피타고라스 정리를 이용해 아주 최소한의 수식을 사용하여 설명하겠습니다. 피타고라스 정리로 빗변 D를 밑변과 높이로 표현해 봅니다.

$$D = \sqrt{L^2 + \left(v\,\frac{\Delta t'}{2} \right)^2}$$

이 표현을 여러분이 측정한 시간 식에 넣으면 다음과 같습니다.

$$\Delta t' = \frac{2D}{c} = \frac{2\sqrt{L^2 + \left(v\,\dfrac{\Delta t'}{2}\right)^2}}{c}$$

우리는 우리가 구하려는 시간 $\Delta t'$을 표현하려고 하는데, 이 식의 양변에 이 시간 $\Delta t'$이 모두 들어 있어요. 양변을 제곱하여 $\Delta t'$에 대해서 다시 정리합니다.

$$\Delta t' = \frac{2L/c}{\sqrt{1 - \dfrac{v^2}{c^2}}} = \frac{\Delta t}{\sqrt{1 - \dfrac{v^2}{c^2}}}$$

앞에서 언급한 우주선 안에 있는 관측자가 측정한 고유 시간 $\Delta t = 2L/c$이므로 $\Delta t'$과 Δt와의 관계도 얻었습니다. 우주선의 속력 v는 빛의 속력 c보다 항상 작으므로 v/c와 그것을 제곱한 v^2/c^2도 1보다 작은 값이고, 따라서 1에서 1보다 작은 값을 뺀 $1 - v^2/c^2$도 1보다 작습니다. 당연히 1보다 작은 값의 제곱근 값도 1보다 작고요. 즉 이 식 우변의 분모가 1보다 작은 값이므로, 여러분이 측정한 두 사건 사이의 시간 $\Delta t'$은 고유 시간 Δt보다 큽니다.

이게 무슨 의미일까요? 시간 간격이 길다는 거죠. 우주선 안에서는 두 사건 사이에 1초가 흘렀는데, 밖에서는 그 두 사건 사이에 1초보다 긴 시간이 흐른 겁니다. 예를 들어 여러분의 시간은 2초가 흘렀는데 제 시간은 1초밖에 안 흘렀다는 거예요. 멈춰 있는 여러분이 볼 때 움직이는 것의 시간이 늦게 갔습니다. 이렇게 시간이 늦게 가는 것을 시간 지연이라고 합니다. 멈춰 있는 여러분은 나이가 들어서 30대, 40대, 50대, 60대, 70대, 할머니, 할아버지가 되는데, 우주선을 타고 빠르게 움직이는 저는 별로 안 늙고 이 모습을 거의 그대로 유지하고 있다는 말입니다.

그런데 이게 문제가 있어요. 모든 운동은 상대적이라고 했어요. 여러분이 볼 때는 당연히 우주선을 타고 있는 제가 움직이지만, 우주선을 타고 있는 제 입장에서는 누가 움직이죠? 바로 여러분이 움직이죠. 여러분이 반대 방향으로 움직입니다. 그러니 제가 여러분을 바라보면서 앞에서 했던 거와 똑같이 하면 제 시간보다 여러분의 시간이 늦게 가요. 제가 우주선을 타고 가면서 여러분을 바라보면, 저는 계속 나이가 들어도 여러분은 그 젊음을 그대로 유지하는 거예요. 여러분 입장에서는 여러분만 꼬부랑 할머니와 할아버지가 되고 저는 별로 늙지 않고, 제가 볼 땐 여러분이 젊음을 그대로 유지하는데 저만 나이가 드는 겁니다. 바로 이게 쌍둥이 역설이에요.

한 쌍둥이가 있습니다. 쌍둥이 중 형이 우주여행을 하는 동안 동생은 지구에 남아 있어요. 우주선을 탄 형의 입장에서는 지구에 남아 있는 동생이 상대적으로 움직이므로 동생의 시간이 늦게 갈 겁니다. 우주여행을 하고 돌아오면 자기는 늙고, 지구에 남아 있던 동생은 별로 안 늙고 그대로인 거죠. 그런데 지구에 남아 있는 동생 입장에서는 우주여행을 하는 형이 움직이므로 별로 안 늙고, 자기만 늙는 거예요. 그렇다면 형이 우주여행에서 돌아와서 둘이 만나면 어떻게 될

✛ 그림 6
쌍둥이 역설

까? 이게 바로 쌍둥이 역설입니다.

그렇다면 특수상대성이론이 틀렸을까요? 그렇지 않습니다. 틀린 것이 아니고 특수상대성이론은 이 쌍둥이 역설을 해결하지 못할 뿐입니다. 이 문제를 해결하려면 일반상대성이론이 들어와야 합니다. 이런 일이 벌어지려면 전제조건이 있어요. 제가 우주선을 타고 지구를 떠나 빠른 속도로 갑니다. 계속해서 저쪽으로 갑니다. 그러면 여러분과 제가 다시 만날 수 있을까요? 쌍둥이 역설에서처럼 다시 만나는 일이 벌어질 수가 없다는 거죠. 왜 상대성이론에 '특수'라는 단어를 붙였다고 했죠? 특수상대성이론이 성립하는 조건이 뭐였죠? 바로 가속운동을 하지 않을 경우에만 성립하는 이론인 겁니다. 일단 우주선을 타고 지구를 떠난 제가 가속운동을 하지 않으려면 일정 속력으로 직선운동을 해야 합니다. 즉 저쪽으로 가면 그걸로 끝, 여러분과 제가 다시 만나는 일은 벌어지지 않습니다. 다시 만나려면 어떻게 해야 하죠? 제가 다시 돌아와야 합니다. 돌아오려면 방향도 바꾸고 속력도 바꾸고, 이것저것 다 바꿔서 다시 돌아와야 하기 때문에 가속도운동을 해야 하는 겁니다. 여러분은 가속도운동을 하지 않고 저는 돌아오기 위해서 엄청난 가속도운동을 해야 합니다. 바로 이 가속운동이 시간 지연을 일으키는 중요한 조건이 됩니다. 즉 저는 별로 늙지 않고 여러분은 할머니, 할아버지가 돼 있는 거죠. 이와 관련된 일반상대성이론은 다시 다루겠습니다.

◆ 길이 수축

특수상대성이론에 의하면 길이 수축 length contraction 이라는 현상이 있습니다. 시간뿐만 아니라 길이도 관측자에 따라 달라지는 상대적인 거라는 겁니다. 관측자에게 빛의 속력이 변하지 않으려면 시간만 상대적인 것이 아니라 공간도 같이 상대적이 되어야겠죠? 상대적으로 움직이는 곳의 시간이 늦게 가기 때문에 빛의 속력이 일정하려면 시간만이 아니라 길이도 달라져야 합니다. 하늘색 기차와 분홍색 기차가 있습니다. 하늘색 기차는 멈춰 있고, 분홍색 기차는 움직이고 있습니다. 멈춰 있는 기차에서 움직이는 기차를 바라보면 움직이는 기차의 길이가 줄어듭니다. 거꾸로 움직이는 분홍색 기차에 타고 있는

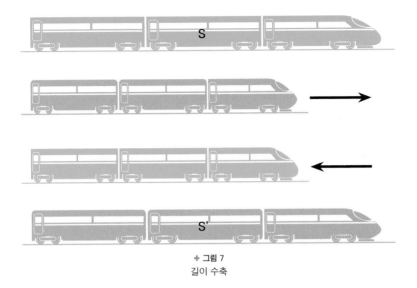

+ 그림 7
길이 수축

사람의 입장에서는 자신은 멈춰 있고, 멈춰 있는 하늘색 기차가 상대
적으로 반대쪽으로 움직이므로 길이가 줄어듭니다. 움직이는 방향
길이만 변합니다. 기차의 두께는 움직이는 방향이 아니죠. 빛의 속력
이 일정하도록 시간 지연이 나타나는 만큼 길이가 줄어듭니다. 이걸
길이 수축이라 합니다. 이것도 상대적인 겁니다.

정지해 있을 때 길이 100m인 기차가 달리고 있습니다. 이 기차가
50m짜리 터널을 통과할 때, 우리의 일상 경험으로는 기차 길이가
터널 길이의 두 배이니 기차 앞부분이 터널을 통과해서 밖으로 나왔
을 때도 기차의 뒷부분은 여전히 터널 안으로 들어가지 않고 밖에
서 보이는 상태겠죠? 그런데 이 기차가 빛의 속력에 가깝게 아주 빨

리 달리고 있다고 생각해 봅시다. 기찻길 밖에서 보고 있는 사람 입장에서는 터널이 그 사람과 같이 멈춰 있으니 터널의 길이는 그대로 50m예요. 그런데 빨리 달리는 기차의 길이를 보면 길이 수축에 의해서 100m보다 짧아질 수 있게 됩니다. 기차 속력에 따라 90m, 80m, 70m로 짧아지죠. 어느 속력 이상이 되면 기차의 길이가 50m보다도 짧아집니다. 즉 터널 길이보다 짧아져서 터널 속으로 기차가 완전히 사라집니다. 길이 100m인 기차가 50m 터널을 지날 때 완전히 사라지는 겁니다. 기차의 속력이 매우 빨라서 찰나의 순간이긴 하지만요. 실제로 공간이 수축돼서 일어나는 현상입니다. 공간이 그렇게 수축하고, 변하는 거예요.

등가원리

쌍둥이 역설을 해결하려면 일반상대성이론이 필요합니다. 특수상대성이론은 가속하지 않는 물체에 대한 이야기고, 일반상대성이론은 가속하는 상황을 포함하는 모든 경우에 해당하는 이론입니다. 일반상대성이론에서 가장 중요한 개념이 등가원리(等價原理)인데요. 같을 등(等)에 가격 가(價), 영어로 'equivalence principle'이라고 하며, 같은 가격, 혹은 가치가 같다는 원리입니다. 뭐가 뭐와 같다는 걸까요?

놀이동산에서 롤러코스터나 자이로드롭 같은 스릴 있고 격렬한 놀이기구를 타면 어떤 느낌을 받나요? 롤러코스터의 경우 밖으로 튕겨 나갈 것 같고, 자이로드롭에서는 떨어지면서 짧은 시간 동안 무중력 상태를 느끼게 됩니다. 즉 밖으로 밀려나는 힘을 받거나 중력이 사라진 느낌을 받습니다. 밖으로 나가는 힘이 실제로 있는 힘일까요? 무엇이 중력을 사라지게 할까요? 밖으로 밀어내는 힘도 없고, 중력을 상쇄할 힘도 없어요. 모두 실재하는 힘이 아닙니다. 그런데도 여러분은 그런 힘을 받는다고 생각합니다. 그렇게 느껴지는 힘을 관성력이라 합니다. 그 이유는 여러분이 가만히 멈춰 있거나 등속도로 움직이지 않고, 가속도운동을 하기 때문입니다. 운동 방향이 바뀌는 것도 가속도운동이고, 속력이 바뀌는 것도 가속도운동이라고 했죠? 롤러코스터를 타는 경우 타는 사람은 관성에 의해서 똑바로 가려고 하는데, 방향이 바뀌며 반대쪽으로 튕겨 나가는 힘을 느끼게 되는 거죠. 자이로드롭의 경우 최고점에서 멈춰 있던 사람은 관성에 의해 그대로 멈춰 있으려고 하는데, 중력 때문에 자유낙하를 하게 되므로 중력 반대 방향으로의 힘을 느끼면서 무중력 상태가 됩니다. 물론 실제로 그런 힘이 존재하는 것은 아니고 가속도운동을 하는 상태이기 때문에 느끼게 되는 힘입니다. 이렇게 가속도운동을 하는 계를 비관성계라고 하고, 이에 비해 속력도 변하지 않고 움직이는 방향도 바뀌지 않거나 가만히 멈춰 있는 계를 관성계라고 합니다. 위에서 얘기한 관성력이라는 것은 바로 비관성계에 있기 때문에 느껴지는 힘입니다. 즉 관성계가 아니기 때문에 관성으로 느껴지는 힘이라 관성력이라

부릅니다. 실제로 우리가 힘을 느끼니까 진짜 힘과 구분을 못한다는 거예요. 우리는 지구 위에서 지구의 중력을 받고 있고, 우주로 나가면 다른 천체로부터 중력을 받는데, 실제로 존재하는 중력과 비관성계에 있어서 느끼는 관성력을 구분하지 못한다는 겁니다. 이게 아인슈타인이 말한 등가원리입니다.

등가원리와 관련된 걸 조금 더 설명을 해 볼게요. 비가 내린다고 상상해 보세요. 바람이 전혀 불지 않아서 수평인 지면에 수직 방향으로 비가 내립니다. 여러분이 우산을 쓰고 일정한 속력으로 뛰어 가거나 일정한 속력으로 차를 타고 가면서 내리는 비를 바라보면 사선으로 내리는 것으로 보이겠죠? 여러분의 움직임과 비가 내리는 것이 상대적인 운동이기 때문입니다. 여러분이 점점 더 빨리 달리거나 자동차의 속력을 올려 달리면 내리는 비는 사선 방향으로 점점 더 기울어지겠죠? 이 상황을 염두에 두고 상상을 더 확장해 봅시다.

우주 공간에 빛이 왼쪽에서 오른쪽을 향해 지나가고 있어요. 우주선을 타고 빛의 방향에 수직 방향으로 출발합시다. 어느 정도 시간이 지나 우주선은 일정한 속력으로 날아가고 있어요. 이때 우주선 창밖으로 보이는 빛은 앞에서 얘기한 비처럼 사선 방향으로 비치겠지요? 이 상황에서 우주선의 속력을 일정하게 증가시키면 빛의 방향이 더 사선으로 기울어집니다. 즉 빛이 수평으로 오다가 아래로 휘어지는 것처럼 보일 겁니다. 가속하는 우주선이므로 비관성계이고, 비관성계에 있는 우리는 우주선의 진행 방향에 반대 방향으로 관성력을 느끼게 됩니다. 자동차의 속력이 증가하는 동안 뒤로 밀리는 힘을 느끼는 것과 같은 상황입니다. 이런 관성력은 아인슈타인이 얘기한 등가원리에 의해서 중력과 구별할 수 없습니다. 즉 중력이 없는 우주 공간에서 중력을 느끼는 것과 같은 상황입니다. 다른 말로 하면 우주선의 창문을 다 막고 외부와 완전히 차단하면 우리가 우주선을 타고 가속운동을 하고 있는지, 우주선의 가속도와 같은 중력가속도가 있는 천체에 있는지 구별이 안 된다는 겁니다. 즉 중력에 의해서 빛이 휘어져 오는 현상을 아인슈타인은 이렇게 표현했어요.

공간이 휘어져 있다.

빛이 휘어져 지나는 이유가 중력에 의해 공간이 휘어져 있기 때문이라는 것입니다. 즉 휘어진 공간을 지나기 때문에 빛도 휘어져 지난다는 것이죠. 이렇게 질량이 없는 빛조차 관성력 혹은 중력에 의해서 휘어집니다.

아인슈타인은 이러한 등가원리를 토대로 중력을 포함하는 일반상대성이론을 1915년에 발표했습니다. 중력이 센 무거운 물체는 주위 공간을 휘게 만들어서 그 주위를 지나는 물체의 최단 경로를 변화시킨다고 했습니다. 아인슈타인의 이러한 중력이론은 이를 확인해 주는 관측 결과로부터 증명됐습니다.

근일점(近日點)이 뭔지 아나요? 태양(日)에 가장 가까운(近) 점(點)이

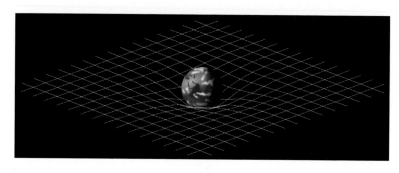

라는 뜻입니다. 행성운동에 대한 케플러 제1법칙에서 행성은 태양
을 한 초점으로 하는 타원운동을 한다고 했죠? 행성이 태양에서 가
장 멀어졌을 때 원일점(遠日點)에 있다고 하고 반대로 가장 가까이 왔
을 때 근일점에 있다고 합니다. 행성의 타원운동은 전체적으로는 뉴
턴의 역학법칙으로 설명됩니다. 그런데 수성의 근일점을 관측하면서
뉴턴 역학으로 설명하지 못하는 작은 변화를 발견했습니다. 아인슈
타인이 이 작은 변화에 자신의 일반상대성이론을 사용하니 자연스
럽게 설명을 할 수 있었습니다.

마찬가지로 개기일식 때 드러나는 별의 존재는 아인슈타인의 중
력이론으로는 당연한 결과였습니다. 질문을 할게요. 태양 뒤쪽에 별
이 있으면 우리가 볼 수 있을까요? 태양이 너무 밝을 뿐만 아니라, 멀
리 있는 별은 우리가 보기에는 태양보다 훨씬 작을 테니 당연히 볼
수 없겠죠? 그런데 어느 순간에 달이 태양을 완전히 가리는 개기일

식이 일어났을 때, 태양 뒤에 숨어 있던 별을 관측할 수 있게 됐습니다. 어떻게 가능할까요? 그 이유는 아인슈타인 얘기한 대로 그 별에서 나오는 빛이 태양 옆을 지날 때 태양 중력에서 의해 휘어서 지구로 돌아 들어오기 때문입니다. 개기일식 때 그걸 관측했다는 거죠. 즉 태양에 의해서 공간이 휘어 있기 때문에 태양 뒤에 있는 별에서 나오는 빛이 휘어서 지구로 돌아 들어온다는 겁니다.

천문학자들은 태양 바로 옆에 있는 별을 어떻게 관측할까요? 태양이 너무 밝아서 태양 뒤에 있는 것이나 그 근처에 있는 것을 관측하기는 쉽지 않습니다. 그럴 때 망원경 위로 굉장히 긴 굴뚝 같은 것을 세우고, 그 굴뚝의 방향을 태양을 피해 관측하려고 하는 별에 정확히 향하도록 잡아요. 그러면 태양에서 들어오는 빛은 약간 비스듬하게 굴뚝으로 들어오게 됩니다. 굴뚝을 충분히 길게 만들고 굴뚝 내부를 빛을 잘 흡수하는 재질로 처리하면 굴뚝으로 들어온 태양 빛은 굴뚝 벽에서 반사되면서 아래로 내려가는 동안 모두 흡수됩니다. 그래서 망원경에 도달하기 전에 사라지고, 관측하고자 하는 별빛만 굴뚝을 통과해 망원경으로 들어오게 되어 그 별을 관측할 수 있습니다.

영화 〈인터스텔라〉에서는 중력이 센 곳으로 우주여행을 갔던 아버지와 지구에 남아 있던 딸 중 누구의 시간이 느리게 갔나요? 아버지의 시간이 늦게 갔죠? 일반상대성이론이 알려 주는 것이 정확히 그 사실입니다. 즉 중력이 센 곳은 시간이 느리게 간다는 겁니다. 중력이 아주 센 거대한 블랙홀 근처에 있는 행성에 내려간 사람들의 시간은 늦게 가고, 우주선에 남은 사람의 시간은 빨리 가서 행성에 내려갔다가 올라온 사람에 비해 나이가 많이 들어 버리는 장면도 나옵니다.

이제 다시 쌍둥이 역설로 가 볼까요? 특수상대성이론, 즉 가속하지 않는 경우 움직임은 서로 상대적이라 쌍둥이 역설이 해소되지 않습니다. 아예 별개의 공간에 있기 때문에 서로 비교할 수 있는 상황이 아닙니다. 쌍둥이가 다시 만나야 역설이 해소될 수 있는데, 다시 만나려면 우주여행을 간 형이 지구로 되돌아와야 하고, 그러려면 가속과 감속, 방향 전환을 해야 합니다. 즉 바로 가속운동을 해야 합니다. 아인슈타인의 등가원리가 알려 주는 것은 가속운동을 하면 필연적으로 느끼는 관성력을 중력과 구별할 수 없다는 것이므로, 가속운동을 하는 쌍둥이 형은 중력이 센 곳에 있는 것과 같은 상황을 경험합니다. 바로 그 상황에서 형에게 시간 지연이 일어나고, 결국 지구로 되돌아와서 동생을 만나면 동생의 시간이 훨씬 빨리 흘러서 늙은 동생을 만나는 것이죠. 이제 쌍둥이 역설이 해소되었죠? 참고로 중력이 아주 커지면 우리가 볼 때 아예 시간이 흐르지 않는 곳이 존재합니다. 그게 바로 블랙홀입니다.

상대성이론의 응용

지금까지 아인슈타인의 특수상대성이론과 일반상대성이론에 대

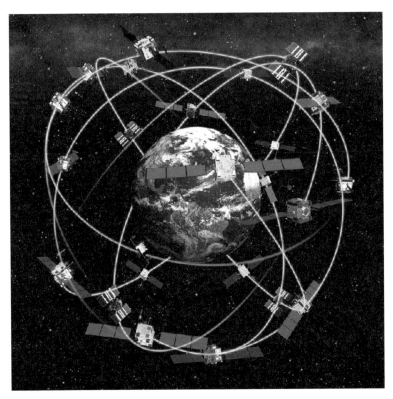

＋ 그림 9
궤도를 돌고 있는 GPS 위성 개념도. 지구 어디서나 충분한 개수의 위성 신호를 수신할 수 있다.

해 간단히 살펴봤습니다. 이러한 상대성이론이 우리와 무슨 상관이 있을까요? 우리가 아무리 빨리 움직여도 1초에 30만km를 가는 빛의 속력과는 비교할 수 없겠죠? 게다가 우리가 살고 있는 지구는 시간 지연의 효과를 볼 수 있을 만큼 중력이 큰 곳도 아닙니다. 하지만 일상에서 우리는 매일매일 아인슈타인의 상대성이론을 이용하며 살아가고 있습니다. 바로 GPS^{Global Positioning System}를 통해서예요. 요즘 운전하는 사람은 대부분 내비게이션^{navigation} 장치를 사용합니다. 내비게이션의 핵심 부품이 GPS입니다. GPS로 정확한 위치를 파악해 이용하는 것인데, 이를 위해 가장 중요한 것이 우리의 시계와 위성의 시계를 동기화시키는 겁니다. 시간으로 위치를 파악하는 것이죠. GPS를 위해 현재 70개가 넘는 위성이 이용되고 있다고 합니다.

그런데 위성들은 우리가 볼 때 굉장히 빠른 속력으로 지구 주위를 돌고 있습니다. 빠른 속력으로 움직이므로 특수상대론적 효과로 지구 표면에 있는 우리 시간에 비해 시간 지연이 일어나는 겁니다. 하루에 약 0.000007초 늦게 간다고 해요. 그런데 이 효과만 있는 것이 아니고 일반상대론적 효과도 있습니다. 지구 표면으로부터 아주 높은 곳에서 돌고 있기 때문에 위성에 작용하는 중력은 우리가 지구 표면에서 느끼는 중력보다 훨씬 약해요. 게다가 원운동을 하고 있으므로 중력의 반대 방향으로 관성력이 작용해서 중력의 효과는 더 약해지죠. 중력이 센 곳에서 시간 지연이 일어나니 중력이 약한 곳의 시간은 빨리 갑니다. 이러한 일반상대론적 효과로 위성의 시계는 하루에 0.000045초 정도 빨리 가게 됩니다. 두 효과를 합치면 위성의 시계는 지구 표면에 있는 우리의 시계에 비해서 하루에 약 0.000038초 빨리 갑니다. 이 효과를 계속해서 보정해 줘야 제대로 위치를 알려 줄 수 있어요. 우리가 일상에서 매일매일 사용하는 휴대폰이나 내비게이션에 들어 있는 GPS에서 이러한 상대론 계산을 하면서 시간을 보정해 동기화하고 있습니다.

블랙홀

블랙홀은 중력이 너무 강해서 빛조차 빠져나올 수 없는 무거운 천체를 지칭합니다. 시간이 흐르지 않는다는 것은 블랙홀 외부에 있는 관측자가 볼 때 그렇다는 것인데, 시간을 판단하는 기준이 되는 빛이 빠져나올 수 없기 때문이죠. 블랙홀은 아인슈타인의 일반상대성이론으로 예측되는 존재입니다. 빛도 빠져나올 수 없기 때문에 직접 관측하는 것은 불가능하지만, 아주 강한 중력으로 간접적으로 그 존재를 확인할 수 있습니다. 보통은 아주 무거운 별이 붕괴하면서 블랙홀이 생길 수 있는데, 가벼운 블랙홀은 태양 무게의 대략 4배 정도이고, 수백만 배가 되는 무거운 것도 존재합니다.

블랙홀에서 멀리 떨어진 곳에서 블랙홀로 다가가는 우주여행자를 관측한다면 어떤 모습을 보게 될까요? 블랙홀은 중력이 커서 빛도 빠져나오지 못하는 천체라고 했지요? 블랙홀 중심에서 빛이 빠져나오지 못하는 경계가 되는 곳까지가 블랙홀의 크기가 되고, 그 경계를 '사건의 지평선event horizon'라고 부릅니다. 사건의 지평선에 다가갈수록 시간이 느리게 가다가 사건의 지평선에서는 아예 흐르지 않기 때문에 더 이상 우리가 관측할 수 있는 사건이 없어지는 겁니다. 즉

+ 그림 10
찬드라 엑스선 관측선이 관측한 궁수자리에서 발견된 아주 무거운 블랙홀의 모습

블랙홀로 다가가는 우주여행자를 보면 블랙홀로 영원히 다가가기만 하고 결코 도달하지 못하게 보일 거예요. 당연히 사건의 지평선 내부, 즉 블랙홀 내부에서 일어나는 사건은 관측할 수가 없습니다. 그런데 여러분이 멀리서 보던 관측자가 아니라 블랙홀로 다가가는 우주여행자라면 어떻게 될까요? 여러분은 아주 센 중력을 받아 자유낙

＋ 그림 11
중력 렌즈 효과 때문에 멀리 떨어진 하나의 퀘이사가 네 개로 보인다.

하를 할 것이고, 시간은 그냥 그대로 여러분의 시간이므로 유한한 시간 내로 사건의 지평선을 통과하게 될 거예요. 물론 이런 시도를 할 수 없겠지만, 설사 기술적으로 가능하다 하더라도 절대로 이런 시도는 하지 마세요. 중력이 너무 세기 때문에 적은 거리 차이라도 아주 큰 조수력이 작용합니다. 그래서 블랙홀에 도달하기도 전에 여러분의 몸이 길게 늘어나서 죽게 될 것입니다.

앞에서도 얘기한 대로 중력에 의해서 공간은 휘어집니다. 중력이 센 곳 주위는 더 많이 휘어지고요. 당연히 블랙홀 주위의 공간은 아주 많이 휘어집니다. 그렇기 때문에 블랙홀 뒤에 숨어 있는 별의 빛이 휘어진 공간을 지나 지구에 도달해서 볼 수 있게 됩니다. 우리는 빛이 직진하는 것으로 인식하기 때문에 실제 별의 위치에 있는 것으로 보지 않고 다른 곳에 있는 것으로 보이겠지만요. 단순히 그냥 볼 수 있는 것만이 아니라 〈그림11〉에서처럼 여러 개로 반복되어 보이기도 합니다. 이런 효과를 중력 렌즈 효과라고 합니다.

3

CHAPTER

별의 생과 사

우주는 수많은 원자로 이루어졌습니다. 그중에서 수소는 빅뱅 초기에 생겨났고, 다른 무거운 원소들, 이를테면 산소나 탄소, 철 같은 금속은 별에서 생겨났다고 했습니다. 오늘 우리는 별들이 어떤 과정으로 생겨났고, 그 과정에서 우리가 무엇을 생각할 수 있을지 이야기해 보겠습니다.

별에 대한 상상

우리는 밤하늘의 별을 보면서 여러 생각을 합니다. 그러나 '저 별에서 핵융합이 일어나서 나에게 에너지를 전해 주는구나', '저 핵융합 덕분에 우리가 존재하는구나'라고 생각하는 사람은 극소수일 겁니다. 별을 보면서 감상에 젖어들고, 여러 상상을 하는데요. 그러한 감정과 상상은 대개 문학이나 예술의 형태로 나타납니다.

그중 윤동주 시인의 〈별 헤는 밤〉을 읽어 봅시다. 서울에서는 캄캄한 밤하늘을 봐도 별이 손에 꼽을 정도로밖에 안 보입니다. 시골이나 어두운 곳에 가면 수많은 별이 맑은 날 하늘에 떠 있는 걸 볼 수 있습

✛ 그림 1
허블 우주 망원경으로 관찰한 별들

니다. 하늘에서 반짝거리는 별들을 보면서 내 존재에 대해서 생각합니다. 윤동주 시인은 별 하나하나에 추억, 사랑, 쓸쓸함, 동경 등 어떤 감정이나 추상적인 개념을 대입하다가 어머니와 친구 이름을 부르면서 사람에게 별을 하나씩 대응합니다. 영어로 '스타star'는 별을 의미하는데, 스타라고 하면 영화배우나 유명 가수가 생각나죠. 이처럼 우리는 별을 개인에게 대응해서 생각하는 경우가 많습니다. 우주에는 별이 아주 많습니다. 지구에서 지금까지 살아온 모든 사람 수보다도 훨씬 많아서 사람 각각을 별에 대응시켜도 아무 무리가 없을 정도로 많습니다. 우리 은하에만 하더라도 수천억 개의 별이 있어요. 우주에는 이런 은하가 천억 개 이상 있다고 과학자들은 생각하고 있으니, 각각의 은하에 천억 개의 별이 있다고 하면 우주에는 정말 엄청난 수의 별이 있는 거죠.

또 별을 보면 신비롭다는 생각도 합니다. 그래서 꽃의 아름다움을 봤을 때 생물학을 흔히 생각하지 않듯이, 별을 볼 때는 과학보다 오히려 마법을 떠올리기도 합니다.

별을 보고 있다고 상상하면서 이번에는 《허클베리 핀의 모험》을 읽습니다. 허클베리 핀은 짐이라고 하는 노예를 해방시키기 위해 뗏목을 타고 같이 도망갑니다. 두 사람은 미시시피 강에 떠 있는 뗏목에서 밤하늘의 별을 보며 이야기를 나눕니다. 별들이 저절로 생겨난 것인지 아니면 누가 만들어 낸 것인지에 대해 이야기합니다. 짐은 달이 많은 별들을 낳았다고 말해요. 허클베리 핀은 반대 의견을 대지 않아요. 개구리가 수많은 알을 낳는 걸 봤기 때문에 가능성이 있다고 상상한 거죠. 이처럼 별들은 우리에게 상상력의 근원이 됩니다.

그런데 별은 개구리 알이 아니죠? 뭉쳐진 수소 안에서 핵융합이 일어나고, 그 과정에서 나오는 에너지를 빛의 형태로 보는 것이 바로 별입니다. 그럼 우리가 과학을 배우면 우리의 상상력을 해치게 되는 걸까요? 사실 과학을 알수록 상상의 여지가 더 많아집니다. 이를테면 영화 〈인터스텔라〉나 〈그래비티〉는 상상력의 산물입니다. 과학이 있어서 상상력의 지평이 훨씬 넓어진 겁니다. 과학의 경계와 함께 상상력의 경계도 같이 넓어진다고 생각할 수 있을 것 같아요.

별을 보면 경이로운 생각이 드는 이유는 별이 가지는 영속성, 규칙성 때문입니다. 인간은 오늘을 살고 있지만, 내일 어떻게 될지 모르잖아요. 저는 100년 전에는 없었고, 100년 후에는 없어지겠죠. 그런데 별은 오늘 본 그 자리에 100년 전에도, 100년 후에도 있을 것 같은 영속적인 느낌을 줍니다. 인간은 태어나고 죽을 수밖에 없는데 별은 몇백 년 동안 항상 있는 것처럼 느껴집니다. 지금 하늘을 봤을 때 시리우스란 별이 어떤 한곳에 보인다고 하면 내년에도 거기에서 보이겠죠. 또 별들은 규칙적인 운동을 하는 것처럼 보여요. 이런 것에서 우리는 경외심을 느낍니다. 하지만 별의 운동이 모두 규칙적으로 보이는 건 아니에요. 바둑판처럼 규칙적인 배열이 있지도 않습니다. 밤하늘 별을 보면 여기저기 흩어진 것처럼 보이잖아요. 어떤 별은 밝고 어떤 별은 어두워요. 그런 복잡하고 다양한 별을 보며 복잡하고 다양한 인간세상을 생각하게 됩니다.

그러면서 역사적으로 인간의 운명을 별과 연결짓기도 했습니다. 어느 별자리에 태어나서 어떤 운명을 살게 될 것인지 이야기하고, 초신성처럼 큰 별이 떴을 때 사람이 태어나면 영웅이 될 거라고 생각하기도 했죠. 그러한 상상력이 호기심을 낳고, 그 호기심을 과학으로 풀면서 여러 과학법칙을 발견하기도 합니다. 그런 지식이 우리의 상상력을 더욱 풍부하게 만들고 있습니다.

지구와 태양계

이제부터 과학적으로 우주에 대해 생각해 보겠습니다. 우리는 지구에 있습니다. 우리에게 지구는 어마어마하게 큽니다. 지금은 비행기를 타고 지구를 도는 게 가능했지만, 옛날 사람들에겐 지구가 무한대 공간과 다름없었을 거예요. 그러면 이렇게 크고 몇십억 인구가 사는 지구가 특별한 것일까요? 지구는 우주에서 보면 태양계에 소속된 행성에 불과합니다. 지구는 태양계에서 제일 큰 행성도 아니고, 태양에 제일 가까이 있는 행성도 아닙니다. 어쩌면 특별할 것 없는 돌덩어리입니다. 하지만 태양계에서 태양은 특별하죠. 우리에게 특별한 태양도 우리 은하의 수천억 개 별 중 하나이며, 그 별 중에서 특별히 밝은 것도 아닙니다. 더구나 우리 은하도 우주 안 수천억 개의 은하 중 하나에 불과합니다.

태양계에 속하는 별들의 크기를 보겠습니다. 태양을 중심으로 수성, 금성, 지구, 화성, 목성, 토성, 천왕성, 해왕성이 차례로 있습니다. 지구에는 위성으로 달이 있습니다. 수성은 달보다 크고, 목성은 태양계 행성 중 가장 큽니다. 목성은 지구에 비하면 매우 크지만, 태양에 비하면 매우 작습니다. 이 행성들을 다른 천체와 비교해 봅시다.

태양계 외부에서 돌고 있다고 생각하는 케플러 10c라는 행성이 있습니다. 이 행성은 지구보다 크고 해왕성보다 작습니다. 우주에는 목성만큼 큰 행성이 많이 있습니다. 그런데 목성 정도 크기의 별은 우

✣ 그림 2
태양계 행성들

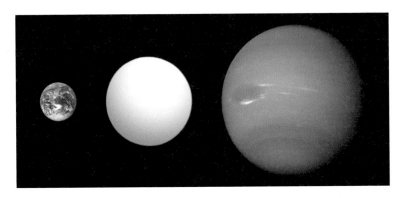

✣ 그림 3
지구, 케플러 10c, 해왕성

✛ 그림 4

목성, 볼프359, 태양, 시리우스의 크기 비교. 태양보다 큰 시리우스도 폴룩스, 아크투르스, 알데바란에 비하면 크기가 매우 작다.

주에서는 작은 크기에 불과할 거라고 생각됩니다. 별이 되려면 핵융합을 해야 하므로 너무 작으면 별이 될 수가 없습니다. 또한 목성보다는 무거워야 하지만, 핵융합을 하지 않는 행성으로 있으려면 목성보다 너무 무거워서도 안 됩니다. 태양은 목성보다 엄청나게 큽니다.

태양계 대부분의 질량은 태양에 있습니다. 태양도 큰 별이라 생각했는데 더 큰 별이 있습니다. 바로 자이언트, 거성이라 불리는 것들입니다. 그런 별들은 별이 죽을 때가 되면 나타납니다. 태양도 언젠가 저런 식으로 커지게 될 겁니다. 더 큰 천체들과 비교하면 지구나 태양은 작아서 보이지 않을 정도죠.✛그림 4

그런데 별의 크기도 별 사이의 거리에 비하면 굉장히 작습니다. 지금까지 발견된 가장 큰 별은 아무리 크다고 하더라도 빛이 하루 동안 갈 수 있는 거리보다는 훨씬 작아요. 별과 별 사이 거리는 빛이 하루에 갈 수 있는 거리 정도가 아니라 1년 동안 갈 거리보다도 멉니다. 빛이 진공 속에서 1년 동안 간 거리가 1광년인데요, 태양에서 가장 가까운 별이 4광년 정도 떨어져 있습니다. 별과 별 사이에 엄청난 공간이 있다는 걸 알 수 있죠. 우주의 크기로 가려면 한참 더 가야 합니다.

우리가 보는 은하수에도 엄청난 수의 별이 있어요. 은하들이 모여서 다른 은하들을 이루고요, 우리가 보는 우주 안에는 수천억 개의 은하가 있습니다. 과학자들은 심지어 이런 우주가 우리 우주 하나만 있는 게 아니라 더 있다고 믿습니다. 아직은 과학적으로 증명되지 않았지만, 우주의 개수는 무한대로 많다고 생각하기도 합니다.

좀 더 범위를 좁혀서 우리가 제일 잘 아는 별인 태양에 대해 구체적인 사실들을 얘기해 보죠. 지구의 둘레는 약 4만 km입니다. 프랑스대혁명 이후에 표준 단위를 만들었는데, 지구 둘레가 4만 km가 되도록 미터(m)를 정의했습니다. 지금은 표준 길이를 더 정밀하게 해야

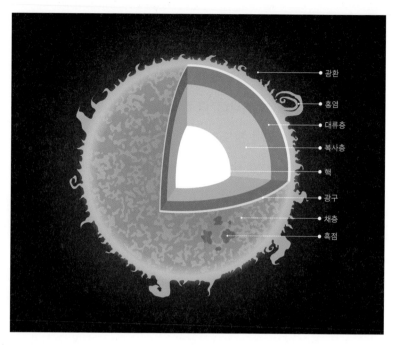

광환
홍염
대류층
복사층
핵
광구
채층
흑점

✦ 그림 5
태양의 구조

하기 때문에 지구 둘레가 아닌 다른 기준(진공에서 빛이 1/299,792,458초
동안 진행한 거리)으로 정의합니다. 태양은 반지름이 지구의 109배 정
도입니다. 부피로 따지면 대략 100x100x100=100만 배, 질량으로 따
지면 30만 배입니다. 그 정도 질량을 가지고 있기 때문에 태양계 질
량은 대부분 태양에 있습니다. 나머지 질량은 대부분 목성에 있고,
지구가 차지하는 질량은 매우 작습니다.

태양은 표면 온도가 6천 도 정도입니다. 온도를 가지는 모든 물체는 그 온도에 해당하는 빛을 냅니다. 이런 현상을 흑체복사라고 하고, 이 장의 끝부분에서 다룰 겁니다. 우리 몸에서도 체온에 해당하는 빛이 나옵니다. 다만 우리 몸에서 나오는 빛을 우리가 보지 못하는 이유는 그 빛이 눈에 보이지 않는 적외선이기 때문입니다. 군사 목적이나 밤에 잘 보기 위해 사용하는 적외선 카메라를 쓰면 우리 몸에서 나오는 빛을 볼 수 있습니다. 이와 마찬가지로 태양에서는 노란색, 초록색 등 가시광이 나옵니다. 그런 빛이 나오려면 표면 온도가 6천 도 정도 돼야 한다는 거죠. 내부 온도는 1,500만 도에 달합니다. 이러한 온도는 실제 그 장소에 가서 온도계로 잰 것은 아니지만, 여러 과학적 사실들로 추정한 것입니다. 이 정도 온도를 띤 태양 중심부에서는 수소가 모여 헬륨이 되면서 에너지를 내놓는 핵융합이 일어나고, 핵융합 과정에서 나오는 에너지 때문에 뜨거워집니다. 핵융합이 일어날 때는 가시광이 아니라 매우 짧은 파장의 빛이 나옵니다. 이 빛이 다른 것과 부딪히고 산란되면서 태양 표면에 도달할 때까지는 100만 년 정도 걸린다고 합니다. 우리는 지금 태양에서 나오는 빛으로 모든 사물을 보고 있는데요. 이 빛은 8분 전에 태양에서 출발했고, 100만 년 전에 있었던 핵융합 과정에서 나온 에너지에 기인한 것입니다.

태양은 대부분 수소로 만들어져 있습니다. 수소 75%, 헬륨이 20% 정도이고, 지구에서 흔히 보는 원소는 미량입니다. 수소가 중심 부분에서 태워져서 헬륨을 만듭니다. 우리가 흔히 태운다고 하면 산소가 결합해 산화되는 것이지만, 핵융합은 그렇지는 않고요. 수소핵이 모여 헬륨핵이 되며 에너지를 내놓는 과정을 태운다고 표현한 겁니다. 이런 식으로 핵융합을 해서 내놓는 에너지는 지구 모든 에너지의 원천이 됩니다. 당연히 지구에서 여러 생명을 유지시키는 에너지도 태양에서 나오는 에너지에요.

한 가지 에피소드를 말해 볼게요. 태양이 주로 수소로 이루어졌다는 사실을 처음으로 알아낸 사람은 시실리아 페인이란 여성 과학자입니다. 페인은 1919년 케임브리지 대학에 입학했는데, 케임브리지는 1940년대 중반까지도 여자에게 박사 학위를 안 줬어요. 여기서 공부해도 소용없다는 걸 알고 페인은 미국 하버드로 갔습니다. 거기서 여러 계산을 바탕으로 태양이 무엇으로 이루어졌는지 알아냈고, 주로 수소와 헬륨으로 만들어진 걸 증명했습니다. 당시 다른 과학자 대부분은 태양도 지구와 비슷한 물질로 이루어졌을 거라고 추론했습니다. 지구는 대부분 철로 이루어졌고, 금속 덩어리가 많아요. 당연히 우주에도 그게 많을 거라 생각했고, 태양도 지구에서 흔히 보는 물질로 이루어졌을 거라 생각했습니다. 때문에 페인이 박사 학위 논문을 쓸 때 스승 러셀을 찾아가 "내가 이런 걸 증명했습니다."라고 하니까 러셀은 "그럴 리 없다. 네가 잘못 생각한 거다."라고 했습니다. 결국 본인은 '태양이 수소와 헬륨으로 만들어진 것'을 확신하지만, 박사 논문은 '내가 계산했지만 틀린 것 같다'라고 마무리 지어요. 러셀 때문에 그런 코멘트가 붙은 건데, 아무래도 권위자의 견해를 틀렸다고 할 수 없었겠죠. 하지만 과학의 발전에서 중요한 건 권위나 일반적으로 알려진 상식이 아닙니다. 새로 알게 된, 과학적으로 입증되는 사실이 훨씬 중요하죠. 자기가 정말 옳다고 생각하면 그렇게 주장할 수 있는 용기가 필요합니다. 어쨌든 그런 과정들을 통해 우리는 지금 태양의 구성 성분을 잘 알고 있습니다.

태양에서 오는 여러 빛을 바탕으로 생명 현상이 유지됩니다. 울창한 숲과 꽃이 있게 됩니다. 식물은 광합성으로 에너지를 얻고, 곡물들도 마찬가지죠. 지구상에서 얻어지는 거의 모든 에너지의 근원은 태양이며, 많은 생명과 인간이 살아가는 근원이 됩니다.

우주와 별에 대해

지구와 태양에서 벗어나 넓은 범위로 우주를 생각해 봅시다. 여기에서 우주란 우리가 관측할 수 있는 모든 것을 의미합니다. 우리 은하에는 수천억 개의 별이 있고, 우주에는 수천억 개의 은하가 있다고 했죠. 그건 우리가 관측하는 우주를 말하는 겁니다. 그런데 그렇게 많은 별을 눈으로 셀 수는 없습니다. 그럼 어떻게 별의 수를 알 수 있을까요? 아주 좋은 천문학적 장비들, 우주의 망원경^{+ 그림 6}을 이용해서 아주 작은 구역의 별들을 셉니다. 그리고 그 수를 전체 부피에 곱합니다. 그렇게 별의 수에 대한 정보를 얻습니다.

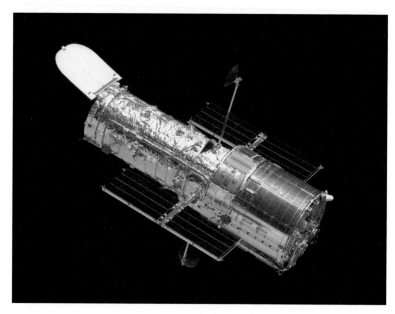

+ 그림 6
아틀란티스 우주 왕복선에서 촬영한 허블 우주 망원경

　우주는 아주 넓기 때문에 지금 보는 우주는 현재 상태의 우주를 그대로 보는 것이 아닙니다. 빛의 속도는 유한하기 때문에 우리는 과거를 들여다보는 거예요. 어떤 별을 봤다고 했을 때는 그 별의 과거를 보는 거고요. 게다가 우주는 팽창하고 있습니다. 그래서 관측 가능한 반경은 우주의 나이보다 훨씬 커서 465억 광년 정도입니다. 이런 관측 가능한 우주로부터 알아낸 것은 우주에 수천억 개의 은하가 있고, 하나의 은하에도 대략 수천억 개의 별이 있다는 것입니다. 천억이 10^{11}이니 천억과 천억을 곱해 보면, 아무리 적게 잡아도 우주에는 별이 10^{22}개 이상 있습니다. 우리 몸에 있는 원자의 개수가 많나요? 별의 개수가 많나요? 저렇게 별이 많은데도 우리 몸을 이루는 원자 개수가 더 많습니다. 천억 개는 우리 머릿속 뇌세포 개수 정도에 해당합니다. 별의 평균 질량을 생각하고, 그 별들의 개수를 곱하면 전체 별의 총 질량을 얻을 수 있습니다. 하지만 우주 전체에서 별이 차지하는 질량은 매우 작아서 5% 정도밖에 안 됩니다. 별 사이에는 성간물질도 있고, 우리가 알지 못하는 암흑물질과 암흑에너지가 우주에서 더 큰 역할을 하고 있습니다.

♦ 우리를 구성하는 물질

태양은 지속적으로 에너지를 주고 있고, 지구에는 우리를 비롯한 여러 생물체가 있을 수 있습니다. 그럼 지구상 여러 물체와 생물은 무엇으로 만들어졌을까?

초기에 만들어진 원소는 수소와 헬륨밖에 없습니다. 하지만 생명체가 만들어지려면 여러 화학 작용이 있어야 하고, 여러 재료가 필요합니다. 탄소나 산소가 필요할 거고요. 고등동물처럼 큰 동물을 만들려면 뼈대를 이룰 금속 성분과 그 밖의 많은 원소가 필요해요. 그런 나머지 필요한 재료는 다른 과정에서 생겼습니다. 즉 우리 몸을 이루는 다른 무거운 원소들은 별이 폭발하는 과정에서 나온 것들입니다.

태양과 지구도 다양한 원소들로 만들어졌습니다. 태양 같은 별은 빅뱅 이후 처음 등장한 1세대 별이 아니에요. 태양이 우주가 생기고

105

나서 처음 만들어진 별이라고 하면, 수소와 헬륨 외에 다른 원소가 없었을 겁니다. 1세대 별이 태어났다가 죽고, 그게 흩뿌려지면서 다른 원소가 방출되고, 그 원소들이 다시 별을 만듭니다. 이렇게 몇 세대가 지나고 만들어진 별 중 하나가 태양입니다. 그렇기 때문에 지구를 만든 물질은 별의 잔해인 거죠.

◆ 별의 탄생과 죽음

우리를 구성하는 물질에 대해 알려면 별의 탄생과 죽음을 볼 필요가 있습니다. 별은 우주 공간에 흩어져 있는 성간물질이 중력에 의해 모이고 수축하면서 생깁니다. 별이 생기면서 멀리 흩어져 있던 물질이 점점 뭉치겠죠. 압력과 온도도 올라가고, 작은 것들이 서로 부딪히고 뭉치면서 더 빨리 회전합니다. 성간물질이 뭉치면서 점점 크기가 줄어들고 빠르게 회전하는 데 만 년에서 백만 년 정도 시간이 걸립니다. 그렇게 만들어진 별은 소위 말하는 주계열성이 되며, 대부분 생을 주계열성 상태에서 보내게 됩니다.

태양은 수명이 100억 년인데, 이제까지 40~50억 년을 썼으니 절반쯤 왔습니다. 많은 물질이 모여서 더 큰 별을 만들면 그 별의 수명은 오히려 짧습니다. 적은 물질이 뭉쳐지면 수명이 길어요. 언뜻 보면 이상하죠. 많은 물질이 모이면 연료가 많으니 오래 타야 할 것 같고, 적은 물질이 뭉쳐지면 금방 타버릴 것 같지만 그게 아닙니다. 무거우면 중력 때문에 더 많이 뭉칠 거고, 훨씬 많은 에너지를 내놓으면서 더 빨리 죽게 되죠. 엄청나게 밝고 빛나는 별들은 몇백만 년이 안 되도록 살기 때문에 그런 별을 중심으로 하는 행성에서는 외계 생명을 찾기 어려울 겁니다. 태양의 수명은 몇백억 년이나 되기 때문에 그 시간 안에 여러 가지 일들이 가능합니다. 예를 들어 태양계 세 번째 행성에서 생명체가 발생하고 진화하고 문명이 생겼습니다. 이러한 일이 일어나기까지 많은 시간이 필요했습니다. 태양보다 가벼운 별도 많은데요, 그런 별들은 태양보다 수명이 깁니다. 심지어 우주가 처음 생겼을 때 생긴 별 중 아직 안 죽은 것도 있어요. 하지만 그런 별 중에는 무거운 원소가 있는 행성이 없을 테니 외계 문명이 있을 수도 없겠네요. 태양은 그런 의미에서 우리에게 너무 크지도 너무 작지도 않은 아주 적당한 별입니다.

◆ HR 도표

별에 대한 정보를 알아내는 중요한 것이 HR 도표^{HR Diagram}입니다. 밤하늘을 보다 보면 성단이라는 것이 있어요. 별들이 많이 모인 걸 성단이라 하고, 우리 은하 안에도 여러 개의 성단이 있습니다. 멀리 떨어져 있어서 지구로부터 한 성단을 이루는 별들까지의 거리를 거의 같다고 볼 수 있으니까 우리에게 보이는 별들의 밝기가 별의 원래 밝기와 비례한다고 볼 수 있죠. 한 성단을 이루는 별의 밝기를 분석하면 어떤 특징이 나타날까요?

성단에는 수많은 별들이 있습니다. 빨간 별은 오른쪽, 파란 별은

✚ 그림 7
구상 성단

왼쪽으로 모아 봅시다. 태양과 별들은 표면 온도에 따라 내는 빛이 다릅니다. 파란 별은 뜨거운 별, 빨간 별은 상대적으로 온도가 낮은 별입니다. 이렇게 온도에 따라 나누고 스펙트럼을 정밀하게 분석한 겁니다. 그리고 어두운 별은 아래로, 밝은 별은 위로 보내 봅시다. 별들이 무작위로 밝고, 어둡고, 뜨겁고, 차가운 것이 아니라 어두운 별일수록 온도가 낮고, 밝은 별일수록 온도가 높다는 걸 알 수 있어요. 이렇게 별의 온도와 밝기 사이의 관계를 나타낸 것을 HR 도표라고 합니다.

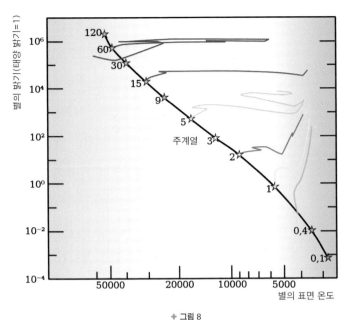

╋ 그림 8
HR(헤르츠스프룽–러셀) 도표

〈그림8〉을 보면 가로축은 별의 표면 온도, 세로축은 별의 밝기입니다. 눈여겨볼 것은 이런 스케일이 1, 2, 3, 4, 5 순서가 아니라 100분의 1, 1, 100, 10000이라는 겁니다. 새로 탄생한 별들을 HR 도표에 표시하면 대각선으로 놓인 선 위에 분포하게 됩니다. 이 대각선의 분포를 주계열main sequence이라고 하고, 이 분포 안에 있는 별들을 주계열성이라고 합니다. 별은 생애 대부분을 주계열성 상태에서 보내게 됩니다. 〈그림8〉에서 주계열성을 나타내는 별 모양 옆의 숫자는 그 별의 상대적 질량을 나타내는 겁니다. 태양의 상대적 질량은 1입니다. 가벼

운 별은 주황선의 경로를 따라가며 점점 식어 가게 될 겁니다. 이런 별은 수명이 태양보다 더 길어서 오래 살게 됩니다. 예를 들어 태양보다 15배 정도 더 무거운 별들은 대부분의 일생을 주계열 상태에서 보내다가 파란색의 경로를 따라 가게 돼요. 태양과 질량이 같은 별의 경우 주계열 상태에서 생애 대부분을 보내다가 노란색 경로를 따라가며, 마지막에는 온도가 낮아지지만 더 밝아집니다. 점점 식으면서 적색 별처럼 되는 거죠. 그렇게 되는 이유는 연료를 써버리면서 온도가 내려가고 커지기 때문입니다. 태양보다 60배 정도 무거운 별들은 제일 위 보라색 선의 경로처럼 수명을 다할 때쯤 식었다가 다시 뜨거워지는 과정을 수차례 반복하기도 합니다. 수소를 다 써버리고 나서 다른 연료를 태워서 다시 밝아지는 걸 보여 주는 거죠.

별의 일생

별이 어떻게 생길까요? 별이 생기는 모습이 나타난 사진을 봅시다. 〈그림9〉는 수리 성운입니다. 구름같이 보입니다. 밤하늘을 봤을 때 별처럼 점으로 보이는 게 아니라, 뿌옇게 빛나 보이는 걸 성운이라고 합니다. 주위에 있는 별들이 자외선을 내뿜으며 산란되면서 구름과 같은 모습을 보여 줍니다. 성운은 우리 눈으로 쉽게 볼 수 있는 것은 아니고, 매우 좋은 관측기구, 망원경을 통해 확인할 수 있습니다. 〈그림10〉을

✚ 그림 9
수리 성운

보면 재미있는 구조가 있습니다. 나사에서 발표한 유명한 사진으로, 수리 성운에서 발견한 '창조의 기둥'이란 겁니다. 〈그림10〉에서 손가락처럼 보이는 기둥의 크기는 태양계의 수천 배에 이릅니다. 이 창조의 기둥은 수소 분자와 성간먼지로 이루어져 있는 성간물질로, 이 공간 안에서 별이 생깁니다. 이곳에서 생긴 별이 점화되면서 자외선이

✦ 그림 10
창조의 기둥

나오고, 그런 것들에 의해 성간물질이 바깥으로 날려 가면서 다시 뭉쳐서 또 다른 별이 생겨요. 이렇게 한 공간에서 여러 개 별들이 같이 생기는 경우가 많습니다. 태양도 저런 구조에서 여러 개의 별과 함께 태어났습니다.

별이 만들어지는 데에는 백만 년까지 걸리며, 일생 대부분을 주계열 상태에서 보내게 됩니다. 수소를 핵융합하는 과정에서 에너지가 나오고 별이 빛납니다. 이 과정에서 연료를 소모하고 별 내부는 점점 단단해집니다. 그러면 거기서는 더 이상 핵융합이 일어나지 않고, 핵융합은 점점 바깥 껍질로 옮겨 갑니다. 결국 압력에 의해 외부가 팽창되고 적색 거성이 됩니다. 태양이라면 앞으로 50억 년 정도는 지금 상태를 유지하다가 적색 거성이 될 거예요. 태양 정도의 별이나 그보다 가벼운 별은 적색 거성이 된 다음 내부가 수축해서 백색 왜성이 되고, 외부 대기는 바깥으로 밀려나서 행성상 성운이 됩니다. 태양보다 훨씬 더 무거운 별들은 초신성이 돼서 폭발하고, 중성자별이나 블랙홀이 되는 과정을 거칩니다. 별의 일생을 표현한 다음 글을 읽어 봅시다.

작은 별은 중앙의 압력이 없고, 낮은 온도로 천천히 수소를 태웁니다. 굉장히 느린 생애를 가집니다. 작은 별이 죽을 땐 연료를 소진하고, 죽어 가는 모닥불처럼 사라집니다. 보다 큰 별은 훨씬 흥미롭습니다. 중심에서 더 높은 온도를 만들어 냅니다. 더욱 격렬하게 수소를 태웁니다. 수소가 다 타버리고 나면 큰 별은 1억 도에 이르는 온도를 만들어 냅니다. 이렇게 되면 이 온도에서는 여섯 개 양성자가 탄소를 만들어 냅니다. 헬륨을 통해 탄소를 만드는 거죠.

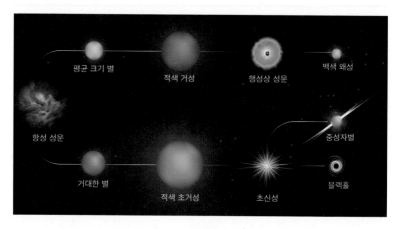

✛ 그림 11
별의 일생

　이처럼 별이 죽어 가는 상태가 되면 점점 커집니다. 태양보다 작은 별들은 주계열성일 땐 오렌지색입니다. 낮은 온도 상태에서 아주 오래 있겠죠. 수명은 더 길어요. 그러다 사그라지고요. 큰 별은 온도가 높지만 수명이 짧습니다. 아주 큰 별들은 수소 다음으로 헬륨 그리고 그 이후에는 더 무거운 원소를 태우며 죽어 가는 과정을 거칩니다. 이때는 엄청나게 커지고 폭발하기도 합니다. 태양도 50억 년 이후에는 수소 핵융합을 멈추고, 헬륨 핵융합을 시작하면서 적색 거성이 되어 수성도, 금성도, 지구도 삼키게 될 겁니다. 그때까지 인류가 있을지 모르겠지만, 그땐 지구를 떠나야 할 겁니다.

　별의 일생을 〈그림11〉에서 봅시다. 성운이 있습니다. 태양과 비슷하거나 더 가벼운 별들은 태양처럼 됐다가 대부분 일생을 보내고 적색 거성이 됩니다. 나중에 왜성이 되고, 나머지 물질은 성운으로 돌아가 다시 별이 태어나는 과정을 반복합니다. 아주 큰 별은 좀 더 극적으로 아주 큰 적색 거성이 될 겁니다. 나중에는 초신성 폭발 과정을 거쳐 급격하게 많은 에너지를 내놓으면서 생을 극적으로 마무리하게 되겠죠. 남은 잔해는 중성자나 블랙홀이 될 거라 생각합니다.

태양보다 25배 큰 별이 있다고 합시다. 이 별은 수백만 년 동안 수소를 소진해요. 그리고 나면 50만 년 동안 헬륨을 태우고, 별의 핵은 수축하고 온도는 올라갑니다. 그리고는 600년 동안 산소를 태우고, 규소를 하루 동안 태웁니다. 점점 가속화되는 거죠. 그러면서 엄청난 에너지를 마지막에 갑자기 내는데, 그걸 초신성이라 하고 영어로 슈퍼노바superNova라고 합니다. 노바Nova가 새롭단 의미잖아요. 밤하늘에 없었던 큰 별이 나타나는 걸 말해요. 급격하게 엄청난 에너지를 내면서 초신성은 아주 짧은 시간 동안 은하 전체가 내는 빛을 냅니다. 별의 생애가 수백만 년 정도 된다면, 그 생애에서 수개월은 굉장히 짧은 시간이잖아요. 그 짧은 기간에 은하 전체가 내는 빛을 내면 굉장한 거죠. 은하에서 천억 개 정도의 별들이 내는 빛을 하나의 별에서 내게 된다는 뜻입니다. 그러한 폭발이 성간구름에 무거운 원소를 더하고, 별이 만들어지는 촉진제 역할을 해서 다른 별들이 태어나게 됩니다. 즉 별의 죽음이 다른 별의 탄생을 돕는 겁니다. 그리고 별의 죽음 과정에서 생긴 무거운 원소가 지구와 같은 딱딱한 행성이 생길 수 있게 하는 거고요. 여러 다양한 원소를 가진 생명체가 존재할 수 있게 되는 거죠. 우리 은하에서 초신성은 백 년에 세 번 정도 나타납니다. 현재의 관측 기술로는 다른 은하에서 일어나는 초신성 폭발도 관찰할 수 있어서, 지금은 매년 수백 개씩 관찰하고 있습니다.

◆ 케플러 초신성

갑자기 밤하늘에 밝은 별이 나타나는 것을 초신성이라고 합니다. 초신성은 급작스럽게 나타나는 것이라 예측할 수 없습니다. 우리 은하에서 가장 최근에 기록된 초신성은 케플러 초신성입니다. 케플러 초신성의 경우 금성을 제외한 다른 모든 행성보다 밝았다고 합니다. 우리가 보는 가장 밝은 천체는 당연히 태양이고요, 두 번째는 달, 금성이 세 번째입니다. 화성이나 목성 같은 다른 행성은 훨씬 어둡고, 우리가 흔히 말하는 별들도 금성만큼 밝지 않습니다. 케플러 초신성이 금성을 제외한 다른 행성보다 밝았다면 굉장히 밝았다는 것입니다.

세계에서 케플러 초신성에 대한 가장 정확한 기록은 《조선왕조실록》 선조 때 기록입니다. 서양의 관측 결과보다 정확한 결과를 보여줍니다. 밤하늘에 갑자기 이제까지 없던 밝은 별이 나타났습니다. 당시에는 별들의 관계를 인간관계로 연관 지어 생각했으니, 새로운 별의 등장은 왕조실록에 적힐 만큼 중요한 사건입니다. 《조선왕조실록》에는 케플러 초신성의 정확한 밝기가 기록돼 있습니다. 다른 별의 밝기와 비교해 놓았고, 비교된 별은 지금도 비슷한 밝기로 빛나니까 그로부터 초신성의 밝기를 추산할 수 있습니다.

✦ 중성자별과 블랙홀

아주 무거운 별이 초신성이 된 후에는 어떻게 될까요. 어떤 별들은 중성자별이 됩니다. 우리 주위의 모든 물질은 원자로 이루어지고, 원자는 핵과 전자로 구성됩니다. 대부분 무게는 핵에 몰려 있어요. 예를 들어서, 원자의 크기가 지구만하다고 확장시켜 봅시다. 핵의 크기는 지구 가운데 농구공 크기만 합니다. 아주 작은 공간에 질량 대부분이 모여 있습니다. 무거운 별들이 식으면, 중력이 작용해서 물질들이 마치 이러한 핵처럼 뭉치게 됩니다. 농구공만 한 공간에 지구 전체의 질량을 가지고 뭉쳐 있는 걸 중성자별이라고 합니다. 중성자별을 이루는 물질은 물방울 정도 크기여도 몇 톤의 무게를 가집니다.

중성자별보다 더 강하게 중력이 작용하면 블랙홀이 될 거라고 예상합니다. 블랙홀 중 가장 가까운 건 태양 질량의 11배 되는 것으로, 거리는 3천 광년 정도 떨어져 있습니다. 측정한 것 중 가장 무거운 블랙홀은 질량이 태양의 230억 배입니다. 블랙홀은 빛이 빠져나갈 수 없을 정도로 중력이 강합니다. 일반상대성이론에 따르면, 중력이 센 곳의 시공간은 휘어집니다. 블랙홀은 질량이 너무 커서 주위의 시공간을 완전히 휘어지게 만듭니다. 그 안에 있는 빛이 나가고 싶어도 나갈 수 없죠. 블랙홀에서 빛이 나올 수 없기 때문에 블랙홀의 존재는 직접적으로 알 수 없습니다. 하지만 다른 물질이 블랙홀로 떨어지면서 생기는 엑스레이 등을 관찰해서 간접적으로 그 실체를 확인할 수 있습니다.

시공간이 급격히 떨어진 반경을 슈바르트쉴트 반경이라고 합니다. 그 반경을 대략 블랙홀의 크기로 생각할 수 있을 텐데, 블랙홀의 크기는 그 안에 들어간 물질의 밀도와 관계가 있습니다. 사람이 블랙홀이 되려면 어느 정도 돼야 할까요? 90kg 사람이라면 반지름이 10^{-23}cm로 줄어들어서 그 안에 사람이 완전히 들어가야 가능합니다. 이렇게 되려면 밀도가 무려 10^{73}g/cm^{3}나 되어야 합니다. 불가능한 일이죠. 전체 질량의 스케일이 커질수록 필요한 밀도가 줄어들게 됩니다. 지구는 반경 1.8cm 크기로 줄고, 모든 질량이 그 안에 들어가 있어야 블랙홀이 될 수 있습니다. 그때 밀도도 10^{32}g/cm^3 정도로 엄청나게 크죠. 실제로 가능할 것 같진 않습니다. 태양이 지구보다 100배 정도 큰데요, 태양의 크기가 2.9km가 된다면 태양도 블랙홀이 될 겁니다. 전체 질량이 커질수록 블랙홀이 되기 위한 밀도는 점점 낮아집니다. 따라서 전체 질량이 매우 크다면 밀도가 낮아도 블랙홀이 될 수 있습니다. 우주는 매우 크기 때문에 밀도가 아주 작아도 블랙홀처럼 될 수 있습니다. 그럼 우리는 우주라는 블랙홀 안에 있는 걸까요?

정밀한 과학으로서의 천문학

지금까지 여러 별들에 대한 이야기를 했습니다. 과학은 신화나 문학과는 어떻게 다르게 별에 대해 말할까요? 과학적 방법이라는 것은

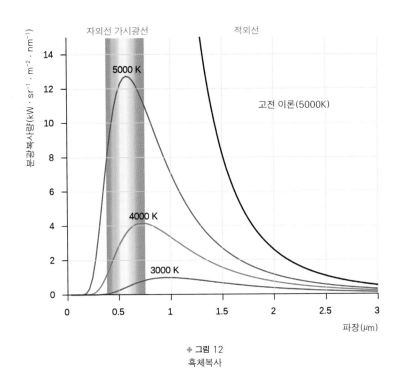

자외선 가시광선　　　적외선

분광복사량(kW · sr⁻¹ · m⁻² · nm⁻¹)

5000 K

고전 이론(5000K)

4000 K

3000 K

파장(μm)

✦ 그림 12
흑체복사

무엇일까요? 별이 바로 옆에 있어서 만질 수 있는 것도 아닌데 어떻게 별의 온도나 성분, 속력과 같은 정보를 알 수 있을까요?

예를 들면 별의 빛을 보면 별의 온도를 알 수 있습니다. 별은 온도에 따라 내놓는 빛의 색깔이 다릅니다. 온도가 있는 물체가 빛을 내는 것을 흑체복사라고 합니다. 물체는 온도에 따라 그에 해당하는 빛을 내요. 아주 뜨거운 쇳덩이는 붉게 달아오른 빛을 내잖아요? 〈그림12〉에서 보다시피 태양 표면 온도가 6천 도면 노란 빛을 중심으로 하는 가시광의 빛을 주로 내놓습니다. 이보다 온도가 낮으면 빨간색 쪽으로, 온도가 높으면 파란색 쪽을 주로 내놓게 됩니다. 이와 같이 별들은 그 온도에 해당하는 파장의 빛을 내놓기 때문에 별에서 나온 빛의 분포를 보고 온도를 알 수 있어요. 주계열성에 대한 정보를 알고 있으므로 대충의 온도를 보면 밝기나 거리에 대한 정보도 얻을 수 있습니다. 별이 어떤 성분으로 구성돼 있는지는 스펙트럼을 통해 알 수 있는데요. 물질을 통과시키면 특정한 색깔의 빛이 흡수되고, 그 빛으로부터 어떤 파장의 빛이 흡수됐는지 분석할 수 있습니다. 그 스펙트럼을 분석함으로써 별이 무엇으로 만들어졌는가 혹은 별 주위에 어떤 물질이 있는지에 대한 정보도 알게 됩니다. 그리고 속도도 알 수 있습니다. 구급차가 울리는 사이렌은 다가올 때는 높은 소리로 들리다가 지나가면 낮은 소리로 들리잖아요? 이걸 도플러 효과라고 하는데, 일상생활에서 느꼈을 것이고 과학 시간에도 배웠을 겁니다. 빛에도 비슷한 현상이 있습니다. 빛이 우리에게 다가오면 파장이 짧아지고, 멀어지면 길어집니다. 수소의 스펙트럼이 어떻게 이동했는지 보면 가까이 온 건지, 멀어진 건지 알게 되는 거죠. 그렇게 별들에 대한 정보를 얻습니다. 이런 과학적인 방법과 추론을 통해 별의 구성 성분이나 밝기, 거리, 속도 정보 등을 과학적으로 알아내고, 점점 더 큰 망원경을 만들고 정밀하게 관찰하면서 천문학은 정밀한 과학의 영역으로 들어왔습니다.

지금까지 이야기한 것을 종합해 봅시다. 빅뱅으로 우주가 태어나고 90억 년 동안 수많은 별들이 태어나고 죽으면서 우주 공간에 수소나 헬륨보다 무거운 원소가 풍부해졌습니다. 그 풍부한 물질 속에서 태양계가 태어났기 때문에 인간과 같은 고분자 구조의 생명체가 발현할 수 있게 됐습니다. 지상의 모든 생명체가 대지에서 태어나 대지 위에서 살아가다가, 죽어서 다시 대지로 돌아가는 과정을 거칩니다. 그렇게 별들도 태어나고 죽으며 우주를 더 풍요롭게 하고 있습니다.

양자역학과
불확정성 원리

이제부터 우리의 직관으로는 이해하기 힘든 눈에 보이지 않는 아주 작은 세상으로 들어가 볼까 합니다. 본격적으로 들어가기 전에 우리에게 보이는 세상에 대해서 먼저 살펴보기로 하죠.

파동의 특성

◆ 회절

야구 좋아하시나요? 〈그림1〉처럼 대략 5m쯤 떨어진 곳에 야구공 서너 개가 동시에 들어갈 만한 너비의 수직으로 긴 틈이 있는 판이 하나 있습니다. 틈 좌우는 막혀 있고요. 그 판에서 대략 1m 정도 뒤에는 판과 평행한 벽이 있는데, 공이 와서 부딪히면 공 자국이 표시된다고 합니다. 이 상황에서 판을 향해 야구공을 던져 틈으로 통과시켜 봅시다. 야구를 좀 해 보신 분들은 알겠지만 작은 틈으로 넣기가 쉽지는 않겠죠? 그래도 아주 많이 던져서 대략 100개쯤 틈 안으로 넣을 수 있었다고 해 보죠. 그러면 틈 뒤에 있는 벽에는 어떤 형태의 공 자국이 생길까요? 당연히 틈을 통과한 공만 벽에 부딪힐 테니 틈과

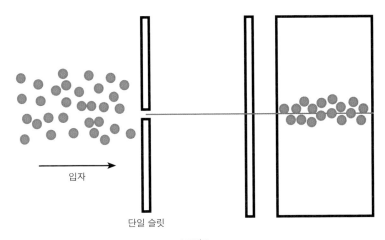

＋ 그림 1
단일 슬릿 실험 – 입자

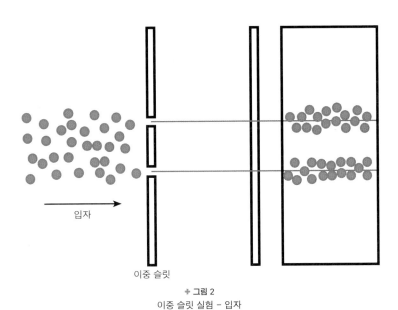

＋ 그림 2
이중 슬릿 실험 – 입자

같은 모양으로 수직으로 긴 띠처럼 공 자국이 생기겠죠? 이번에는 20cm 정도 간격을 두고 두 개의 틈이 있는 판을 벽 앞에 세워서 거기에다 야구공을 던져 봅시다. 틈이 하나 있을 때보다는 조금 더 쉽게 공을 넣을 수 있겠죠? 그러면 벽에 생긴 공 자국의 모양은 어떨까요? 틈이 하나 있는 것과 마찬가지로 두 틈 뒤에만 공이 부딪힐 테니 벽에는 두 개의 나란한 긴 띠 모양 공 자국이 보이겠죠?

이번에는 틈이 하나 있는 판을 물이 들어 있는 수조에 넣고 그 판을 향해 물결을 만들어 보냅니다. 틈이 있는 판 뒤의 수조 벽에는 물결이 부딪히면 밝게 빛나는 성분이 있다고 해 보죠. 빛나는 정도는 물결의 세기가 세면 밝고, 약하면 어둡게 보인다고 합시다. 바닷가에서 볼 수 있는 파도처럼 평행한 파동(평면파)이 쭉 밀려와 작은 틈을 만나면 어떻게 될까요? 그 틈을 통해서만 물결파가 통과할 수 있고, 다른 부분은 판에 막혀서 통과하지 못해요. 틈을 통과한 물결파는 거기서 새로운 파동을 만들어 냅니다. 우리가 잔잔한 호수에 돌멩이 하나를 던지면 물에 들어가는 그곳에서 물결파가 만들어져 퍼져 가는 것처럼, 그 틈에서 시작하는 반동심원의 물결파가 퍼져 나갈 겁니다. 이렇게 틈을 만나 퍼져 나가는 현상을 '회절'이라고 합니다.

제가 여러분 앞에서 큰 소리로 애기하면 잘 들리겠죠? 제 입에서 나오는 목소리가 공기를 진동시키고, 그 공기의 진동이 여러분의 귀로 들어가서 듣게 됩니다. 제가 뒤로 돌아서서 애기하면 안 들릴까요? 여러분을 보면서 이야기한 게 아님에도 여러분 귀로 들립니다.

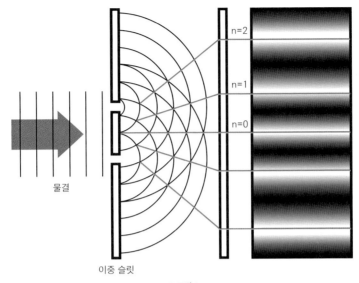

물결

이중 슬릿

n=2
n=1
n=0

✦ 그림 3
이중 슬릿 실험 – 파동

공기를 진동시켜 전달하는 소리 파동, 즉 음파의 반사 효과도 있지만, 이게 파동의 회절 효과입니다. 제 입에서 나온 파동이 앞으로만 퍼져 나가는 것이 아니라 사방팔방으로 퍼져 나가는 거죠.

수조에서 틈을 통과한 물결파는 그 틈 바로 뒤에 있는 수조 벽까지 거리가 제일 짧으니 물결파의 세기가 제일 셀 거고, 거기서 좌우로 갈수록 틈에서 거리가 멀어져서 물결파의 세기는 점점 약해집니다. 그렇기 때문에 수조 벽에 물결파가 부딪혀 빛나는 정도는 틈 뒤가 가장 밝고, 좌우로 갈수로 밝기가 약해질 겁니다. 앞에서 틈이 하나 있는 판에 야구공을 던졌을 때 뒤에 있는 벽에 생기는 공 자국처럼 좁은 한 줄 띠무늬 정도는 아니지만, 물결파에 의해서도 전체적으로 두 툼한 한 줄의 밝은 무늬가 생깁니다.

이번에는 두 개의 틈이 있는 판을 수조에 넣고 마찬가지로 평행한 물결파, 평면파를 보내 봅시다. 두 개의 틈을 통과한 물결파는 그 틈에서 회절 현상이 일어나 각각 새로운 파동이 만들어져 확산하겠죠? 이 두 개의 새로운 파는 퍼져 나가서 서로 만나 부딪치고 좀 더 복잡한 형태의 새로운 파가 만들어집니다.[+그림3] 이 경우 수조 벽에 생기는 밝은 무늬 모양은 야구공의 경우와는 전혀 다른 새로운 무늬입니다. 이런 모습을 이해하려면 파동에 대해 좀 더 이해해야 합니다. 먼저 기본 지식이 필요하니 서로 다른 두 파동이 부딪치는 장면을 설명할게요.

◆ 파동의 기술

〈그림4〉는 다양한 물결파의 사례입니다. 평행한 물결파도 있고, 흔들거리는 것들도 있습니다. 보통 파동이라고 하면 규칙적인 진동을 뜻합니다. 하지만 넓은 의미로는 꼭 규칙적일 필요는 없으며, 흔드는 무언가가 있다면 파동입니다. 우리는 규칙적인 진동을 하는 파동을 생각해 보겠습니다.

〈그림5〉는 파동을 기술하기 위한 그림입니다. 파동은 파장, 진폭, 진동수 등으로 기술할 수 있습니다. 파동이 같은 공간상에서 진동할 때 똑같은 모양이 반복되는 기본 단위, 즉 그리스 문자 λ(람다)로 표시한 부분이 파장입니다. 그리고 파동은 진동을 하니 오르락내리락하

✛ 그림 4
다양한 물결파

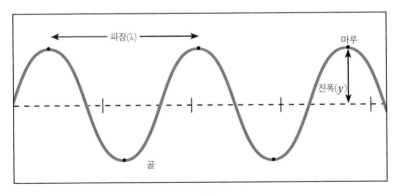

✛ 그림 5
파동

죠? 진동이 얼마나 높이 올라가고 낮게 내려가느냐 하는 겁니다. 하나의 파장에서 가장 높이 올라간 부분을 마루라고 하고 가장 낮은 부분은 골이라고 부릅니다. 진폭은 마루와 골 사이 길이의 절반, 즉 높낮이 차이의 절반으로, 그림에서 y로 표시한 부분입니다. 즉 공간에서 파동을 기술할 때 반복된 진동의 단위 길이는 파장, 얼마나 오르내리냐는 진폭으로 기술합니다.

이번에는 시간적으로 파동을 기술해 보겠습니다. 파동은 진동을 반복하는데, 진동이 1초 동안 반복하는 횟수를 진동수라고 합니다. 영어로는 frequency라고 해서 첫 글자를 따 f라고 합니다. 정리하면 파장은 파동의 반복되는 모양이 한 번 지나가는 길이, 진동수는 1초에 진동하는 횟수입니다. 그러면 파동은 한 번 진동할 때 파장만큼 지나가는 거니까, 이 파장에 진동수를 곱하면 1초 동안 지나간 거리가 나오겠죠? 예를 들어 볼게요. 어떤 파동이 1초에 10번 흔들리고, 한 번 지나갈 때 10m를 이동하니 파장이 10m입니다. 그러면 1초에 몇 m를 간 거죠? 100m를 가는 것이고, $100^m/_s$(초속 100m)가 되는 겁니다. 이것이 파동의 속력(v)입니다. 그래서 진동수와 파장을 알면 이 파가 얼마나 빨리 움직이는지, 즉 속력을 알 수 있습니다. 이걸 수식으로 표현하면 다음과 같습니다.

파동의 속력(v) = 진동수(f) × 파장(λ)

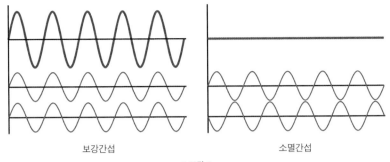

보강간섭   소멸간섭

✦ 그림 6
보강간섭과 소멸간섭

◆ 간섭

회절과 함께 파동의 중요한 특성은 '간섭'입니다. 두 개의 틈을 통과한 파가 새로운 파동을 형성하면서 나아가고 다시 만나는데, 결과적으로 둘은 새로운 파로 합쳐지거나 상쇄되면서 사라집니다. 이렇게 두 개의 파가 합쳐져서 새로운 파가 만들어지거나 상쇄되는 것을 간섭interference이라고 합니다. 오르락내리락하는 두 개의 파가 만나 서로 간섭해서 파가 더 커지거나 사라지기 때문에 간섭이라고 합니다. 합쳐져서 파가 강해지면 '보강간섭', 사라지면 '소멸간섭'이라고 부릅니다.

〈그림6〉과 같이 마루와 마루가 만나서 파동이 위로 더 커지고, 골과 골이 만나서 아래로 더 꺼지는 현상이 보강간섭입니다. 이때 두 파가 위로 같이 올라가고 아래로 같이 내려가기 때문에 '위상이 같다'라고 합니다. 마루와 골이 만나면 상쇄되어 파동이 사라지는 현상

을 소멸간섭이라고 합니다. 이 경우 두 파의 마루와 골이 만나기 때문에 '위상이 반대'라고 합니다. 또한 정확히 같거나 반대되는 위상이 만나지 않고 서로 다른 위상이 만나는 경우 일부 소멸 간섭도 일어나고 완전하지는 않지만 보강간섭도 일어나 새로운 파의 모습이 만들어지기도 합니다.

파동에는 회절과 간섭이라는 두 가지 특징이 있습니다. 이것은 파동만의 성질로, 입자의 움직임에서는 발생하지 않습니다.

그러면 다시 물결파가 두 개의 틈을 통과하는 실험으로 되돌아갑시다. 여기서 여러 줄무늬가 발생하는 까닭은 바로 파동의 성질인 회절과 간섭 때문입니다.

〈그림7〉에서 두 개의 틈을 통과한 물결파는 회절에 의해 각각 새로운 물결파가 시작되어 퍼져 나갑니다. 검은색 선이 골, 하얀색 선이 마루라고 합시다. 마루와 골이 반복해 등장하면서 파동이 퍼져 나가 두 파가 만납니다. 하얀 선과 하얀 선이 만나는 부분은 마루와 마루가 만나 더 큰 마루가 되어 위로 올라가고, 검은 선과 검은 선이 만나는 부분은 골과 골이 만나 더 아래로 내려갑니다. 보강간섭이 일어나는 부분으로, 빨간 직선으로 표시된 곳입니다. 그런데 이와는 반대로 하얀 선과 검은 선이 만나는 부분, 즉 골과 마루가 만나면 서로 상쇄되어 진동하는 파가 사라집니다. 빨간 직선과 빨간 직선 사이의 중간 부분인데, 이런 곳들은 전부 소멸간섭이 일어나는 곳이죠.

앞에서 살펴본 것처럼 간섭이 일어난 물결파가 뒤쪽 벽에 있는 에

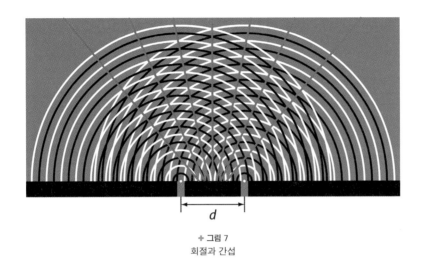

+ 그림 7
회절과 간섭

너지를 받으면 밝게 빛나는 좀 특별한 스크린에 도달하면서 보강간섭이 일어나 진폭이 커진 부분(빨간 직선으로 표시된 끝 부분)은 밝게 나타나고, 반대로 소멸간섭이 일어나는 부분은 진폭이 거의 0이 되어 스크린에 전달되는 에너지가 없어서 어둡게 나타납니다. 그래서 두 파가 만나면서 스크린 속에 여러 줄무늬가 나타납니다. 이건 파동만의 특징입니다. 야구공의 실험에서 본대로 입자로는 절대 이런 일이 일어나지 않아요.

◆ **보이지 않는 세상의 입자**

이번에는 본격적으로 눈에 보이지 않는 세상으로 들어가서 비슷한 실험을 해 보겠습니다. 이곳에서는 야구공 대신 전자를 두 틈을

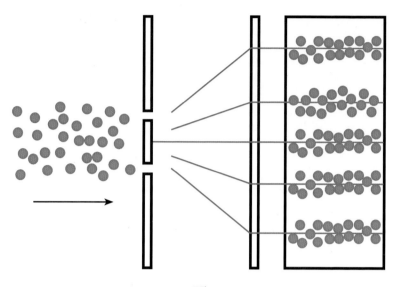

＋ 그림 8
이중 슬릿 실험에서 관측하지 않았을 때 전자의 움직임

향해 쐈다고 할게요. 그런데 야구공으로 한 실험의 경우처럼 전자가 지나간 두 틈 뒤에만 자국 두 줄이 나온 게 아니었다는 겁니다. 오히려 물결파로 실험해서 얻은 것처럼, 줄무늬가 있는 곳, 없는 곳이 반복되는 거예요. 〈그림8〉처럼 나타나는 거죠. 어떻게 이게 가능한지 확인하려고 이번에는 전자가 두 틈 중 어느 틈을 통과했기에 이렇게 여러 줄무늬가 나오는지 관측했습니다. 그런데 바로 이 관측 행위 때문에 눈에 보이지 않는 세상의 모습을 더더욱 이해할 수 없게 되었어요. 앞의 〈그림2〉처럼 두 개의 틈 뒤쪽으로 두 개의 줄무늬만 나왔기 때문입니다.

즉 전자가 관찰되고 있는지 아닌지에 따라 반응이 달라진다는 거예요. 전자는 우리가 자신을 보는지 안 보는지를 알 수 있다는 겁니다. 어떻게 살아 있지도 않은 전자가 시선을 의식하지요? 그런데 전자의 이런 행동이 우리 행동과 좀 비슷하지 않나요? 아무도 없는 집에 혼자 있을 때는 콧노래도 부르고 춤도 추는데, 누가 옆에 있으면 그 사람의 시선을 의식해 그런 행동을 절대 하지 않습니다.

그런데 전자도 그렇더라는 겁니다. 눈에 보이지 않는 세상에서 일어나는 일이라는 거예요. 우리가 입자로 알고 있는 전자는 어디에 있는지 측정하지 않으면 파동처럼 행동하는데, 측정하면 입자처럼 행동한다는 거죠. 굉장히 이상한 겁니다. 보이지 않는 세상의 입자는 파동처럼 두 개의 틈을 통과한 후 여러 줄무늬가 나오기도 하고, 누군가가 어느 틈을 통과했는지 들여다보면 야구공과 같은 입자처럼 두 줄이 나오기도 한다는 겁니다. 입자의 특성도 가지면서 파동의 성질도 갖습니다.

그래서 보이지 않는 세상의 입자는 파동과 입자의 중간 성질을 갖고 있다고 얘기합니다. 지극히 인간적인 관점입니다. 사람이 그렇게 구별한 거죠. 우리에게는 입자와 파동을 구분하는 것이 자연스러운 것이고, 두 가지 성질을 모두 가지고 있는 이런 성질을 다르게 설명하지 못하니까요. 아까도 말씀드렸지만 파동은 간접과 회절 현상을 갖습니다.

이 파동의 파장은 얼마일까요? 파장은 반복되는 최소 구간의 길이이고, 시간을 재서 1초 동안 진동하는 횟수, 즉 진동수를 알 수 있습니다. 진동수에 파장을 곱하면 1초 동안 파동이 이동한 거리, 즉 파동의 속력도 알 수 있습니다. 그런데 이 파동이 어디 있어요? 파동의 위치는 어디인가요? 특정한 한 점을 지정할 수 있나요? 그건 이야기할 수 없습니다. 그런데 파동이 주어지면 파장과 진동수를 아니까, 그 움직임인 속력을 알 수 있습니다. 위치가 어디인지는 모르지만 어떤 속력으로 움직이고 있는지는 알 수 있다는 겁니다. 전자도 우리가 어느 틈으로 통과하는지 관측하지 않으면 형태에 차이가 있겠지만, 이런 식의 파동 형태로 존재합니다. 그래서 정확히 어디에 있는지 몰라도 파동 형태로 존재해서 이중 슬릿을 통과할 때 회절, 간섭이 일어나 여러 개의 줄무늬가 생긴다는 겁니다.

그런데 전자가 어느 틈을 통과했기에 이런 현상이 일어났는지 알려면 전자가 틈을 통과할 때 위치를 측정하고, 어느 쪽 틈에 있는지를 발견해야 합니다. 그런데 위치를 안다는 것은 전자가 공간상에 파동처럼 퍼져 있는 것이 아니라 아주 제한된 영역으로 한정된 곳에 있다는 것을 의미합니다. 그러므로 위치를 측정하는 순간, 즉 전자가 어디에 있는지 아는 순간 파동 형태였던 전자는 이런 모양으로 바뀝니다.

파동 형태가 위치 관측에 의해서 이렇게 모양이 변형된 겁니다. 이 그림에서 파장은 얼마일까요? 반복되지 않으니 파장을 이야기할 수 없습니다. 대신 위치는 이야기할 수 있습니다. 바로 빨간 화살표가 측정한 위치를 표시합니다. 이 모양을 보건대 입자의 위치는 명확합니다. 이처럼 위치를 측정할 경우에 파동의 위치는 설명할 수 있지만 파장과 진동수는 말할 수 없다는 겁니다. 즉 전자의 움직임, 곧 속력은 알 수 없는 경우가 된다는 거죠. 눈에 보이지 않는 세상에서는 파동으로 존재하던 전자가 위치를 측정하면 위치를 명확히 애기할 수 있는 입자와 같이 행동하고 있다는 거죠. 입자는 어디 있는지 측정하지 않으면 파동으로 존재해 그 움직임을 알 수 있지만, 어디 있는지 측정하면 위치만 정확히 알 수 있고 어떻게 움직이는지는 알 수 없다는 겁니다.

그래서 위치를 알게 되면 파동의 특성이 사라지기 때문에 회절과 간섭 현상이 일어나지 않고 야구공의 경우처럼 이중슬릿을 통과한 뒤에 두 줄만 나타난다는 거예요. 이것이 눈에 보이지 않는 입자들이 행동하는 모습입니다. 이와 관련된 것이 '불확정성 원리'입니다.

불확정성 원리

눈에 보이지 않는 세상의 입자는 파동과 입자성을 둘 다 가지고 있는데, 입자의 위치를 정확하게 측정하는 순간 입자의 파동 특성이 사라져서 움직임을 측정할 수 없게 됩니다. 반대로 움직임을 알게 된다면, 입자의 특성이 사라져서 위치를 알 수 없게 됩니다. 위치와 움직임, 위치와 속력을 정확하게 동시에 알 수 없다, 이것이 불확정성 원리입니다.

불확정성 원리는 양자역학의 토대가 되는 내용으로, 독일 물리학자 베르너 하이젠베르크가 발표했습니다. 하이젠베르크의 원리에 의해서 눈에 보이지 않는 세상은 모든 것을 다 정확히 측정하기 어렵습니다. 그러면 다시 한 번 보이는 세상과 보이지 않는 세상에 존재하는 입자의 차이점과 그 차이를 만드는 원리를 이야기해 보겠습니다.

우리의 질문은 '입자의 위치를 측정해서 어디에 있는지 알게 되었다면, 측정 바로 전에는 그 입자가 어디에 있었을까?'입니다.

먼저 우리가 경험하는 세상인 눈에 보이는 세상에서 입자를 생각해 볼게요. 우리가 알고 있는 세상에서는 공의 위치와 움직임을 다 알 수 있죠? 야구공을 던지면, 그 공이 어떤 궤적으로 어떤 속력으로 어디로 날아가는지 다 알 수 있습니다. 〈그림9〉 오른쪽 그림처럼 공이 현재 바로 여기 있고, 측정하는 순간 화살표 방향으로 움직이고 있다는 것을 알 수 있어요. 측정하기 전에 이 입자는 당연히 3번 위치

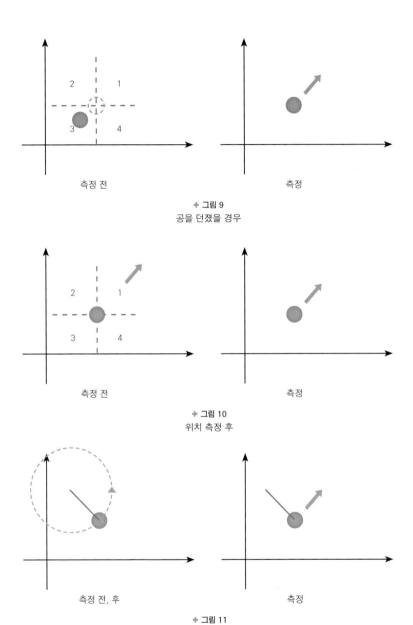

✦ 그림 9
공을 던졌을 경우

✦ 그림 10
위치 측정 후

✦ 그림 11
입자가 줄에 매달렸을 경우

에 있었을 겁니다. 오른쪽에 있는 현재의 위치와 움직임을 통해서 그 이전 위치를 추측할 수 있습니다. 이것이 눈에 보이는 우리 세상에서의 모습입니다.

그러면 위치를 측정한 다음에 입자는 어디에 있을까요? 〈그림10〉 왼쪽 그림에서 1번 쪽으로 움직이겠죠?

〈그림11〉 오른쪽 그림은 〈그림9〉 오른쪽 그림과 마찬가지로 입자가 화살표 방향으로 이동하려는 상황입니다. 그런데 잘 보니까 입자가 빨간 줄에 매달려 있고 줄의 반대쪽 끝은 고정되어 있습니다. 이렇게 입자가 줄에 매달려 있다면 어떻게 움직일까요? 줄에 매달려 있으니 당연히 측정 전후의 움직임은 왼쪽처럼 원운동의 일부가 됩니다. 그러면 줄의 역할은 무엇일까요? 바로 입자를 붙잡고 있는 거죠. 조금 더 과학적으로 말하면 묶여 있는 물체에 힘을 주는 거예요. 즉 줄은 힘의 역할을 합니다.

눈에 보이는 세상에서는 측정하는 순간의 위치와 움직임을 알고, 여기에 작용하는 힘을 안다면 모든 걸 알 수 있습니다. 즉 입자에 작용하는 힘을 알고, 오로지 특정한 순간에 입자의 위치와 속도를 알면, 그 입자의 모든 것을 알 수 있다는 겁니다.

입자의 모든 것을 아는 것은 현재 측정하는 순간뿐만 아니라 과거와 미래에 입자의 위치와 움직임을 다 안다는 겁니다. 이게 바로 아이작 뉴턴이 만든 역학입니다. 뉴턴은 이 모든 것을 저서 《프린키피아 Principia》에 역학법칙으로 정리했습니다. 한 입자의 어느 한 순간의 위치와 움직임, 작용하는 힘을 알면 그 입자의 과거, 현재, 미래 모든 것을 알 수 있다고 말한 거예요. 그래서《프린키피아》이후로 세상은 결정론적인 세계관이 지배하게 됩니다. 모든 것은 결정되어 있다, 예상대로 돌아간다는 거죠. 어느 한 순간만 알면 다 안다는 겁니다. 행성과 별들도 전부 예상대로 움직인다는 겁니다. 다 결정되어 있다, 새로울 것이 없다는 겁니다. 그래서 결정론에 기반을 두고 세상을 바라보는 것이 기계론적인 세계관입니다. 사람이 개입할 여지가 없습니다.

이 결정론을 기술한 뉴턴이 만든 아주 간단한 수식은 다음과 같습니다.

$$F = ma = m \frac{d^2x}{dt^2}$$

눈에 보이는 세상에서 가장 중요한 수식으로, 뉴턴의 운동법칙을 나타내는 식입니다. 질량(m)과 가속도($a = d^2x/dt^2$, d^2x/dt^2는 위치를 시간에 대해서 두 번 미분했다는 의미), 즉 속도 변화량의 곱이 힘(F)과 같다는 의미입니다.

그런데 뉴턴도 알지 못했던 눈에 보이지 않는 세상이 있습니다. 뉴턴 역학이 성립하지 않습니다. 전자는 파동의 특성을 나타내기도 하고, 위치를 측정하는 순간 입자처럼 행동하기도 합니다. 위치와 운동량(움직임)을 동시에 정확히 알 수 없다는 불확정성 원리 때문에 입자의 위치를 측정하는 순간 움직임을 알 수 없는 상황이 벌어집니다. 당연히 측정 직전의 위치도, 움직임을 아는 순간의 위치도 알 수 없어요.

단순히 우리가 무지해서 실제로는 어딘가에 있는데 그게 어디인지 모르는 건지, 아니면 아예 위치를 알 수 없는 상태로 있는 건지 확실치 않죠? 전자가 두 개의 틈을 통과해 스크린에 무늬를 만들 때 어느 틈을 통과했는지 측정하지 않으면 여러 개의 줄무늬를 만드는데, 이는 파동인 물결파가 회절과 간섭에 의해 여러 줄무늬를 만들어 내듯이 하나의 전자가 파동처럼 행동한다는 겁니다. 그렇다면 단순히 어디에 있는지 모를 뿐만 아니라, 물결파와 같이 두 개의 틈을 동시에 통과한 것처럼 행동하고 있다는 겁니다. 전자 한 개가 공간의 왼쪽에 있으면서 오른쪽에도 있는 것처럼 행동하는 상황이 벌어집니다.

전자가 어디에 있는지 측정하면 위치를 알게 됩니다. 하지만 눈에 보이는 세상의 입자와는 달리 불확정성 원리에 의해서 그 순간 어떤 방향으로 움직이려고 하는지는 알 수 없어요. 그렇다면 측정하기 바로 전에는 이 입자가 어디에 있었을까요? 움직이려는 방향을 모르니 이제는 알기가 어렵죠? 측정 전에 입자는 공간 어딘가에 분포되어 있는 형태라는 겁니다. 다시 말해서 측정 직전의 입자는 파동처럼 특정한 한 위치에 존재하는 것도, 존재하지 않는 것도 아닌 이상한 상태에 있다는 거죠.

슈뢰딩거 방정식

똑같은 질문을 반복합니다. 눈에 보이지 않는 세상에서 측정 직전에 입자의 위치는? 이에 대한 답을 찾아봅시다. 현재 이 질문에 대한 정확한 답을 주는 것이 양자역학입니다. 하이젠베르크의 불확정성 원리가 나온 뒤 이에 기반을 두고 양자역학이 만들어졌습니다. 또한 하이젠베르크와는 별개로 오스트리아의 물리학자 에르빈 슈뢰딩거가 '슈뢰딩거 방정식'이라고 하는 파동방정식을 만들어 또 다른 양자역학의 토대를 만들었습니다.

양자역학은 눈에 보이지 않는 세상을 지배하는 물리법칙입니다. 그런데 눈에 보이지도 않고 우리 직관과는 다르게 움직이는 세상을 지배하는 물리법칙인 양자역학이 왜 필요할까요? 휴대폰, 컴퓨터, TV, 냉장고 등 우리가 사용하고 누리는 문명의 이기 거의 대부분이 양자역학을 기반으로 만들어진 겁니다. 심지어 우리를 비롯한 모든 것들이 양자역학에 따라서 움직인다고 할 수 있어요. 사실 우리 모두는 양자역학이 지배하는 세상에 살고 있습니다. 양자역학이 없다면 여러분은 지금 아무것도 할 수 없어요.

그런데 측정 직전 입자의 위치를 물어본다면 양자역학의 대답은 '알 수 없다'입니다. 굉장히 무책임한 답이죠? 양자역학으로 모든 걸 다 설명할 수 있는 것처럼 해놓고 알 수 없다고 합니다. 그러면 양자역학이 우리에게 알려 주는 게 뭘까요? 측정 전 입자가 어디에 있었는지 위치를 알려 주는 것이 아니라 측정 전에 입자가 어느 '상태'에 있었는지를 알려 주는 겁니다. 여기서 나오는 '상태'라는 단어는 물리적인 의미를 가지고 있습니다. 상태는 '파동함수'로 기술됩니다.

파동함수는 입자의 상태를 나타내는 함수입니다. 눈에 보이지 않는 입자는 파동의 성질을 가지고 있고, 입자가 어디 있는지 알 수 없는 상태이므로 분포로 표현합니다. 그리고 분포를 함수로 표현하니까 파동함수라고 부릅니다.

〈그림12〉가 측정 전 입자의 상태를 나타내는 거라면, 입자의 위치를 측정하면 색깔이 진한 곳에서는 발견될 확률이 높고, 흐린 부분에서는 확률이 낮습니다. 즉 파동함수는 확률밀도(파동함수의 절대값의 제곱이 확률밀도에 해당한다)와 관계가 있습니다.

눈에 보이는 세상에서 파동함수와 비슷한 것으로는 주사위를 들 수 있습니다. 주사위에는 숫자가 1부터 6까지 있죠. 주사위를 손에 들고 있으면 주사위는 던지기 전의 상태입니다. 주사위를 던지기 전에는 던졌을 때 어떤 숫자가 나올지 알 수 없습니다. 하지만 1부터 6까지 숫자 중 하나가 나올 확률이 1/6이라는 건 알 수 있습니다. 주사위를 던지기 전의 상태가 이렇게 확률로만 주어지듯이, 눈에 보이지 않는 세상의 입자들도 그 위치를 측정하기 전에는 입자가 어디에 있는지 알 수 없는 상태이고, 측정 전의 상태를 나타내는 파동함수로부터 공간의 어딘가에서 발견될 확률만 알 수 있습니다. 주사위를 던졌을 때 3이 나왔다고 합시다. 그러면 주사위 던지기를 통해 3이 '측정'

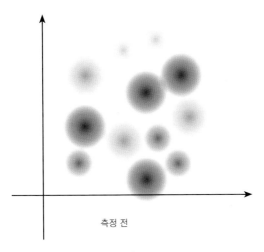

측정 전

+ **그림 12**
입자를 나타내는 파동함수

된 겁니다. 이렇게 주사위를 던져 숫자가 나와야 비로소 그 숫자를 알 수 있게 되는 겁니다. 주사위를 다시 던지면 5가 나올 수 있습니다. 그때는 5가 주사위 던지기에서 나온 숫자인 거죠. 그런데 주사위를 던져 이런 숫자가 나올 확률은 모두 1/6로 똑같습니다. 측정 전에는 이런 확률의 상태만 알고, 측정(주사위를 던지면)하면 하나가 나오는 겁니다. 어떨 때는 1이 나오고, 5가 나오고, 6이 나온다는 거죠.

마찬가지로 〈그림12〉와 같은 상태에 있는 전자의 위치를 측정하면, 그 상태를 나타내는 파동함수가 알려 주는 확률밀도에 따라 어느 특정 위치에서만 측정됩니다. 당연히 측정할 때마다 확률에 따라 다른 위치가 나오게 될 겁니다. 이런 것을 양자역학에서 '측정'이라고 합니다. 정확하게 눈에 보이지 않는 세상의 입자는 던지기 전의 주사위처럼 확률분포로 존재하고요. 던진 순간에 눈이 나오듯이 위치를 측정한 순간, 측정된 바로 그 특정한 위치에 있다고 발견되는 겁니다.

그래서 파동함수가 알려 주는 것은 '입자를 발견할 확률밀도'(파동함수는 수학적으로 복소수로 표현되는데, 이 파동함수의 절대값 제곱이 확률밀도를 의미한다)입니다. 이것이 독일 물리학자 막스 보른이 해석한 파동함수의 의미이고, 이 해석이 실제로 자연에 잘 적용됩니다.

이렇게 양자역학은 굉장히 특이한 학문입니다. 물리학의 다른 법칙들은 뉴턴 역학처럼 체계적인 실험과 관측에 의해서 법칙화한 거라 일반적으로 '해석'이 필요하지는 않습니다. 그런데 양자역학에서는 어떤 현상을 기술하기 위한 슈뢰딩거 방정식을 세우고, 그 방정식을 풀어서 해로 파동함수를 얻습니다. 그런데 처음에는 이 해가 기술하려는 현상에서 어떤 의미를 갖는지 잘 몰랐던 겁니다. 즉 파동함수가 실제 현상과 어떻게 관련이 있는지 몰랐습니다. 파동함수의 의미를 찾기 위한 의견이 분분했죠. 이 파동함수의 의미를 이해하기 위해서 해석을 해야 한다는 겁니다. 결국 보른의 해석을 기반으로 하면 실험 관측 결과나 눈에 보이지 않는 세상의 다른 현상들도 잘 설명할 수 있었습니다.

그런데 파동함수를 확률밀도로 설명하는 보른의 해석이 많은 사람들을 불편하게 했습니다. 아인슈타인도 '신은 주사위 놀이를 하지 않는다'라고 하면서 그 해석을 받아들이지 못했고, 심지어 슈뢰딩거 방정식을 만든 슈뢰딩거 본인조차 양자역학의 해석을 받아들이지 못했습니다. 양자역학의 정립에 슈뢰딩거 방정식이 큰 역할을 했고 이로부터 모든 현상을 다 설명하는데도 말이죠. 굉장히 이상하죠? 여러분 '슈뢰딩거의 고양이'에 대해서 들어보셨을 거예요. 깜깜한 박스에 들어간 고양이가 살았는지 죽었는지 알 수 없더라, 이게 슈뢰딩거가 양자역학이 얼마나 말도 안 되는 학문이자 이론인지 반증하려고 내세운 겁니다.

어쨌든 측정 직전의 입자는 어디 있을까? 모른다. 그냥 모르는 것이 아니라 아예 알 수 없는 그런 상태에 있다는 것이죠. 즉 확률분포로 존재한다는 겁니다. 결론적으로 양자역학을 토대로 보면 확정된 것은 없다, 어디 있는지는 모른다, 주사위의 눈이 무엇인지 모른다는 겁니다. 확정되어 있지 않고 결정되어 있지 않다는 겁니다.

이것은 뉴턴 역학에 정면으로 배치됩니다. 뉴턴은 어느 순간의 위치와 힘, 움직임만 알면 다 알 수 있다고 했는데, 양자역학은 그것들을 다 알 수 없고, 모든 것을 동시에 결정할 수 없다고 합니다. 대신 막스 보른의 말처럼 확률적 정보를 주는 통계 정보만 얻을 수 있다는 겁니다.

그렇다면 측정 전의 입자는 존재하는 것도, 존재하지 않는 것도 아닌 이상한 상태일까요? 주사위라는 숫자의 확률을 알려 주는 '상태'는 존재하는데, 주사위를 던져서 1~6 사이의 숫자 하나가 결정되기 전에는 결국 어떤 숫자로도 존재하지 않는 것과 마찬가지라는 거죠. 그렇다면 바로 이 불확정성, 미결정성이라는 것이 정말로 자연이 가진 특징일까 하는 물음이 생깁니다. 아니면 양자역학이 완전하지 않은 결함을 가진 불완전한 이론인가, 혹은 우리가 애초에 무언가 잘못 이해하고 있는 것인가 하는 질문에 대한 답이 필요합니다. 다시 똑같은 질문을 반복할게요. '우리가 어떤 입자의 위치를 측정했더니 여기 특정한 한 지점에서 발견되었다, 그렇다면 측정 전에 그 입자는 어디에 있었을까, 이에 대한 답을 찾아볼까요?

양자역학의 세 가지 입장

양자역학이 등장한 1920~1930년대에는 이론이 정립된 뒤 세 가지 입장이 있었습니다.

♦ 현실론

현실론자의 주장은 '측정한 바로 그 위치 바로 거기, 혹은 아주 가까운 근처에 있어야 한다'라는 겁니다. 입자를 여기서 발견했어요. 그러면 바로 직전의 위치는 어디냐, 바로 이 근처에 있었어야 한다는 겁니다. 즉 '측정 바로 직전에 여기 있었으니까 여기서 발견된 것'이니 '측정한 위치' 바로 그 근처에 있어야 한다는 겁니다. 이것이 눈에 보이는 세상을 바라보는 사람들로서는 가장 그럴듯한 대답입니다. 그래서 현실론자라고 불리죠.

여기서 측정이 되었으니 그 직전에는 바로 여기 있어야 할 것 같다. 합리적으로 보이죠? 이게 최고의 과학자이자 천재인 아인슈타인의 입장입니다. 아인슈타인이 말했다고 하니까 더 그럴 듯합니다. 그런데 양자역학이 측정 바로 직전의 위치를 확정하지 못하니 아인슈타인은 양자역학이 완전한 이론이 아니라고 주장합니다. 양자역학으로 많은 현상을 설명할 수 있지만, 아직 보완할 게 남아 있는 이론이라는 거죠. 즉 아인슈타인을 비롯한 현실론자들의 입장은 양자역학은 보완해야 하며, 아직은 인간의 무지가 남아 있다는 겁니다. 그래서 입자의 위치는 불확정적인 것이 아니라 측정하는 사람이 '무지해서' 단지 모를 뿐이라고 합니다. 양자역학에서 말하는 파동함수는 불완전한 정보이고 추가 정보가 필요하다는 거죠. 우리는 아직 그것이 무엇인지 모릅니다. 그래서 아인슈타인은 그 추가 정보를 '숨은 변수 hidden variable'라고 불렀습니다. 아인슈타인은 죽을 때까지 숨은 변수를 찾아 헤맸고, 결국 양자역학을 인정하지 못하고 죽었습니다.

◆ 정통론

양자역학에서 보른의 해석을 따르는 입장을 정통론이라고 합니다. 입자의 위치를 측정하기 바로 직전에 그 입자는 어디 있었느냐? 답은 '알 수 없다'라는 거죠. 더 나아가 알 수 없을 뿐만 아니라 '정말로 어디에도 있지 않다!'라는 겁니다. 즉 입자가 입자로 존재하지 않는 다는 거예요. 측정이라는 행위 그 자체가 입자의 위치를 결정하는 행위이고, 다른 말로 입자를 만들어 내는 행위라는 겁니다. 보이지 않는 세상의 입자는 파동과 입자의 이중성을 가지고 있다고 했죠? 처음에는 입자인지 아닌지도 알 수 없는 파동과 같은 어떤 상태에 있고, 입자의 위치를 파악하려는 행위, 즉 측정 그 자체에 의해서 위치가 결정된다는 거죠. 그러면 하필 왜 거기에서 발견됐는가, 그건 묻지 말라는 겁니다. 그냥 확률로 그렇게 나왔다는 거죠. 앞에서 예로 든 주사위의 경우, 주사위를 던졌더니 왜 3이 나왔냐고 물으면 6개의 숫자 중 3이 그냥 나온 겁니다. 1/6의 확률을 가진 현상 하나가 등장했습니다. 1도 아니고 5도 아니고 왜 하필 3인가? 나올 확률이 있으니 그냥 나온 거라는 거죠. 이 답변이 양자역학의 아버지라고도 불리는 덴마크 물리학자 닐스 보어와 그를 따르던 코펜하겐 학파의 주장입니다.

코펜하겐 학파의 주장에 따르면, 관측 또는 측정이라는 행위는 대상을 흔드는 것이고, 이를 통해 존재하지 않는 입자를 창조해 냅니다. 측정 전 입자의 존재는 파동인지 입자인지 알 수 없이 확률분포로 나타나는 어떤 상태에 있었는데, 측정에 의해 공간상의 한 점으로 콕 하고 나타났다는 거죠. 이것이 측정이라는 표현입니다. 굉장히 철학적인 답변입니다.

◆ 불가지론

앞의 두 입장을 다시 정리하면 첫 번째 입장인 현실론은 '측정된 위치 근처에 있었다'라는 현실론적 입장이고, 두 번째 입장인 정통론은 '어디에도 있지 않았다'입니다. 세 번째인 불가지론은 '알 수 없다'입니다. 불가지론 입장에서는 질문 자체가 잘못되었다고 합니다. 측정 전의 위치가 어디였는지는 대답할 가치도 없다는 거죠. 왜? 위치가 어디인지 알려면 측정을 해야 하는데, 측정도 하지 않고 어떻게 위치를 알 수 있느냐는 겁니다. 즉 '측정 전'이라는 표현에 '알 수 없다'라는 게 들어 있다는 거죠. 그럴듯한가요? 측정을 해야 위치를 알 수 있는데 측정도 안하고 왜 위치를 알려고 하느냐는 겁니다.

불가지론 입장의 답변은 누가 제시했을까요? 양자역학이 등장한 이후 1960년대까지 많은 물리학자들이 이 입장이었어요. 대부분의 물리학자들은 처음에 누구 입장을 지지했을까요? 아인슈타인의 현실론과 보어의 정통론? 대부분은 보어와 코펜하겐 학파의 주장을 따랐어요. 실험 결과가 나오면 코펜하겐 학파의 주장이 다 맞았거든요. 보어의 입장으로는 설명이 되고, 아인슈타인의 입장으로는 설명이 안 되니까 다 보어를 따라간 거죠. 그런데 여전히 이해가 안 되니 계속 질문을 했고, 보어와 같이 완전히 확신할 수 없던 사람들은 결국 계속된 질문에 대답이 궁해졌어요. 확률을 말하기가 꺼려지면 바로 불가지론의 입장으로 이렇게 대답했던 겁니다. "측정 전에는 측정을 안 해서 아무것도 모르는데 거기서 무슨 예상을 하려고 하는가." 즉 알 수 없다는 거죠. 그래서 대부분의 사람들이 정통론을 따르다가 불가지론으로 넘어가는 경우가 많았습니다. 결국 '측정 전에 어디에 있었느냐?'라는 질문을 과학적 질문이 아니라 형이상학적 질문이라고 넘겨버린 거죠. 회피인 겁니다. 형이상학적인 질문의 한 예가 '핀의 머리 위에서 천사 몇 명이 춤을 출 수 있을까?'입니다. 이 질문이 의미 있는 질문인가요? 어떻게 답할 수 있을까요? 지금 우리가 답을 찾고 있는 질문이 바로 이런 의미 없는 질문과 다를 바 없다는 겁니다.

◆ 어떤 것이 정답일까

1964년, 영국 물리학자 존 벨이 아이디어를 냅니다. '측정 전에 입자가 정확한 특정 위치에 있으면'(현실론적인 설명)이라는 입장과 '그렇지 않은 경우'(정통론적인 설명)라는 입장의 차이를 측정한 다음에 구별할 수 있는 방법을 고안해 보자고 했습니다. 그리고 벨이 그 방법을 고안했습니다. 그러니까 측정 전의 입자가 특정한 위치에 있었거나 (현실론), 혹은 어디에도 있지 않더라, 즉 확률분포로 존재하더라(정통론)라는 두 경우가 있다면, 두 가지를 측정 후에 구별하는 방법이 있다는 사실을 발견했습니다.

존 벨의 방법에 의해 입자가 측정 전에 특정 위치에 있었느냐, 아니면 확률분포로 존재했느냐를 구별할 수 있게 되었습니다. 이제 측정 전에 특정 위치에 있었는지 아닌지를 구별할 수 있으니까 현실론이 맞느냐, 정통론이 맞느냐를 구별할 수 있다는 거죠. 그렇다면 측정 전에는 아무것도 알 수 없다는 불가지론의 입장은 완전히 무시하고 배제해도 된다는 거죠. 즉 불가지론은 폐지됩니다.

존 벨이 고안한 방법을 실제 실험에 적용해 구별 가능한 차이를 찾아냈는데, '아무 위치에도 있지 않더라'라는 정통론이 맞는다는 결론을 얻었습니다. 정말 어디에도 있지 않은 상태라고 실험 결과가 나온 거죠. 따라서 정통론이 이때 확정되고, 모두가 현실론과 불가지론을 버리고 정통론에 따라서 양자역학의 결과를 해석하고 있습니다.

결론적으로 말하면, 측정 전에는 입자가 어떤 특정 위치에 존재하지 않는다라는 겁니다. 즉 입자가 입자로 존재하지 않는다는 거죠. 파동과 같은 형태로 존재하는데, 그 파동이란 게 무엇이냐? 확률분포의 파동입니다. 결국 측정을 통해 확률적으로 특정한 위치에 입자를 창조합니다.

전자의 이중 슬릿 실험으로 다시 돌아가겠습니다. 전자를 이중 슬릿을 향해 쏘면 전자가 파동함수의 형태로 존재해서 정말 아무 곳에도 존재하지 않는 상태로 이중 슬릿을 통과합니다. 이때는 물결파가 통과하듯이 두 개의 틈을 동시에 통과해 회절과 간섭 현상이 일어나 스크린에 여러 줄의 간섭무늬가 생겨납니다. 그런데 어느 틈을 통과했는지 측정하는 순간 전자의 위치는 측정한 그 위치에 확정되고 입자로 존재하게 되어 야구공을 던졌을 때처럼 두 개의 줄무늬로만 나타나게 됩니다.

그렇다면 위치를 측정한 입자는 어떤 움직임을 하게 될까요? 불확

정성 원리에 의하면 위치를 측정하는 순간 움직임을 알 수 없는 상태가 됩니다. 즉 어떻게 움직일지 모른다는 겁니다. 위치를 측정해 입자로 관측된 후 시간이 지나면 다시 파동함수에 의해 확률분포로 기술되는 상태로 점점 변해 갑니다. 점점 입자성이 없어지게 되는 거죠.

〈그림13〉처럼 잔잔한 물 위에 물방울이 떨어집니다. 이건 눈에 보이는 세상입니다. 물방울이 물에 닿는 순간, 우리는 그 위치를 측정할 수 있습니다. 그런데 시간이 지나면 그 위치에서 물결이 점점 퍼져 나가겠죠? 어느 정도 퍼져 나가면 물결의 위치가 정확히 어디라

고 얘기할 수 없는 그런 상태가 되겠죠? 즉 위치가 어디인지 알 수 없는 상황이 된다는 겁니다. 전자와 같이 눈에 보이지 않는 세상의 입자도 이와 비슷합니다. 위치를 측정하는 순간 그 위치를 알 수 있지만, 이후에는 파동함수에 의해 확률분포로 기술되는 상태로 퍼져 나갑니다.

양자역학과 세상

양자역학은 우리에게 불확정성을 알려 주었습니다. 그런데 불확정성으로는 양자역학이 컴퓨터, 노트북, 휴대폰, TV, 냉장고 등 모든 문명의 기초일 뿐만 아니라 우리를 둘러싸고 있는 모든 자연 현상을 설명하는 학문이라는 것이 실감 나지 않습니다. 불확정성이라는 게 아무것도 모르고 예측 불가능하다는 의미라면 아무 쓸모가 없습니다. 불확정성 원리를 통해 양자역학이 알려 주는 것은 단순히 불확정되어 아무것도 모른다는 게 아니라 확률분포를 나타내는 파동함수라는 것입니다. 이제 우리는 단순히 입자의 위치, 움직임 같은 것들이 아니라 입자를 기술하기 위해 파동함수를 알게 된 것입니다. 입자가 정확히 어디에 있었고 어느 방향으로 얼마나 빨리 움직이는지는 모르지만, 파동함수로 기술되는 그 입자의 상태를 알고 그것을 측정하면 확률적으로 어디에서 많이 발견될지, 어느 방향으로 얼마나 빠르게 움직일지 등을 안다는 겁니다. 이것을 알려 주는 것이 슈뢰딩거 방정식이고, 파동함수에 대한 운동방정식입니다. 그래서 양자역학은 시간의 흐름에 따른 미래를 확률분포적으로 예측할 수 있는 것이고요. 따라서 자세한 위치, 운동량에 대해서는 불확정적이다, 하지만 파동함수의 시간에 대한 변화를 알 수 있기 때문에 과거에 어땠으면 미래에는 어떨 것이다 하는 인과론이 그대로 성립합니다.

불확정성 원리에 기반을 둔 양자역학이 등장하면서 뉴턴 역학으로부터 나왔던 결정론이 깨졌습니다. 그런데 이로써 한동안 많은 철학자와 사람들이 결정론이 깨진 것을 인과론이 깨진 것으로 오해했습니다. 즉 양자역학의 등장으로 결정론과 인과론, 이 두 사실을 오인한 겁니다. 결정된 것이 없으므로 결정론이 깨졌다는 것일 뿐인데, '원인'을 모르므로 '결론'도 모른다고 오해한 겁니다. 그런데 그게 아닙니다. 결정론은 깨져서 불확정적이지만, 인과론은 여전히 그대로 성립합니다. 이 두 가지를 혼동하면 안 됩니다. 지금 우리가 누리고 있는 모든 문명의 이기들이 발전한 것은 거의 모두 양자역학의 예측 가능성 덕분에 가능합니다.

닐스 보어는 이렇게 이야기했습니다.

실재라고 불리는 모든 것이 바로 실재라고 간주될 수 없는 것들로 이루어져 있다.

이것이 양자역학을 대변하는 이야기입니다. 아인슈타인은 양자역학을 끝까지 받아들이지 못했습니다. '신은 주사위 놀이를 하지 않는다'라는 말로 확률분포 개념을 받아들이지 못한 것이죠. 그런데 과연 신은 주사위 놀이를 하지 않는 걸까요?

이제 약간 도발적인 질문을 하겠습니다. 불확정성 원리는 '입자의 위치를 알면 입자의 움직임을 알 수 없고, 입자의 움직임을 알면 위치를 모른다'입니다. 그러면 신은 어떨까요? 신도 입자의 위치와 움직임을 동시에 측정할 수 없을까요? 만약 신이 이 세상을 창조했다면, 신 자신도 입자의 위치와 움직임을 동시에 정확히 알 수 없도록 창조했을 겁니다.

CHAPTER

물질의 진화

화학의 발달
원자의 구조
분자의 세계

137억 년 또는 138억 년 전 빅뱅이 시작되면서 우주가 생겼습니다. 그전에는 우주가 없었어요. 시간, 공간이라는 선물이 주어집니다. 그리고 오랜 시간이 흐릅니다. 또 다른 우주가 끊임없이 생깁니다. 태양계는 생긴 지 50억 년 정도 됐습니다. 137억 년 또는 138억 년에 비해서 50억 년은 무척 젊죠? 젊어서 좋은 점이 뭘까요? 별들이 생겼다 죽으면서 폭발이 일어납니다. 폭발 후에는 새로운 원소가 생기죠. 우리 은하계는 비교적 젊기 때문에 원소가 굉장히 풍부합니다. 그래서 인간 같은 생명체가 생길 수 있었습니다. 다른 은하계가 죽으면서 만들어진 선물, 즉 원소를 많이 받아서 존재하는 원소가 굉장히 다양해집니다. 그러한 과정들을 지금부터 말하려고 합니다. 물질은 무엇으로 이루어졌으며, 물질의 진화는 어떻게 일어났을까요?

화학의 발달

화학은 물질과 물질의 변화를 연구하는 학문입니다. 우주는 무엇으로 이루어졌을까요? 시간과 공간도 고려할 수 있는 요소겠지만,

이번에는 물질과 에너지로 이뤄져 있다고 생각하겠습니다. 이 물질과 에너지가 우리에게 화학을 선물했고, 화학은 생명체를 만들어 주었습니다. 빅뱅으로 만들어진 것이 생명체인데, 그 생명체는 세포로 구성돼 있습니다. 이게 다 화학물질입니다. 이런 것들이 우리 몸 안에 있습니다.

간혹 TV 뉴스에서 앵커들이 어떤 공장에서 유해 화학물질이 유출됐다는 소식을 전하곤 합니다. 그래서 화학물질이라고 하면 흔히 '유해'라는 단어와 연관 지을 겁니다. 그러나 모든 화학물질이 유해한 게 아닙니다. 여러분도 화학물질로 구성돼 있다는 걸 말씀드리고 싶군요. 우리가 먹는 밥도 화학물질이고요, 스마트폰도 화학물질입니다. 세상 모든 물질은 화학물질입니다. 고무 같은 화학물질은 우리 삶을 획기적으로 바꿔 놓기도 했습니다. 화학물질은 우리 삶의 구성 요소이고, 새로운 변화를 만들어 냈습니다. 그런데 우리 뇌리에는 '화학물질은 유해하다'라는 인식이 여전히 남아 있습니다. 다시 한 번 강조하지만 여러분도 '화학물질 덩어리'입니다. '무해한' 화학물질은 말 그대로 위험하지 않아요.

오늘날 우리는 책이나 인터넷, 또는 학교에서 배워서 다양한 정보를 가지고 있는데, 옛날 사람들은 어땠을까요? 그리스 철학자들은 '우주가 무엇으로 만들어져 있을까'에 대해 사색했습니다. 당시의 과학적 정보로 얻을 수 있는 결론 중 잘 알려진 것은 물, 공기, 흙, 불의 네 가지로 이루어졌다는 거였습니다. 그래서 이 네 가지가 물질을 만드는 기본 요소라고 생각하던 때가 있었습니다. 기원전 6세기에 살았던 탈레스가 그중 한 명이었죠. 기원전에 이미 탈레스와 소크라테스 등 그리스 철학자들은 이런 걸 생각했지만, 별로 큰 발전을 이루진 못했습니다. 그로부터 한참이 지나서야 우리가 현재 알고 있는 지식들이 조금씩 알려지기 시작합니다.

♦ 연금술

당시 과학 발달에 가장 큰 공헌을 한 대표적인 것이 연금술alchemy입니다. 기원전부터 쭉 있었던 연금술에는 주술적인 성격이 많이 포함되어 있습니다. 연금술의 목적은 금속이나 물질의 제련을 통해 금과 같이 귀중한 물질을 만들고, 자신의 영혼을 더 높은 상태로 이끄는 것이었습니다. 금이 완벽한 금속으로 알려져 있었기 때문에, 납, 철, 구리 같은 흔해 빠진 금속을 완벽한 금속인 금으로 변환하는 과정에서 자신의 영혼도 같이 완벽해질 거라 믿은 겁니다.

그런데 연금술사들의 당시 기술로 납과 같은 금속을 금으로 만드는 것이 가능할까요? 불가능합니다. 현재의 과학 기술로는 가능은 합니다. 엄청나게 정교한 실험을 하고 돈을 들이면 금도 만들 수 있어요. 핵융합을 시킬 수도 있고요. 하지만 확률이 매우 낮습니다. 과거에 그렇게 거의 가능하지 않은 일을 했지만, 그러면서 한편으로는 이런저런 실험을 통해 과학적인 데이터가 쌓이기 시작합니다. 연금술사들은 마법사처럼 주술적인 의미에서 일을 했지만, 이 사람들의 과학적인 공로는 우리가 인정해 줍니다. 이렇게 데이터가 점점 쌓이면서 과학이 발전할 수 있게 됐습니다.

화학은 영어로 'chemistry'입니다. 이 단어를 임의로 'chem + is + try'로 분해해 봤습니다. 즉 화학이란 끊임없이 연구[try]하는 학문이라는 겁니다. 실제로 화학자들은 수많은 실험을 통해 귀납적으로 하나하나의 연구 결과를 도출해 냅니다. 그만큼 화학은 험난한 여정이죠.

♦ 앙투안 드 라부아지에

'근대 화학의 아버지'라 불리는 앙투안 드 라부아지에의 이야기를 해 보겠습니다. 라부아지에는 화학에 정량적 방법을 처음으로 도입했고, 우리가 잘 알고 있는 '질량 보존의 법칙'을 확립한 사람입니다. 처음부터 과학자가 직업은 아니었습니다. 변호사를 지망하기도 했다가 돈을 벌려고 택한 직업이 세금 징수원입니다. 당시 세금 징수원은 근무시간이 유연했습니다. 그래서 세금을 징수하고 남는 시간에 마음껏 화학실험을 하려고 그 직업을 택한 겁니다. 그런데 얼마 지나지 않아 프랑스 대혁명이 일어납니다. 세금 징수원은 프랑스 대혁명 때 숙청 대상 1호였습니다. 결국 라부아지에는 프랑스 대혁명이 끝나는 해에 죽었습니다. 마지막 유언은 이랬습니다.

"저에게 3일만 시간을 주세요. 이 실험을 해서 정리하면 죽어도 여한이 없을 것 같아요."

그런데 혁명 세력은 야속하게도 라부아지에를 죽이고 맙니다. 이

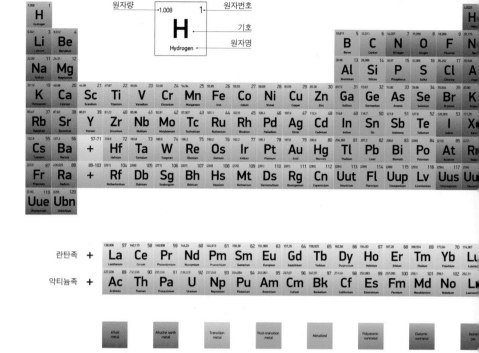

✦ 그림 1

멘델레예프가 고안한 뒤 발전한 현대의 주기율표

일화에서 알 수 있듯이, 라부아지에의 과학에 대한 열정은 정말 놀라운 것이었습니다.

✦ 멘델레예프와 주기율표

라부아지에의 노력은 후대 과학자들에게 귀감이 됩니다. 수많은 과학자들이 연구를 이어 갔고, 현대 과학이 눈부시게 발전합니다. 과학자들의 연구 결과는 데이터가 됩니다. 그런데 데이터가 무질서하게 쌓이다 보니까 이걸 정리할 방법을 고민하게 돼요. 이때 정리의 천재가 나타납니다. 그 사람은 바로 러시아의 화학자 드미트리 멘델레예프입니다. 멘델레예프는 과학적인 주기율표를 최초로 고안한 사람입니다. 화학 역사상 정말 대단한 업적을 이뤄 낸 거죠.

멘델레예프가 제안한 주기율표는 지금처럼 모든 칸이 채워져 있지 않았습니다. 당시 전혀 알려지지 않은 원소들을 빼놓고 정리를 한 겁니다. 멘델레예프는 그 비어 있는 자리에 들어갈 원소가 어떤 성질을 가졌을 거라고 예측합니다. 즉 유추했던 거죠. 귀납적 추론으로 제안한 주기율표만 보고 연역적으로 예측한 겁니다. 멘델레예프의 예측 후 예측된 값들과 비슷한 여러 원소들이 발견되었습니다.

원자의 구조

이제 원자의 구조를 알아보겠습니다. 원자는 어떻게 이루어져 있을까요? 근대 이후 영국의 화학자 존 돌턴이 최초로 '원자'라고 하는, 더 이상 쪼갤 수 없는, 쪼개면 성질이 사라지는 가장 기본적인 단위가 있을 것이라고 가정한 '원자설'을 제창합니다. 원자가 딱딱한 공처럼 생겼을 거라고 생각한 겁니다.

그로부터 100년 뒤에 원자설은 좀 더 구체적으로 발전합니다. 조

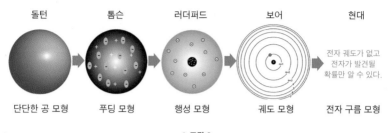

돌턴	톰슨	러더퍼드	보어	현대
단단한 공 모형	푸딩 모형	행성 모형	궤도 모형	전자 구름 모형

전자 궤도가 없고 전자가 발견될 확률만 알 수 있다.

+ 그림 2
원자 모형의 변천

지프 존 톰슨이라는 영국 물리학자가 푸딩 모형을 제안했습니다. 음전하가 있으니 양전하도 있을 거라 생각하고 계속 연구한 결과, 양전하와 음전하가 푸딩처럼 원자 내에 흩어져 있다는 결론을 내립니다.

이 결론은 어니스트 러더퍼드에 의해 부정됩니다. 러더퍼드는 질량 대부분이 뭉쳐 있는 핵이 존재하고, 여기에 양전하가 분포하고 있으며, 원자의 공간 대부분은 비어 있어서 전자가 핵 주변을 돌고 있다는 행성 모형을 내놓습니다. 이 원자 모형은 보어의 궤도 모형에 영향을 주고, 현대에 와서는 전자 구름 모형으로 발전합니다.

제가 가장 좋아하는 과학자는 러더퍼드인데요. 그 이유는 그가 실행한 산란 실험 때문입니다. 저는 이 실험을 알게 되었을 때 매우 놀랐습니다. 아주 얇은 금박이 있어요. 초콜릿 포장지처럼 얇게 만들어진 금박지라고 생각하면 됩니다. 그는 금박에 알파선을 통과시키는 실험을 했습니다. 그 결과 알파선의 99.999%는 직진 방향으로 투과되고, 0.001%가 산란된다는 사실을 발견합니다. 10만 분의 1이죠. 10만 개

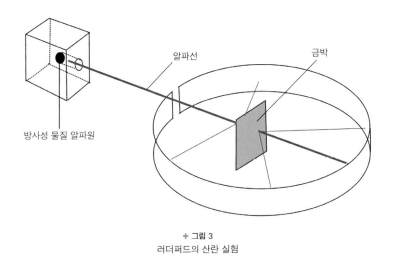

＋ 그림 3
러더퍼드의 산란 실험

의 알파선이 지나가면 그중 9만 9,999개가 통과하고 한 개만 산란되었던 겁니다. 일반적인 사람이라면 그 정도 확률의 실험 결과를 무시해 버릴 텐데 러더퍼드는 그러지 않았습니다. 어떻게 그런 결과가 나왔는지 고민한 거죠. 그리고 그러한 고민을 통해 알파선이 아주 작은 크기의 양전하를 가진 핵에 의해 산란되는 것을 밝혀 낸 겁니다. 과학자가 가져야 할 가장 기본적인 자세를 가지고 있었던 거죠.

말이 나온 김에 일부 원자의 위험성에 대해 설명하겠습니다. 퀴리 부인 아시죠? 노벨상을 두 개나 받은 천재 중의 천재입니다. 남편도 물리학자이고, 부부가 같이 노벨상을 받기도 했습니다. 그런데 퀴리 부인은 방사성 원자도 연구하면서 여러 실험을 했고, 그 탓에 암에 걸려 엄청나게 고생합니다. 당시에는 이런 실험이 얼마나 위험한 줄 몰랐어요. 몰라서 한 거죠. 지금 우리는 알고 있습니다. 당시 사람들도 똑똑했지만, 과학적 지식의 부재 때문에 위험한 실험을 안전장치 없이 해서 그렇게 된 거죠. 지금 우리는 어떨까요? 가장 극단적인 케이스가 있습니다. 우리나라 전력 생산의 30%는 원자력 발전, 정확히 말하면 핵 발전에서 나옵니다. 그리고 핵 발전 후에는 폐기물이 나오죠. 그걸 어떻게 하나요? 그냥 묻죠. 5천 년쯤 후에 후손들이 알아서 처리할 거라 생각하고, 5천 년 정도 버틸 수 있게 만들어서 묻습니다. 나중에 후손들은 우리에게 뭐라고 말할까요? 하여튼 퀴리 부인과 같은 과학자들의 노력으로 원자가 어떻게 이루어져 있는지와 원자가 특별한 에너지를 가질 수 있다는 사실을 실험을 통해 알게 되었습니다.

과학자	업적	연도	분야
조지프 존 톰슨	전자 발견	1906	물리학
어니스트 러더퍼드	원자핵과 양성자 발견	1908	화학
루이 드 브로이	입자와 파동의 이중성 입증	1929	물리학
베르너 하이젠베르크	불확정성 원리	1932	물리학
에르빈 슈뢰딩거	양자역학	1933	물리학
제임스 채드윅	중성자 발견	1935	물리학
볼프강 파울리	전자 상호 작용 발견	1945	물리학
유카와 히데키	중간자 존재 예언	1949	물리학
세실 파월	중간자 발견	1950	물리학
피터 힉스 프랑수아 엥글레르	힉스 입자 발견	2013	물리학

✦표1
원자와 관련된 노벨상 수상자 명단

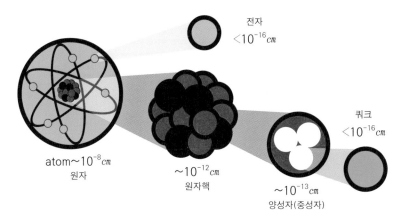

전자
$<10^{-16}cm$

쿼크
$<10^{-16}cm$

atom$\sim10^{-8}cm$
원자

$\sim10^{-12}cm$
원자핵

$\sim10^{-13}cm$
양성자(중성자)

✦ 그림 4
원자 모형의 변천

원자와 관련해서 이렇게 많은 사람들이 노벨상을 받았습니다. 그만큼 많은 과학자가 원자를 연구했다는 방증입니다.

원자는 굉장히 작아서 크기가 $10^{-8}cm$에 불과합니다. 이렇게 엄청나게 작은 원자 가운데에 원자의 1/10,000 크기에 불과한 핵이 있습니다. 원자핵은 그 1/10 크기의 중성자와 양성자로 이뤄져 있고요. 그 속에는 1/1,000 크기의 쿼크quark도 있습니다. 이렇게 만들어진 원자들이 우리 물질세계를 지배하는 가장 기본적인 단위가 되는 겁니다. 머지않아 과학자들은 쿼크가 무엇으로 이루어졌는지 밝혀내게 될 겁니다. 이 어마어마하게 작은 세계를 과학자들이 현재는 눈으로 볼 수 없지만, 조금씩 찾아내고 있습니다.

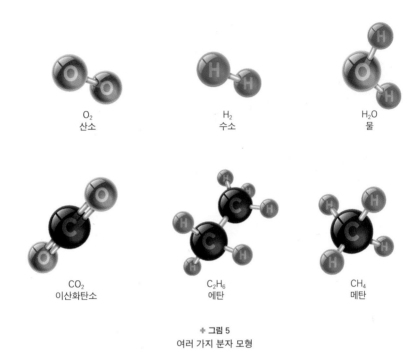

O₂
산소

H₂
수소

H₂O
물

CO₂
이산화탄소

C₂H₆
에탄

CH₄
메탄

✛ 그림 5
여러 가지 분자 모형

분자의 세계

이러한 원자들이 모여서 분자를 만들어 냅니다. 〈그림5〉에서 단순한 분자의 여러 가지 모형을 볼 수 있습니다. 이 분자들은 각각 고유한 성질을 가집니다. 그런데 분자는 어떤 이유 때문에 산소나 탄소 등과 구별될까요? 우리가 호흡할 때 산소는 필요한 반면, 질소는 전혀 도움이 안 됩니다. 왜 산소와 질소는 다른 것일까요? 이 문제는 분자라는 물질의 고유한 성질과 연관돼 있어요. 분자의 고유한 성질을

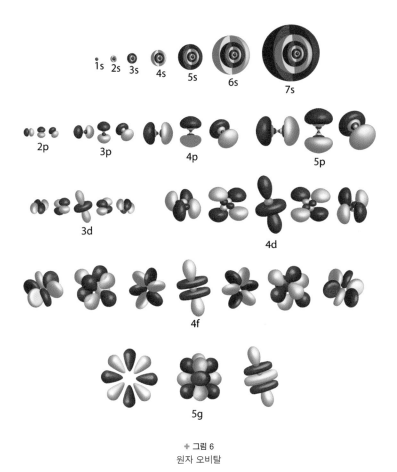

바로 원자와 그 원자의 전자가 만든 겁니다.

전자는 원자와 분자를 포함하는 물질의 성격을 결정하는 데 중요
한 역할을 합니다. s 오비탈, p 오비탈, d 오비탈 등 다양한 모양의 전
자 오비탈이 있습니다. 다양한 오비탈이 있기 때문에 각각의 성질이

	금속성 화학 결합	이온성 화학 결합	분자성 화학 결합	공유 결합성 화학 결합
단위 입자	전자 바다 내 금속 이온	음이온, 양이온	분자, 원자	원자
입자 간 인력	전자 바다(음전하)와 그 안에 있는 금속이온(양전하) 사이의 전기적 인력	음이온과 양이온 사이의 정전기적 인력	분자와 분자 또는 원자와 원자 사이의 분산력이나 수소 결합	원자들이 전자를 서로 공유하여 생기는 공유 결합
대표적 성질	높은 열 전도도 높은 전기 전도도	낮은 열 전도도 낮은 전기 전도도	낮은 열 전도도 낮은 전기 전도도	아주 낮은 열 전도도 아주 낮은 전기 전도도
	넓은 녹는점 범위	넓은 녹는점 범위	낮은 녹는점	높은 녹는점
예	구리 등 금속 물질	소금	물	석영, 다이아몬드*

* 다이아몬드는 매우 높은 열 전도도를 가진다.

✤ 표 2
네 가지 화학 결합

다르고, 크기와 무게가 달라집니다. 즉 전자 오비탈이 어떻게 이뤄지느냐에 따라 물질의 고유한 성질이 달라집니다. 실험을 통해 전자 오비탈의 모양을 추정하기도 합니다.

분자에도 여러 종류가 있습니다. 헬륨과 같은 단원자분자도 있고요, 수소와 질소와 같이 원자의 공유 결합으로 이루어진 분자도 있습니다. 또 격자로 구성된 화학물질도 있습니다.

화학 결합에는 크게 네 종류가 있습니다. 금속을 만드는 화학 결합을 금속성이라 합니다. 원자들이 금속성 결합을 하는 겁니다. 소금은 이온성 결합을 하고, 물과 메탄 등은 분자성 결합을 합니다. 다이아

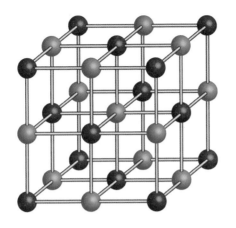

+ 그림 7
소듐 클로라이드

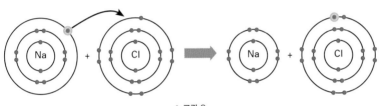

+ 그림 8
소듐 클로라이드의 분자 결합

몬드, 석영 등은 공유 결합성 고체라고 합니다. 네 가지 화학 결합으로 다양한 형태의 물질을 만들 수 있습니다.

그중 이온성 결합을 예로 들어 보겠습니다. 〈그림7〉은 소듐 클로라이드라 불리는 소금입니다. 제일 바깥쪽 원궤도에 전자가 8개가 있는 게 가장 안전한 형태인데, 소듐은 전자가 하나밖에 없죠. 클로라이드는 일곱 개나 있어요. 어떻게 될까요? 〈그림8〉처럼 소듐 원자는 전자 하나를 잃고 소듐 이온(Na+)이 되고, 이 전자는 클로라이드 원자에 들어가서 클로라이드 이온(Cl-)이 되어, 서로 반대 극성 이온 사이의 정전기적 인력에 의해 결합을 이룹니다. 하지만 이런 형태는 이해를 돕고자 한 것이지 정확한 형태가 아닙니다. 실제로는 전자의 퍼진 모양이 물질의 고유한 성질을 만들어 냅니다.

우리 주변에 있는 물질들은 그 형태가 고체, 액체, 기체 상태로 다 다르죠. 같은 온도에서 어떤 건 액체고, 어떤 건 고체입니다. 그런 물질의 형태를 들여다보면 그 물질을 이루는 분자 간의 힘에 의해 상태가 결정된다는 걸 알 수 있습니다. 한 분자가 다른 분자를 강하게 잡아당긴다고 하면, 상온에서 어떤 상태를 가지는 게 좋을까요? 내 옆의 분자를 가까이 오게 하기 힘든 정도에 따라 기체, 액체, 고체가 된다고 볼 수 있습니다. 물질의 고유한 성질도 있지만, 이 물질을 구성하는 분자들이 다른 물질과 어떤 식으로 상호 작용을 하고 있느냐에 따라서도 물질의 성질이 많이 바뀝니다. 즉 분자 간 힘에 의해 물질의 상태가 결정됩니다.

♦ 특이한 물

우리 주변에 아주 흔하고, 일반적이면서도 특이한 물에 대해 이야기하겠습니다. 현재 지구가 죽어 가고 있다고 뉴스에도 나오잖아요. 그래서 인간이 살 수 있는 다른 행성을 알아보고 있는 과학자도 있습니다. 그런데 그 행성에서 살 수 있느냐, 없느냐를 결정하는 것 중 가

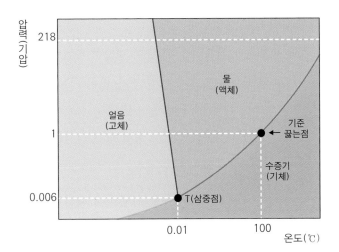

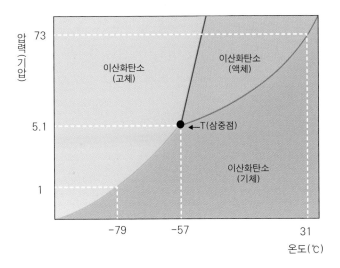

+ 그림 9
온도와 압력에 따른 H_2O와 CO_2의 상태 변화

장 중요한 것이 바로 물입니다.

지구에서 생명체가 생존하는 데 물이 굉장히 중요한 이유가 뭘까요? 물이 다른 물질과 다르게 특이한 점을 많이 가지고 있어서입니다. 겨울이면 호수가 얼지요? 그때 호수의 물은 위부터 얼까요, 아래부터 얼까요? 굉장히 특이한 성질을 가진 물은 위부터 얼어요. H_2O라는 분자의 특이성 때문에 그렇습니다.

물 역시 다른 물질들과 같이 온도와 압력에 따라 상태가 변합니다. 잘 알고 있겠지만 얼음은 0도에서 녹고, 거기서 온도를 쭉 올리면 100도에서 끓습니다. 즉 어떤 물질이 있을 때 일반적으로 온도가 올라가면 고체에서 액체가, 액체에서 기체가 됩니다. 그런데 온도 변화에 의한 상변화는 압력에 따라 달라집니다. 대부분의 물질은 고체와 액체 사이의 상변화에 있어서 양의 기울기를 가져요. 즉 압력이 높아지면 고체에서 액체로 상변화를 하게 되는 온도가 높아집니다. 그런데 특이하게 물만 달라요. 물은 음의 기울기를 가지고 있습니다. 이러한 것들이 물의 특이성의 한 예입니다.

6

CHAPTER

에너지와 엔트로피

이번에는 에너지와 엔트로피 그리고 이 두 가지를 연결해서 설명하는 열역학에 대해서 알아보겠습니다.

우리는 일반적으로 뜨거운 것을 빨간색으로, 차가운 것을 파란색으로 표현합니다. 뜨거운 것과 차가운 것이 만나는 순간 물체는 어떻게 될까요? 빨강과 파랑이 섞이면 원래 색을 알아볼 수 없듯이 뜨거웠던 때와 차가웠던 때를 물체는 기억하지 못합니다. 과학자들은 이 현상을 '열'로 설명합니다. 뜨거운 것에서 차가운 것으로 열이 이동합니다. 언제까지? '열평형'에 도달할 때까지. 즉 열평형은 뜨거운 것과 차가운 것의 온도가 같아지는 상태입니다.

열역학에서 제일 중요한 것이 바로 이 열입니다. 원래 얼마나 뜨거웠는지, 즉 물이 70도였는지 20도였는지는 중요하지 않습니다. 다만 두 곳의 온도가 같아질 때까지 계속 온도가 변한다는 사실이 중요합니다. 뜨거운 곳에서 차가운 곳으로, 두 개의 다른 시스템 사이에서 이동하는 것이 열입니다.

에너지란 무엇인가

에너지는 '일을 할 수 있는 능력'입니다. 에너지는 일과 열로 구성되며, 일을 하거나 열로 표현되는 것이 다 에너지입니다. 에너지는 빅뱅, 우주의 탄생, 생명의 진화에 이르기까지 모든 일들을 할 수 있습니다. 그러면 에너지를 구성하고 있는 일과 열의 차이는 무엇일까요? 그것은 방향성입니다. 어떤 현상에 방향성이 있다면 '일'이라고 부르고, 방향성이 없다면 '열'이라고 부르는 거죠.

에너지를 바라보는 다른 관점도 있습니다. 운동에너지와 위치에너지로 나누는 것입니다. 운동에너지는 물체가 어떠한 속도로 운동할 때 지니는 에너지입니다. 위치에너지는 눈에 보이지 않고 쉽게 알 수 없지만, 중력, 전자력 등으로 생성된 에너지입니다. 운동에너지와 위치에너지의 합을 '역학적 에너지'라고 부르며, 이 에너지는 보존됩니다.

공을 수직으로 던졌을 때를 생각해 봅시다. 공의 높이가 높아질수록 속력이 감소하면서 위치에너지는 증가하고 운동에너지는 감소합니다. 공이 바닥으로 내려올수록 위치에너지는 감소하고 대신 운동에너지는 증가합니다. 마찰이란 것이 없으면 '에너지는 보존된다'라고 합니다. 에너지란 이처럼 모양을 계속 바꿔 가면서 존재하는 겁니다. 운동에너지였다가 위치에너지로, 위치에너지였다가 운동에너지로 바뀝니다. 에너지가 어떤 형태에 고정된 것이 아니고 바뀌면서 에

✦ 그림 1
롤러코스터는 에너지 총량이 보존된다는 사례이다.

너지 총량은 보존된다는 좋은 사례가 바로 롤러코스터입니다. 높이
가 변하면서 운동에너지가 커졌다 작아집니다. 이와 더불어 위치에
너지도 변합니다.

다시 에너지를 일과 열로 나눠 보겠습니다. 일과 열의 차이를 방향
성이라고 했죠. 방향성에 관계된 운동만 우리는 일이라고 합니다. 그
래서 일에는 힘의 방향이란 개념이 나옵니다. 한 물체가 빗면을 따라
서 내려옵니다. 이 물체가 밀려 내려오도록 작용하는 힘은 물체의 무
게입니다. 물체가 빗면을 따라 내려오면서 방향성이 생겼습니다.

얼마나 많은 거리를 걸어 왔느냐보다 한 방향으로 얼마나 걸었느
냐가 중요한 겁니다. 일이 변한다는 것은 에너지의 방향이 변하는 겁
니다. 그래서 재미있는 건 우리가 아무리 힘을 줘서 벽을 밀어도 절

대 일을 한 게 아니라는 겁니다. 벽은 아무리 밀어도 안 움직이잖아요. 공을 계속 돌려 볼게요. 공이 날아가지 않고 계속 제자리를 돕니다. 이건 일을 한 걸까요? 아닙니다. 계속 직각으로 힘이 작용만 하고 있기 때문에 일한 게 아니죠. 상식과 조금 다르죠? 이런 접근 방법으로 일을 바라볼 겁니다. 우리가 생각하는 것과 약간은 다른 사고방식임을 보여 주는 사례라고 생각하세요.

이렇게 열역학을 이해하고자 할 때 에너지를 이야기해야 하고, 에너지는 일과 열로 나뉜다는 것을 먼저 이해해야 합니다. 이제 과학자는 일과 열을 어떤 법칙으로 설명하는지 알아보겠습니다.

열역학 제1법칙
에너지 보존

열역학에서 가장 중요한 것은 제1법칙입니다.

에너지는 만들어지지도, 사라지지도 않는다. 다만 형태가 바뀔 뿐이다.

역학적으로 에너지는 보존된다고 했죠? 롤러코스터에서도 운동에너지와 위치에너지는 형태만 바꿀 뿐 총 에너지는 변하지 않는다, 이렇게 이야기할 수 있습니다. 이를 에너지 보존법칙, 열역학 제1법칙이라고 합니다.

우리가 잘 알고 있는 것 중 '질량 보존의 법칙'이라는 유명한 법칙이 있습니다. 화학적 변화가 일어나도 질량은 사라지지 않는다, 다만 형태가 변할 뿐이라는 내용입니다. 이 법칙으로 물질을 이해했습니다. 이처럼 이제 에너지도 에너지 보존법칙으로 이해할 수 있습니다.

그런데 우주의 물질도 보존되고, 에너지도 보존된다는 것이 과연 언제나 '참'일까요? 우리가 살면서 겪는 대부분의 경우 참입니다. 그런데 아닌 경우도 아주 드물게 있습니다. 아인슈타인의 법칙 $E=mc^2$는 질량과 에너지가 바뀌는 경우입니다. 이게 우리 삶에 엄청난 영향을 끼칩니다. 우리가 사용하는 전기에너지의 30%가 핵에너지입니다. 핵분열 속에서 아주 작은 질량의 변화가 생기는데, 이 미세한 질량의 변화가 엄청나게 큰 에너지를 만들어 냅니다. 그 이유가 $E=mc^2$입니다. 여기서 c는 빛의 속도인데요, 빛의 속도는 30만 km/s입니다. 그러니까 원자 질량의 미세한 감소에서 빛의 속도의 제곱만큼의 에너지를 발생시키는 겁니다. 엄청난 거죠. 빛은 지구를 1초에 7바퀴 반 돕니다. 지구 둘레는 약 4만 km에 달하니 엄청나게 빠릅니다. 우리가 물질과 에너지를 이야기하려면 '질량과 에너지는 보존된다'라는 사실을 꼭 기억해야 합니다.

열의 이동

에너지는 일과 열로 나뉘고, 그중 일은 방향성을 가진다고 했습니다. 그런데 방향성이 없는 열이 이동하는 경우가 세 가지 있습니다.

♦ 전도

전도는 주로 고체에서 발생합니다. 물질의 입자가 위치를 바꾸지 않고 열만 전달되는 방식입니다. 전도는 접촉면에서 발생하므로, 접촉을 차단하는 방식으로 전도를 방지할 수 있습니다. 진공에서는 열

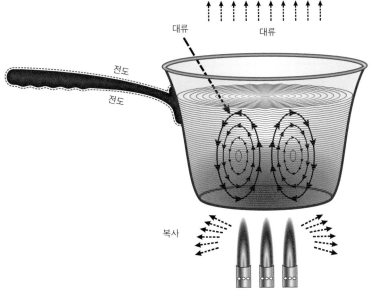

✦ 그림 2
열이 이동하는 세 가지 경우

✚ 그림 3
바닷가에서 일어나는 대류 현상

을 전달할 수 있는 입자가 없으므로 열 전달이 이뤄지지 않는 것을 이용해서 진공 보온병을 사용하기도 합니다.

◆ 대류

대류는 입자가 직접 이동함으로써 열을 전달하는 방식입니다. 지구에서 이런 일이 많이 일어납니다. 물은 굉장히 특이한 물질로, 비열도 큽니다. 낮에는 비열이 큰 바다와 비열이 낮은 땅 중에서 땅이 물보다 빨리 뜨거워집니다. 땅에 있는 공기가 데워져서 밀도가 가벼워지고, 물 쪽에서 땅 쪽으로 바람이 부는 대류 현상이 생깁니다. 밤에는 비열이 커서 잘 식지 않는 바다가 땅보다 더 따뜻하죠. 이런 식으로 낮과 밤에 지구는 대류 시스템을 가동하고 있습니다.

◆ 복사

열을 전달하는 마지막 방법은 복사입니다. 전도는 물질 자체는 움직이지 않는 것이고, 대류는 에너지를 가진 물질이 직접 옮겨 가는 겁니다. 복사란 쉽게 말해 휙 던지는 거예요. 에너지를 직접 던져서 전달되는 것이 복사입니다. 대표적으로 태양이 지구에 에너지를 주는 방법이 바로 복사입니다. 태양과 지구 사이에는 물질이 거의 없어요. 그런데 어떻게 열에너지가 전달될까요? 주로 복사를 이용합니다.

그러면 지구는 복사를 할까요? 만약 어떤 물체가 복사를 하지 않고 가만히 있다면 어떻게 될까요? 받아들인 에너지를 내놓을 방법이 없어서 온도가 끊임없이 증가합니다. 지구가 태양에너지를 그대로 받아만 들였다면 지금 상당히 뜨거울 겁니다. 하지만 우리가 살 수 있을 만큼 적당한 온도이니 지구도 복사를 한다는 뜻입니다. 심지어 차가운 물질도 복사를 합니다. 우주배경복사를 생각해 보면 엄청나게 차가운 물질도 복사로 에너지를 방출한다는 사실을 알 수 있습니다.

열역학 제0법칙

'에너지는 보존된다'라는 것이 열역학 제1법칙이었습니다. 제1법칙을 좀 더 자세히 설명하려고 만든 것이 제0법칙입니다.

> a와 b가 열평형 상태이고, b와 c가 열평형 상태라면, a와 c도 열평형 상태이다.

이것이 제0법칙입니다. 열역학 제1법칙에서 에너지가 표현되는 방법 중 하나인 열은 뜨거운 곳에서 차가운 곳으로 흐르는데, 열이 흐르는 현상을 보여 주는 지표 중 하나가 온도입니다. 제0법칙은 바로 이 온도를 측정하는 방법을 알려 줍니다.

우리에게 온도는 뜨겁고 차가운 정도를 나타내는 수치입니다만, 과학자에게 온도라는 개념은 분자의 운동과 연관됩니다.

온도의 단위는 무엇일까요? 먼저 우리가 흔히 사용하는 섭씨(℃)가 있습니다. 물이 끓는 온도는 100℃, 어는 온도는 0℃라 하고, 그 사이를 100구간으로 나눈 겁니다. 전 세계에서 유일하게 미국만 사용하는 화씨(℉)도 있습니다. 그렇다면 과학자는 어떤 단위를 쓸까요? 바로 '절대온도'입니다. 어떤 물질의 온도가 -10℃라고 해 볼게요. 그런데 온도 또는 열의 크기에 마이너스는 어울리지 않습니다. 이를테면 체중이나 키가 마이너스라고 하면 이상하잖아요. 그래서 과학자들은 온도의 크기가 무조건 양의 값을 갖게 하려고 했습니다. 물이 어는점이 절대온도로 273K입니다. 즉 -273℃가 절대온도로는 0K입니다. 이것보다 낮은 온도란 존재하지 않아요. 어떤 경우에서도 음수를 갖지 않게 하려고 만든 것이 절대온도이며, 이것은 열역학 제3법칙의 내용과 관련됩니다.

열역학 제2법칙
에너지 흐름

열역학 법칙에 도전하는 것으로 '영구기관'이란 개념이 있습니다. 한 번 발동해서 영원히 움직이는 기계를 말합니다. 열역학 제1법칙에서 에너지가 보존된다고 했으니 당연히 영구기관도 가능할 것 같습니다. 하지만 실제로는 불가능합니다. 열역학 제2법칙 때문입니다.

열역학 제2법칙은 에너지 흐름의 방향성을 설명하는 법칙입니다. 에너지는 특정 방향으로만 흘러간다는 것입니다. 즉 열역학 에너지는 '정돈됨'에서 '무질서'로 향한다는 겁니다. 이것을 '엔트로피가 증가한다'라고 합니다. 자연계의 방향이 한쪽 방향으로만 일어나는지 검증하려고 만든 개념이 무질서도, 바로 엔트로피entropy입니다. 자연계의 현상들은 무질서도가 증가하는 방향으로 진행되므로 영구기관이 불가능한 겁니다. 고체가 액체가 되고, 액체가 기체가 되는 것과

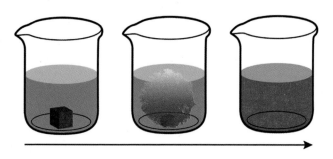

같이 무질서도가 늘어나는 방식으로 그 방향과 흐름을 설명하는 것이 열역학 2법칙입니다.

즉 자연계의 반응과 결과들이 한쪽 방향으로만 이뤄지는 현상 그리고 그 변화의 방향성을 설명하기 위한 개념이 바로 엔트로피입니다. 자연계는 엔트로피가 증가하는 방향으로 진행되므로 영구기관은 불가능합니다. 만약 우리가 열역학 제1법칙만 바라보면 영구기관이 가능해 보입니다. 그런데 계속 새로운 연료를 넣어 줘야 하는 이유는 뭘까요? 에너지 총량은 언제나 보존되지만, 방향성을 갖고 사용할 수 있는 에너지는 계속 줄어들기 때문입니다. 열역학 제2법칙에 의해 방향성이 결정되어 있으므로 실제로 영구기관은 불가능한 겁니다.

과학자들은 영구기관을 발명했다는 주장을 믿지는 않지만, 그렇다고 불가능하다고 말하지도 않습니다. 우리가 아직은 알지 못하는 다른 형태의 세계를 새롭게 이해할 수 있다면 과학자들은 지금까지 믿어 온 것들을 버릴 준비가 되어 있습니다. 만약 열역학 제1, 2법칙을 뒤엎는 사례가 등장한다면, 오늘 우리가 말한 이야기는 다 틀린 겁니다. 하지만 현재까지의 과학적 데이터를 근거로 판단한다면 그럴 확률은 높지 않습니다.

열역학의 이해

한겨울 공원에서 친구를 기다리고 있습니다. 나무 벤치와 철제 벤치가 있는데 어디에 앉아서 기다릴까요? 대부분 나무 벤치에 앉을 겁니다. 왜냐하면 철제 벤치가 더 차갑다고 느끼기 때문입니다. 사실 철제 벤치와 나무 벤치는 열평형 상태에 있습니다. 즉 두 벤치의 온도가 같습니다. 그런데 나무 벤치에 앉는 것을 선호하는 이유는 무엇일까요? 앉는 순간에는 온도가 똑같지만, 앉고 나서는 두 벤치의 온도 변화가 다릅니다. 철이 열전도율이 더 높기 때문에 철제 벤치로 내 몸의 열이 더 쉽게 빠져나가면서 더 춥게 느껴집니다. 이것을 이해하는 것이 바로 열역학입니다.

여기서 열역학 법칙을 다시 정리해 볼게요. 열역학 제1법칙은 '에너지 보존의 법칙'입니다. 그런데 보존의 법칙을 설명하려면 열평형을 설명해야 합니다. 이를 위해 만들어진 것인 제0법칙입니다. 열역학 제

2법칙은 '엔트로피는 증가한다'입니다. 그런데 열역학에는 제3법칙도 있습니다. 제3법칙에서는 에너지와 엔트로피를 숫자화하기 위한 기준으로 절대온도 0K를 정의합니다. 온도가 0K가 될 때 엔트로피는 0이다, 즉 온도가 0K일 때 무질서도의 크기를 정의한 겁니다. 그러므로 '자연 현상의 방향성은 무질서도 증가를 향한다'라고 할 수 있습니다. 어떤 물질 또는 시스템의 무질서한 정도를 숫자로 정량화하는 작업인 거죠.

우주는 물질과 에너지로 구성됩니다. 그러니까 오늘 우리는 우주를 다 이야기하는 겁니다.

이제까지 에너지는 일과 열로 나누어 생각할 수 있으며, 에너지는 그 형태가 바뀔 수는 있지만 총량은 보존되고 에너지 변환에는 방향성이 있다는 것을 살펴보았습니다.

CHAPTER

과학과 문명

전기력과 자기력
반도체와 초전도체
스마트폰 속의 과학

앞에서 우리는 별의 탄생과 죽음을 통해 생성된 백여 종류의 원소들이 어떻게 결합해 다양한 물질을 이루는지 알아보았습니다. 그리고 이런 물질의 변화를 가능하게 하는 에너지와 엔트로피에 대해서도 살펴보았어요. 이번에는 과학의 발전이 우리의 삶을 어떻게 편리하게 할 수 있는지에 대해 알아보겠습니다.

'문명'이라는 단어를 들으면 어떠한 것이 떠오르나요? 문명이란 인류가 이룩한 물질적, 정신적, 사회 구조적인 발전을 의미합니다. 많은 경우 과학의 발전이 문명의 발달에 크게 기여하죠. 예를 들어 인간의 삶에 필요한 여러 가지 도구를 만드는 재료 또는 기술에 따라 청동기 문명이나 철기 문명이 발생했습니다. 그 외에도 문명에 대해 다양한 정의가 있을 수 있지만, 여기서는 현대 문명이 과학과 어떻게 연결되는지 이야기하겠습니다.

전기력과 자기력

우주에서 물질 사이에는 네 가지 기본적인 힘이 작용합니다. 강한

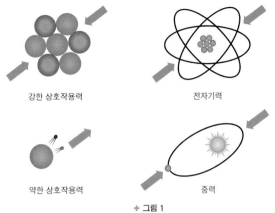

강한 상호작용력

전자기력

약한 상호작용력

중력

✦ 그림 1
물질에 작용하는 네 가지 힘

상호작용력, 약한 상호작용력, 전자기력, 중력이 그것입니다.

태양 주위를 돌고 있는 지구를 생각해 봅시다. 중력이란 질량을 가지고 있는 물질 사이에 작용하는 서로 끌어당기는 힘입니다. 태양과 지구 사이에도 중력이 작용하기 때문에 상대적으로 질량이 작은 지구가 태양 쪽으로 끌려가야 해요. 그런데 지구는 태양을 중심으로 회전운동을 계속하므로 태양 반대쪽으로 벗어나려는 원심력이 작용합니다. 놀이동산에서 빙글빙글 회전하는 놀이기구를 탄 경험이 있나요? 이 경우 회전 중심의 반대 방향으로 빠져나가려는 힘이 느껴지는데, 이것이 원심력입니다. 지구에서는 태양에 의한 중력과 원심력이 서로 균형을 이루기 때문에 지구는 일정한 궤도를 이루면서 태양 주위를 돌게 됩니다.

원자의 모습도 태양과 지구 사이에서 일어나는 운동의 모습과 비슷합니다. 원자는 상대적으로 무거운 원자핵 주위를 가벼운 전자가 회전운동을 하는 것으로 생각할 수 있습니다. 여기서 원자핵과 전자 사이에 끌어당기는 힘은 전자기력 때문에 발생하며, 전자기력은 중력과 달리 서로 끌어당기기도 하고 밀기도 합니다. 강한 상호작용력은 원자핵을 이루는 양성자 및 중성자 사이에 작용하는 힘입니다. 약한 상호작용력은 원자핵이 분열될 때 나타나는 힘으로, 중력이나 전자기력과는 달리 우리가 일상생활에서 쉽게 느낄 수 없어요. 이제부터 현대 정보통신 문명의 발달과 밀접한 관련이 있는 전자기력에 대해 보다 자세히 살펴보겠습니다.

◆ 전기력

전기력은 전하를 가지고 있는 물체 사이에 작용하는 힘으로, 중력과 다르게 전하의 종류에 따라 서로 밀거나 끌어당기는 힘이 발생합니다. 전하의 종류에는 양전하(positive charge, +)와 음전하(negative charge, -)가 있는데, 같은 부호의 전하끼리는 서로 밀어내고, 다른 부호의 전하끼리는 서로 끌어당깁니다. 예를 들어, 음전하와 양전하 사이에는 서로 잡아당기는 힘이 작용합니다. 이러한 전기력이 작용하는 공간을 전기장이라고 부르는데, 전기장이 존재하는 공간에 전하를 놓아두면 그 전하는 전기력을 받습니다. 전기장은 인간의 눈으로 직접 볼 수 없고, 간접적인 방법으로만 확인할 수 있습니다. 전기장이 존재하는 공간에 전하를 가지는 물체를 놓았을 경우, 발생하는 전기력 때문에 물체의 배

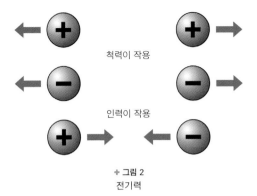

척력이 작용

인력이 작용

+ 그림 2
전기력

열 모양이 변할 수 있습니다. 이때 물체는 전기장의 공간 분포를 따라서 배열되므로 간접적으로 전기장의 모양을 예측할 수 있습니다.

이제 전기가 통한다 또는 전류가 흐른다는 것에 대해 살펴보겠습니다. 전류가 흐른다는 것은 전하를 가지는 입자(일반적으로 전자)가 움직이는 겁니다. 특별히 전자가 한 방향으로 돌아서 원래대로 돌아오는 걸 폐회로라고 하는데, 건전지와 전구를 전선으로 연결해 폐회로가 구성돼야 전류가 지속적으로 흐를 수 있으며, 전구에서 불이 켜집니다. 물질은 전기가 통하는 정도에 따라 도체, 부도체, 반도체로 분류할 수 있습니다. 도체는 금, 구리, 알루미늄같이 전류가 잘 흐르는 물질입니다. 폐회로에서 전선은 구리와 같은 도체로 이루어져 있습니다. 부도체는 의류, 돌, 고무와 같이 전류가 잘 흐르지 않는 물질이며, 만일 폐회로에서 전선 대신 고무줄을 이용해 건전지와 전구를 연결하면, 전기가 통하지 않기 때문에 전구에 불이 켜지지 않습니다.

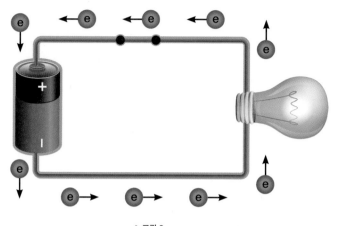

✦ 그림 3
폐회로에서 전류의 흐름

반도체는 전기가 통하는 정도가 도체와 부도체의 중간입니다. 이
중간이라는 개념이 다소 애매한데, 반도체는 평소에는 부도체로 동
작하다가 빛을 쪼여 주거나 특정한 불순물을 넣어 주면 도체처럼 전
기가 잘 통하는 물질입니다. 즉 반도체는 전기가 통하는 정도를 인간
의 사용 목적에 맞게 빛의 양이나 불순물의 양 등으로 조절할 수 있
으므로, 우리 삶을 편리하게 해 주는 전기 기기에 많이 사용됩니다.
예를 들면, 태양열을 이용해 전기를 생산하는 태양광발전기는 반도
체 물질로 만드는데, 빛을 받으면 전기가 잘 통하는 반도체 특성을
이용합니다. 전기 신호를 스위칭하거나 증폭할 때 사용하는 다이오
드나 트랜지스터와 같은 전자소자는 라디오, 컴퓨터, 스마트폰 등 거
의 모든 정보통신 기기에 사용되는데, 이것들은 반도체 물질에 인공

빅뱅에서 인간까지_ 우주, 생명, 문명

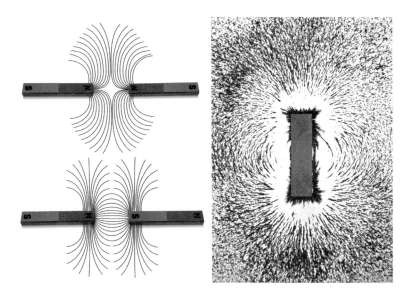

✦ 그림 4
막대자석에서 발생하는 자기장의 모양에 따라 철가루가 배열된다.

적으로 불순물을 넣어서 만듭니다.

◆ 자기력

자기력은 자성을 가진 물체가 서로 밀고 당기는 힘입니다. 물체가 자성을 가지려면 일반적으로 내부에 전류가 흘러야 하지만, 영구자석처럼 전류가 흐르지 않아도 자기력을 발생시키는 경우가 있습니다. 전기력의 양전하와 음전하처럼 자기력을 일으키는 막대자석에는 N극과 S극이 있어서, 같은 극끼리는 서로 밀어내고, 다른 극끼리는 서로 끌어당기는 힘이 작용합니다. 자기력이 작용하는 공간을 자기

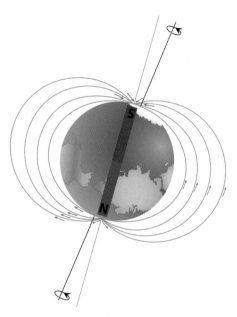

✚ 그림 5
지구는 하나의 커다란 막대자석으로 작용한다.

✚ 그림 6
지구 자기장은 지구를 태양풍의 강한 에너지로부터 보호하는 역할을 한다.

장이라고 부르며, 전기장과 마찬가지로 인간의 눈으로 직접 볼 수 없습니다. 막대자석 주위에 배열되는 철가루는 자석에서 발생하는 자기장 모양에 따라 배열되는데, 이는 막대자석에서 발생하는 자기장이 철가루에 미치는 자기력 때문입니다.

자기력이 우리 삶에 밀접한 관계가 있는 이유 중 하나로 지구가 하나의 큰 막대자석처럼 동작하고 있다는 것을 들 수 있어요. 예로부터 자침으로 남북쪽 방향을 알 수 있는 기구로 나침반이 사용되었습니다. 지구는 북쪽이 S극을 이루는 하나의 큰 막대자석으로 작용하기 때문에, 자기력에 의해 나침반의 N극은 항상 지구 북쪽을 가리킵니다. 또한 지구가 만들어 내는 지구 자기장은 태양에서 방출되는 고속의 전하를 띠는 입자인 태양풍으로부터 지구 생명체를 보호하는 역할을 합니다. 전하를 띠는 태양풍 입자들은 지구 자기장에 의해 지구 밖으로 밀려납니다. 만약 지구 자기장이 사라진다면 태양풍은 지구의 표면에 도달하게 되고, 지구상 모든 생명체들은 태양풍의 강한 에너지에 의해 피해를 입게 될 겁니다.

반도체와 초전도체

◆ 반도체

반도체 물질을 조금 더 자세히 이해하려면 원자 구조를 이해해야

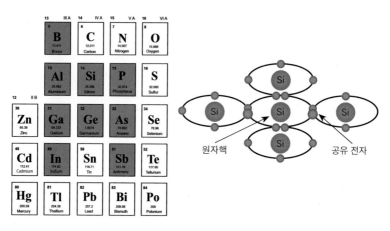

✦ 그림 7
주기율표와 실리콘 원자들의 공유 결합

합니다. 물질은 최외각 전자가 8개가 되어야 안전한 상태가 되기 때문에 원자끼리 서로 결합해 여러 가지 구조의 물질을 생성합니다. 최외각 전자를 4개 가지는 실리콘(Si), 게르마늄(Ge)과 같은 물질은 이웃한 4개의 원자들과 '내가 하나 줄게, 너도 하나 줘' 이런 식으로 전자를 서로 하나씩 공유하면, 최외각 전자를 8개 가지는 것처럼 보일 수 있습니다. 이렇게 하나의 원소가 공유 결합을 통해 구성된 반도체 물질을 원소 반도체라고 합니다.

반도체 물질은 서로 다른 원소들이 결합하여 만들 수도 있어요. 주기율표에서 최외각 전자가 3개인 갈륨(Ga)과 5개인 비소(As)가 공유 결합을 이루면, 최외각 전자가 8개가 되어 안정된 상태가 되는 화합물 반도체를 만들게 됩니다.

그러면 순수 반도체 물질에 불순물을 넣었을 때, 전기가 통하는 정도는 어떻게 조절될까요? 순수한 실리콘으로만 이루어진 진성 반도체의 경우, 실리콘 원자의 모든 최외각 전자들이 공유 결합에 참여하고 있습니다. 실리콘 원자들이 공유 결합을 이루어 고체 덩어리를 이룰 경우 바닷가 해수욕장에서 흔히 볼 수 있는 모래가 될 수 있어요. 이러한 진성 반도체 양쪽에 전압을 걸어서 전기장을 걸어 주면 어떻게 될까요? 최외각 전자는 음전하를 띄고 있기 때문에 외부에서 가해진 전기장에 의해 전기력을 받아서 이동하려고 할 겁니다. 그런데 모든 최외각 전자들이 공유 결합을 통해 실리콘 원자 간의 결합에 참여하고 있기 때문에 외부에서 전기장이 가해지더라도 전기력에 의해 최외각 전자들은 자유롭게 움직일 수 없습니다. 즉 외부에서 전기장을 걸었더라도 전자가 움직일 수 없으므로, 진성 반도체는 부도체의 특성을 보입니다.

실리콘 진성 반도체에 최외각 전자가 5개인 비소(As)와 같은 물질을 아주 소량 섞었다고 합시다. 이러한 경우 비소의 최외각 전자 5개 중에서 1개는 이웃한 실리콘 원자와의 공유 결합에 참여하지 못하게 되며, 이를 '잉여전자'라고 불러요. 이때 외부에서 전압을 걸어 주어 전기장을 형성하면 잉여전자는 전기력을 받아서 쉽게 이동할 수 있어 전류가 흐를 수 있습니다. 이러한 5족 불순물이 첨가된 반도체 물질의 경우 음전하를 띄는 잉여전자가 전류에 기여하므로 N형 불순물 반도체라고 부릅니다.

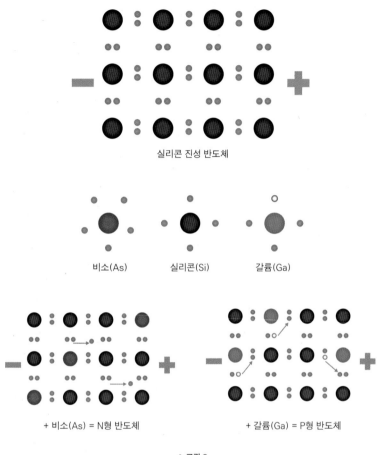

실리콘 진성 반도체

비소(As)   실리콘(Si)   갈륨(Ga)

+ 비소(As) = N형 반도체   + 갈륨(Ga) = P형 반도체

+ 그림 8
실리콘 진성 반도체와 불순물의 결합

실리콘 진성 반도체에 최외각 전자가 3개인 갈륨(Ga)과 같은 불순물을 섞은 반도체도 있습니다. 3족 불순물의 최외각 전자는 실리콘과의 공유 결합을 위해 필요한 4개의 최외각 전자보다 1개가 부족해

양전자를 띠므로, P형 불순물이라고 부르기도 합니다. 갈륨 불순물 주위는 실리콘 원자들과 공유 결합을 이룰 때, 전자가 한 개 부족한 '정공'이 생성됩니다. 이때 외부에서 전압을 걸어 주어 전기장을 형성하면 최외각 전자들이 정공을 통해 이동할 수 있으므로 전기가 통할 수 있습니다.

이렇게 진성 반도체 물질에 3족 또는 5족 원소를 불순물로 넣어 주면, 불순물의 농도에 따라 반도체 물질의 전기가 흐르는 정도를 조절할 수 있어요. 따라서 반도체 물질을 '마법의 돌'이라고 부르기도 합니다. 이렇게 반도체의 특별한 전기 특성을 이용해 다이오드나 트랜지스터 같은 전자소자를 만들 수 있습니다.

◆ 초전도 물질

혹시 자기부상열차를 타 본 적이 있나요? 우리나라에서 자기부상열차는 세계에서 두 번째로 상용화되어 현재 인천공항에서 운행되고 있습니다. 자기부상열차는 자기력을 이용해 열차를 공중에 띄워 올려서 움직이는 방식으로 이동하는데, 선로 위를 움직이는 기존 열차에 비해 소음과 진동이 매우 적고 빠른 속도로 이동할 수 있다는 장점이 있습니다.

그러면 자기부상열차는 어떻게 작동하는 걸까요? 자기부상열차에는 전기가 흐르면 자기력이 발생하는 전자석이 사용됩니다. 이 전자석에 공급하는 전류의 방향을 조절해 N극과 S극의 위치를 바꿀 수 있습니다. 열차와 선로에 설치된 전자석이 동일한 극을 가질 때, 열차는 자기력에 의해 공중에 뜹니다. 자기부상열차를 앞으로 이동시키려면 전류의 방향을 변경하여 선로에서 발생하는 자기력의 방향을 조절해 열차 앞면과는 끌어당기는 힘, 열차 뒷면과는 미는 힘을 발생시킵니다. 무거운 열차를 들어 올리거나 움직이게 하려면 전자석에 의해 발생하는 자기력을 크게 하는 것이 중요합니다. 큰 전류가 전자석에 흐를수록 이에 따라 발생하는 자기력의 세기가 커지는데, 일반적인 전선을 사용한 전자석은 높은 전류가 흐를 경우 전기저항에 의해 많은 열이 발생해 사용할 수 없어요. 그래서 자기부상열차의 경우 초전도 물질이란 것을 사용해 전자석을 만들어서 큰 전류가 흐르더라도 열이 발생하지 않고, 커다란 자기력을 발생시킬 수 있습니다. 그러면 이제부터 전기저항과 초전도 물질에 대해 살펴보겠습니다.

앞에서 반도체에 대해 설명할 때, 도체는 전류가 잘 흐르는 물질이라고 했어요. 그런데 도체의 경우도 전류가 잘 흐르는 정도, 즉 전자의 이동이 쉬운 정도가 서로 다르며, 이는 전기저항과 관련이 있습니다. 전기저항은 물체 내부에서 전자의 흐름을 방해하는 정도를 나타냅니다. 예를 들어, 전선을 만드는 데 사용되는 구리의 경우 물질 내부는 수많은 원자들로 이루어져 있어요. 따라서 전자들이 구리 전선 내부를 움직일 때 원자들과 충돌 등을 통해 이동이 느려지는데, 이것이 전기저항을 일으키는 원인이 됩니다. 물이 흐르는 개울을 생각해 보세요. 커다란 바위들이 많이 놓여 있는 곳에서는 물과 바위와의 충돌 때문에 물의 흐름이 느려집니다. 이것을 전기저항에 비유할 수 있습니다. 전기저항에 의해 전자의 이동이 느려지면, 열역학 제1법칙인 에너지 보존 법칙에 의해 전자의 운동에너지가 줄어든 만큼 열이 발생합니다. 겨울철 난방기기로 사용되는 온풍기는 전기저항이 큰 니켈과 크롬과 같은 물질을 사용하기 때문에 전기를 흘려주면 많은 열이 발생해요.

그러면 초전도 물질이란 어떤 것일까요? 전선으로 많이 사용되는 구리의 경우 전기저항이 매우 작으나 0이 되지는 못합니다. 반면 초전도체는 전기저항이 0이므로 아무리 많은 전류가 흘러도 열이 발생하지 않습니다. 송전탑은 전송선의 전기저항에 의한 에너지 손실을 최소로 줄이려고 매우 높은 전압으로 전기를 전달합니다. 만약 전기저항이 0인 초전도 물질로 전송선을 만든다면, 전기를 수송하는 동안 전기저항에 의한 에너지 손실을 없앨 수 있고, 높은 전압으로 전기를 보낼 필요가 없을 겁니다. 그런데 현재까지 개발된 초전도체는 모두 약 -110℃ 이하에서만 전기저항이 0이 됩니다. 그보다 높은 온도에서는 다른 물질처럼 전기저항을 가져요. 초기에 개발된 초전도체의 경우 전기저항이 0이 되는 온도가 무려 -269℃ 이하였습니다. 따라서 초전도체로 만든 전선은 일반적으로 널리 사용되지 못하지만, 자기부상열차와 같은 특수한 용도에는 사용합니다. 이 경우에는 아주 낮은 온도를 가지는 액체 헬륨이나 질소가 담긴 용기에 넣어서 초전도체를 동작시키죠. 헬륨이나 질소는 일반적인 대기 상태에서는 기체이지만, 온도가 각각 -269℃와 -196℃에서는 액체로 존재합니다. 자기부상열차는 초전도 물질을 사용한 전선으로 초전도 전자석을 만들기 때문에 전기저항에 의한 열 발생과 에너지 손실이 없으므로 큰 전류를 흘려서 강한 자기력을 발생시킬 수 있습니다.

스마트폰 속의 과학
전자기파와 반도체 집적회로

◆ 디스플레이와 전자기파

이제부터 우리 삶의 필수품이 된 스마트폰에 대해 알아보겠습니다. 스마트폰은 크게 사람의 눈에 해당하는 디스플레이, 두뇌에 해당하는 반도체소자, 심장에 해당하는 배터리로 구성되어 있습니다. 스마트폰을 구성하는 많은 부품에 과학을 통한 자연의 이해가 어떻게 적용되고 있을까요?

먼저 디스플레이는 문자 또는 이미지와 같은 정보를 입력해 전기 신호에 따라 원하는 색깔과 세기의 빛을 방출하는 역할을 합니다. 스마트폰 화면을 현미경으로 자세히 들여다보면, 각각 빨강, 초록, 파랑 색깔의 빛을 방출하는 픽셀이라 부르는 작은 점들이 보입니다. 디스플레이는 픽셀이라는 작은 점에서만 빛이 나오지만, 픽셀의 크기가 아주 작아서 멀리서 보면 점이 아니라 면에서 빛이 나오는 것처럼

✛ 그림 9
조르주 쇠라, 〈그랑드 자트 섬의 일요일 오후〉

보여요. 이러한 방식으로 이미지를 표현한 것은 19세기 후반 신인상주의 작품인 〈그랑드 자트 섬의 일요일 오후〉에서도 찾아볼 수 있습니다. 이 그림도 자세히 보면 수많은 점들이 모여서 아름다운 오후의 풍경을 나타내고 있습니다. 그리고 빛의 삼원색인 빨강, 초록, 파랑 색깔의 상대적 세기를 조절해 여러 가지 색깔의 빛을 만들 수 있습니다. 전기신호를 통해 각 픽셀에서 나오는 빛의 색깔 및 세기를 조절하는 방식으로 LCD(액정디스플레이)와 OLED(유기발광다이오드) 디스플레이가 많이 사용되고 있어요. LCD는 두 장의 유리기판 사이에 있는 액정이라는 물질에 걸리는 전압의 크기에 따라 외부 광원에서 들어오는 빛의 투과 정도를 조절하는 방식으로 픽셀이 구성되어 있습니다. OLED는 플라스틱과 같은 유기물 반도체에 전류를 가하면 직접 빛이 나오는 방식으로 픽셀이 작동합니다.

그러면 과학적으로 빛이란 무엇일까요? 빛은 인간의 눈으로 감지가 가능한 파장대역 $380\sim750nm$에 해당하는 전자기파로 정의될 수 있어요. 전자기파는 앞에서 다루었던 전기장과 자기장이 시간과 공간에서 주기적으로 진동하면서 진행하는 파동입니다. 일반적으로 소리와 같은 파동들은 이것을 전달하는 공기와 같은 매질이 있어야 하기 때문에 아무것도 없는 진공에서는 진행하지 못해요. 그러나 전자기파는 전기장과 자기장이 서로를 유도하면서 진행하기 때문에 매질이 없는 진공 상태에서도 진행할 수 있습니다. 따라서 태양에서 나오는 빛은 전자기파이기 때문에 진공 상태의 우주를 통과해 지구에 도달할 수 있습니다. 또한 전자기파는 에너지를 가지고 있기 때문에 빛을 흡수하는 물체들은 온도가 높아져서 열이 발생하고, 이러한 에너지 전달 과정을 열역학 법칙에서 복사라고 합니다.

전자기파는 주기적인 공간 변화의 단위인 파장에 따라 빛(가시광선) 이외에도 전파, 마이크로파, 적외선, 자외선, X선, γ선 등으로 나눌 수 있습니다. 이 각각은 우리 삶에 광범위하게 활용되고 있고요. 예를 들어, 전파나 마이크로파를 이용해 TV나 라디오 방송을 송출하고 무선 통신을 할 수 있으며, X선이나 γ선은 의료용 영상이나 치료에 활용됩니다. 전자기파는 금속을 통과할 수 없는 성질이 있기 때문에 금속으

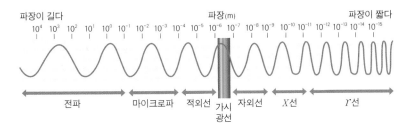

✦ 그림 10
파장에 따른 다양한 전자기파

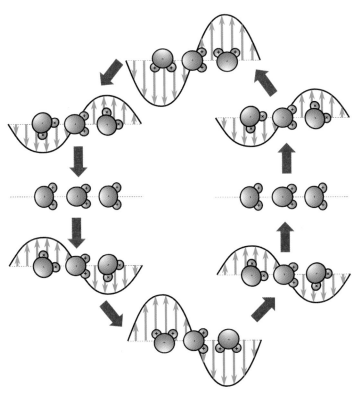

✦ 그림 11
전자레인지 내에서 전자기파의 특성에 따른 물 분자의 회전운동

로 만들어진 엘리베이터 내부에서는 무선통신을 사용하는 스마트폰을 통한 정보의 수신 및 발신이 힘들어집니다.

전자기파의 특성을 활용한 기기로서 전자레인지가 있습니다. 음식물의 대부분을 차지하는 물 분자는 극성을 가지고 있어요. 전자레인지에 음식물을 넣고 내부에 전자기파를 발생시키면, 시간과 공간에 따라 변하는 전기장의 크기와 방향에 따라 물 분자가 전기력을 받아서 회전운동을 합니다.✦ ^{그림 11} 이때 회전운동으로 발생하는 열이 음식물을 데우게 됩니다. 그런데 전자레인지 내부에서 발생하는 전자기파의 공간 분포 중에서 전기장이 생성되지 않는 마디 부분이 존재하고, 이 부분에 있는 물 분자는 전자기파가 항상 존재하지 않으므로 음식물이 데워지지 않아요. 이러한 문제를 완화하기 위해 회전판이 있습니다. 음식물이 회전판 위에서 회전하면 음식물 전체에 고루 전자기파가 쏟아지게 됩니다. 전자레인지를 회전판 없이 동작시키면, 전자기파가 강하게 존재하는 부분만 음식물이 데워지기 때문에 음식물 전체가 고르게 데워지지 않습니다.

✦ 트랜지스터

컴퓨터는 어떻게 문자를 인식하고 처리할까요? 컴퓨터는 기본적으로 수학에서 이진법이라고 부르는 0과 1이라는 두 개의 디지털신호를 이용해 모든 정보를 인식하고 처리합니다. 키보드에서 대문자 S에 해당하는 키를 누르면, 컴퓨터는 이진법 숫자로 변환해 00110101

✛ 그림 12
컴퓨터는 아스키코드로 알파벳이나 숫자를 이진법으로 변환한다.

이라는 디지털 신호를 발생시키는데, 이것은 십진수로 53을 나타냅니다. 여기서 컴퓨터는 키보드 각각의 알파벳이나 숫자들을 아스키코드ASCII, American Standard Code for Information Interchange에 의해 서로 다른 이진법 숫자들로 변환합니다.

그러면 컴퓨터는 디지털 신호를 어떻게 발생시키고 처리할까요? 바로 트랜지스터를 이용해 디지털 신호를 전기적으로 발생시키고

✛ 그림 13
1946년 제작된 최초의 컴퓨터 에니악

처리합니다. 반도체로 만들어진 트랜지스터에는 세 개의 단자가 있는데, 가운데 단자에 들어가는 전기적 신호를 조절해 입력과 출력 단자 사이의 전기신호를 스위칭할 수 있습니다. 트랜지스터가 연결되어 전기신호가 흐르는 것을 디지털 신호 1, 트랜지스터가 끊어져서 전기신호가 흐르지 않는 것을 디지털 신호 0으로 약속한다면, 트랜지스터를 이용해 디지털 신호를 발생시킬 수 있습니다.

우리들이 사용하는 TV, 라디오, 스마트폰과 같은 모든 전자기기들은 트랜지스터를 사용해 디지털 신호를 인식하고 처리하기 때문에

빅뱅에서 인간까지_ 우주, 생명, 문명

✚ 그림 14
수억 개의 트랜지스터가 모여 있는 컴퓨터 CPU

전자기기에는 무수히 많은 트랜지스터가 필요합니다. 예를 들어, 컴퓨터의 두뇌에 해당하는 중앙처리장치CPU는 수억 개의 트랜지스터가 모여 있어야 해당 기능을 수행할 수 있습니다.

그런데 초기 트랜지스터는 그 크기가 매우 컸으며, 이러한 트랜지스터들을 전선으로 연결해야 했습니다. 1946년에 제작된 최초의 컴퓨터 에니악ENIAC은 무게가 30톤이었으며, 부피도 매우 컸습니다. 컴퓨터의 크기와 무게를 줄이려고 트랜지스터들을 반도체 기판 위 아주 작은 공간에 조밀하게 배치하고 연결하는 기술인 집적회로가 개발되었습니다.

반도체 집적회로 기술의 발전 때문에 보다 가볍고 높은 성능을 가지고도 가격이 낮은 스마트폰과 같은 휴대용 전자기기들의 개발이 가능해진 겁니다. 또한 반도체 집적회로 기술의 발달은 대용량 컴퓨터 연산 기능과 데이터 저장을 가능하게 해 컴퓨터가 인간의 학습, 추론, 지각 능력 등을 모방하는 인공지능 기술의 발전을 가능하게 했습니다. 2016년 3월 세계 최고의 바둑 기사 중 한 명인 이세돌 9단을 상대로 승리를 거둔 알파고AlphaGo라는 인공지능 프로그램은 약 2천 개의 CPU를 이용했습니다.

CHAPTER 8

생명체의
기원과 속성

생명이란
생명체의 자가증식
생명체 출현의 역사

이제까지 우주와 물질에 대해 살펴보았습니다. 빅뱅과 함께 우주가 시작되었으며, 우주에는 현재 우리가 인지하고 있는 시간, 공간, 에너지와 물질이 같이 존재한다는 것을 알게 되었습니다. 또한 우리가 살고 있는 지구의 탄생 과정도 알게 되었지요. 우주 시작 초기의 에너지 중 일부는 물질이 되고, 이러한 물질들은 다양한 물리화학적 진화를 겪었으며, 그 과정에서 생명의 탄생을 목도하게 되었습니다. 이제 생명과 생명체의 속성^{nature}에 대해 살펴보고자 합니다.

생명이란

인류의 오랜 역사에서 수많은 현자들이 '생명이란 무엇인가?'라는 질문에 답하고자 노력했습니다. 기원전 350년경, 당대의 가장 저명한 철학자이자 과학자였던 아리스토텔레스는 생명이란 '자체적 이성과 이치에 따라 먹고 성장하고 쇠락하는 몸'이라고 정의하고, 생명 현상의 근원에 생기^{psyche}가 존재한다고 주장했습니다. 요즘 우리도 '기(또는 생기, 활력소, 영혼 등)'라는 용어를 사용합니다. 이를테면 '삶이 힘들고 이런저런 일에 포기하고 싶은 마음이 드는 것은 기가 부족하기 때문이다'와 같이 말입니다. 그렇다면 기(또는 생기)는 의욕이나 욕구와 같은 심리적 현상과 달리 과학적 검증이 가능한 생명의 포괄적 속성일까요? 오늘날 우주의 탄생과 물질의 진화에 대해 이해하고 있는 현대인의 입장에서 아리스토텔레스가 생명을 정의하는 방식에 쉽게 동의할 수 있을까요? 아마 그렇지 않을 것입니다. 기원전 사람이었던 아리스토텔레스는 연역적인 추론에 따라 대중을 가르치고자 하여 다소 교조적인 정의를 내렸을 가능성이 크기 때문입니다. 지금도 생명체가 보이지 않는 생기에 의존한다고 생각하는 과학자들이 있을 수 있지만, 자연법칙에 그런 생기가 필요하다면 과학적 방법을 통해 생명을 정의한다는 것은 거의 불가능합니다. 즉 아리스토텔레스의 생명에 대한 정의는 과학적 정의라고 할 수 없는 것이지요.

그렇다면 생명은 현재 사용되고 있는 여러 사전에 어떻게 정의되어 있을까요? 생명이란 '동식물을 생물로서 살아 있게 하는 힘'이라고 나옵니다. 생물로서 살아 있다? 그럼 생물은 또 무엇인지 찾아보겠습니다. '스스로 생명 현상을 유지하여 나가는 물체'라고 합니다. 즉 생물은 생명을 가진 물체라는 뜻이군요. 그럼 생명 현상은 무엇이라 정의했을까요? '살아 있는 생물(생명체)들이 나타내는 그들만의 고유한 현상'이라고 말하네요. 사전들이 우리를 놀리는 것만 같습니다. A는 B고, B는 C라고 하고, 다시 C를 찾아봤더니 A라고 합니다. 이런 식의 순환 논리는 영문판 사전들에서도 똑같이 전개됩니다. 비슷한 단어들이 돌고 도는 거죠. 이쯤 되면 똑똑하다는 현대인도 생명이 무엇인지 명확히 설명하지 못하고 있는 것 같습니다. 그럼 우리가 이 부분을 본격적으로 논의해 볼까요?

생명과학의 발전사를 짚어 보면, 과학적 사고방식이 한창 무르익어 가던 19세기 중반에 생명을 설명하고자 '세포설'이 등장했습니다. 모든 생명체는 세포로 구성되기에 세포는 생명의 기본 단위이다, 즉 모든 생명은 세포로부터 시작된다고 하는 이론입니다. 그 후 십여 년이 지나 모든 세포는 이전에 존재하던 세포에서 유래한다는 주장이 덧붙여집니다.

> 세포는 생명의 기본 단위이다. 모든 생명체는 세포들로 구성된다. 마티아스 슐라이덴, 테어도어 슈반
>
> 모든 세포는 이전의 세포에서 유래한다. 루돌프 피르호

오늘날 대부분의 과학자들이 세포설에 공감합니다. 하지만 당시에는 세포설을 부정하는 관점도 일부 있었습니다. 모든 생명체가 세포로 되어 있다는 주장은 당시의 과학적 진실일 것입니다. 그런데 과학에서 진실이란 한 시점에서 알 수 있는 한계 내에서 얻어낸 증거(자료 또는 데이터)를 바탕으로 진술하는 일시적 진실이라고 말합니다. 이후에 새로운 자료나 증거에 따라 새롭게 진술해야 한다는 의미이지요. 지금부터 180년 이전인 1836년에 제시된 과학적 진실로는 현대

과학에서 말하고자 하는 생명을 정의하는 것에 한계가 있습니다. 모든 생명체가 세포로 되어 있다면, '세포란 과연 무엇이어야 하는가?' 라는 의문을 갖게 만듭니다. 아리스토텔레스의 생기, 세포설의 정의, 사전에서의 생명에 대한 정의 등 모두가 과학의 영역에서 생명을 정의하는 데 있어 뚜렷한 한계를 보입니다. 물론 현대 과학자들도 아직 궁금한 부분이 많습니다.

세포설이 등장했던 시대에 물리학 분야에서는 우주는 불규칙한 방향으로 진행된다는 엔트로피 증가 법칙, 즉 열역학 제2법칙이 등장합니다. 물리학자 루트비히 볼츠만이 설명했던 열역학 제2법칙에 따르면, 자연계에서는 엔트로피, 즉 무질서도가 점점 증가하는 것이 자발적 현상이라고 했습니다.

그런데 20세기에 에르빈 슈뢰딩거가 물리학자로서 생명체에 대한 근본적인 질문을 던집니다. 자연에서 무질서도는 계속 증가해야 되는데, 생명체는 어떻게 무질서로의 이행을 거스르며 질서를 유지할 수 있을까? 어떻게 전 우주에서 적용되는 엔트로피의 법칙이 생명체에는 적용되지 않을까? 하는 물음입니다. 과학은 늘 이렇게 중요한 질문에서 시작됩니다. 그리고 그는 '비록 일시적이지만 엔트로피가 증가하는 방향을 역으로 거스르는 일이 일어나는 것'이 생명이라고 설명하였고, 이를 네거티브 엔트로피negative entropy, negentropy, 즉 음의 엔트로피라는 용어로 정리했습니다.

사실 우리는 직관적으로 엔트로피 법칙을 이해하고 있습니다. 실

생활에서 열역학 제2법칙을 설명해 볼까요? 굉장히 어질러진 방을 깨끗하게 치우려면, 어질러진 물건 하나하나를 집어 들어 제자리를 찾아 주어야 합니다. 즉 무질서한 상태에 에너지를 투입해서 질서를 회복시키는 겁니다. 만약 치우지 않고 그대로 놔눈다면 무질서도인 엔트로피는 끊임없이 증가하지요. 그러나 에너지를 투입하면 무질서도의 증가가 뒤집히는 음의 엔트로피 현상이 생기게 될 것입니다. 물론 며칠 후면 다시 방이 더러워지겠지만요. 방이 깨끗한 상태를 유지하려면 엄청난 에너지가 계속 필요합니다. 이것이 생물학에서 말하는 음의 엔트로피입니다. 우리 몸을 보면 DNA 구조부터 해부학적 구조까지 모두가 나름의 질서를 갖고 정렬되어 있습니다. 다시 말해서 생명체를 구성하고 유지하려면 끊임없이 에너지가 투입되어야 하고, 에너지가 투입되는 동안은 정상적인 구조를 유지할 수 있다는 뜻입니다. 그래서 '금강산도 식후경'이라는 속담은 참인 것이지요.

우리 몸을 포함해 지구에 사는 모든 생명체는 우주의 원소들로 구성되어 있습니다. 빅뱅 당시에 형성된 다양한 종류의 원소들이 우주 곳곳에 퍼져 있듯이, 우리 몸에도 그것들이 뭉쳐 만들어진 분자들이 모여 있습니다. 한정된 기간에 엔트로피 증가를 억제할 수 있는 물리적 실체인 '몸'을 중심으로 생명이 이루어지는 거죠. 엔트로피 억제를 위해서 지속적으로 에너지 투입이 필요한 음의 엔트로피 원리에 맞닿아 있습니다.

중간 정리를 한 번 해 볼까요? 우주의 엔트로피는 계속 증가하고 있습니다. 태양 자신도 에너지를 내보내면서 점점 무질서도가 증가하고, 이 에너지의 일부는 지구에 도달해 생명체들의 질서를 유지하는 데 사용됩니다. 결론적으로 음의 엔트로피는 생명 현상의 핵심을 이루는 것으로 보입니다.

그러면 이처럼 음의 엔트로피를 구현하기 위해 부지런히 에너지를 투입하고 있는 '질서', 즉 생명의 첫 번째 속성이 무엇인지 들여다볼까요? 물질이 특정한 배열로 나열되면 고유한 의미가 생겨납니다. 아미노산의 순서에 따라 서로 다른 단백질 분자들이 만들어지는 것처럼, DNA의 염기 순서에 따라서 서로 다른 유전 정보(또는 유전자)들이 생성되고 이들의 다양한 조합이 어떠한 생명체를 만들어 낼 것인지 하나의 설계도가 됩니다. 사람의 유전자 약 2만 5천 개는 30억 개정도의 염기쌍으로 구성됩니다. 이 수많은 염기 중에서 특정 지점 세 군데가 아데닌(A), 구아닌(G), 시토신(C) 염기일 경우 검정색 눈(홍채)을 갖게 되는데, 이 염기들이 구아닌(G), 티민(T), 아데닌(A)으로 바뀌면 갈색 눈이 됩니다. 심지어 검정색 눈에서 시토신(C)이었던 자리가 아데닌(A)으로 바뀌면, 단 한 위치의 변화로 파란색 눈을 갖게 됩니다. 즉 유전자를 이루는 한 자리 한 자리의 순서가 고유한 의미를 가진다는 것이지요.

이러한 질서를 유지하려면 우리는 오늘도 밥을 먹어야, 즉 에너지를 투입해야 합니다. 질서가 바뀌어 파란색 눈을 가졌으면 어땠을까 상상할지도 모르지만, 그러면 가지고 있던 다른 질서를 아예 잃어버

표현형		유전자형
검은 눈	6	GAT**A**TCGTACG**GA**CT
갈색 눈	5	GAT**G**TTCGTACT**GA**AT
검은 눈	4	GAT**A**TCGTACG**GA**CT
푸른 눈	3	GAT**A**TCGTACG**GA**AT
갈색 눈	2	GAT**G**TTCGTACT**GA**AT
갈색 눈	1	GAT**G**TTCGTACT**GA**AT

✛ 그림 1

네 개의 염기 A, T, C, G의 특정한 배열은 고유의 의미를 창출한다.

릴지도 모를 일입니다.

생명체의 자가증식

에르빈 슈뢰딩거는 생명체가 물리화학적 법칙을 따르지만 음의 엔트로피를 유지하는 물체라고 정의했습니다. 예를 들어보겠습니다. 두 가지 물체가 있습니다. 하나는 로봇, 하나는 세균입니다. 세균은 생명체이고, 로봇은 생명체가 아니지요. 그렇다면 둘을 비교해 생명체인지 검증해 봅시다. 질량과 부피가 있는 로봇은 당연히 물리적 법칙을 따릅니다. 게다가 여러 가지 부품들이 정교하게 연결되어 잘 조직화된, 즉 나름의 질서를 지니고 있습니다. 닦고, 조이고, 또 적절한 에너지를 투입해 주면 그 질서의 상태를 유지할 수도 있습니다. 그렇지만 로봇을 생명체라고 부르지는 않습니다. 그럼 무엇이 세균과 다를까요? 문제는 '로봇이 자가증식을 하는가?'입니다. NASA에서 우주선을 발사해 행성들을 탐사할 때 그곳에 생명체가 있는지의 여부를 특히 중요하게 점검합니다. 그럼 무언가를 보았을 때 그것이 생명체인지 아닌지를 가늠하는 기준은 무엇일까요? NASA의 기준은 이렇습니다. 다윈이 말한 자연선택 이론에 따라 생물학적 진화가 이루어지는, 자가유지성 화학 시스템인지 확인합니다. 즉 로봇을 보면 이 기준의 일부는 공유하지만, 온전히 충족하지 못한다는 것을 알 수 있지요.

그럼 현재 생물학계에서는 생명체의 조건을 어떻게 설명하고 있을까요? 생명체란 우선 자기복제를 하고 고유의 질서를 유지하기 위한 물질대사를 수행할 수 있어야 한다고 말합니다. 이는 외부 에너지를 활용해 자신이 원하는 방향으로 물질들의 변환(화학 반응)을 일으킬 수 있어야 한다는 것입니다. 물질들의 자발적인 변화를 뛰어넘는 물질대사 과정에는 반드시 효소(enzyme)가 작용해야 하기 때문에 한 존재가 효소(의 유전정보)를 지니고 있는지의 여부는 핵심 사항입니다.

먼저 자기복제를 위해서 생명체는 DNA나 RNA와 같은 핵산을 사용합니다. 아데닌(A), 티민(T), 구아닌(G), 시토신(C) 등 네 종류의 염기(RNA에서는 티민 대신 우라실(U))를 포함하는 핵산은 AGTCTCACTG처럼 배열 순서 자체가 정보가 됩니다. 그 정보를 후대에 전달하는 과

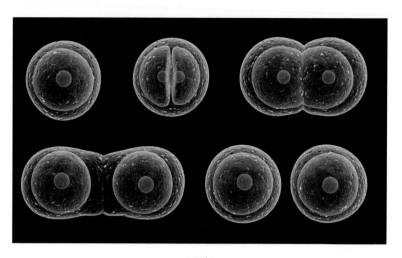

✛ 그림 2
DNA 복제 후 두개의 세포로 분열하는 과정

정을 우리는 자기복제라 부르고, 생명체의 가장 중요한 특징으로 봅니다. 〈그림2〉는 한 세포에서 DNA 덩어리인 염색체들이 양쪽 세포로 분열되려고 서로 떨어져 나가는 세포 분열 과정입니다. 세포 분열 과정에서는 DNA의 복제가 가장 먼저 일어나는 사건입니다. 후손에게 정보를 전달하는 것이 생명체가 나타내는 제일 중요한 현상이라는 의미이지요.

생명체의 필수 조건 중 다른 하나는 물질대사입니다. 대사란 생물체가 몸 밖으로부터 섭취한 영양물질을 몸 안에서 분해해 생명 활동에 필요한 에너지를 생성하고, 필요한 생체 성분은 분자들을 서로 붙이거나 쪼개 쓰며, 더 이상 쓸모가 없는 물질은 몸 밖으로 내보내는 과정을 말합니다. 왜 이런 과정을 해야 할까요? 이 모두 음의 엔트로피, 즉 질서를 유지하기 위한 필수 작업이기 때문입니다.

이쯤 되면 180년 전의 이론에서 잠시 벗어나 생명과 생명체의 본질을 다시 물어보는 것도 흥미로운 논의가 될 것 같네요. 생명체를 규정하는 장면에서 바이러스는 아주 재미있는 존재라 할 수 있습니다. 왜냐하면 모든 생명체는 세포로 구성되어 있다고 언급한 세포설을 기준으로 한다면 바이러스를 생명체로 볼 수 없기 때문입니다. 하지만 방금 얘기한 자기복제와 물질대사 측면에서 생명체를 정의한다면 아니라고 말하기도 쉽지 않습니다. 바이러스는 자기복제의 최고봉이라 할 수 있지요. 그러나 일반적인 생명체들이 주로 사용하는 에너지 화폐인 ATP를 자신이 직접 만들지 않고, 단백질을 만들 때 필수적인 리보솜도 없다고 믿어 왔습니다. 그런데도 외부 에너지와 물질을 이용해 제 몸(자손 바이러스 입자들)을 만드는 과정이 분명히 존재한다는 사실은 동일하군요.

1990년, 칼 워즈는 세 개의 영역으로 일반적인 생물의 분류를 시작하는 새로운 체계를 제안했습니다. 세균bacteria, 진핵생물eukarya, 고세균archaea의 영역이지요. 하지만 바이러스는 이와 연결된 분류 체계가 존재하지 않습니다. 왜냐하면 조금만 거리가 먼 바이러스들은 서로 공유하고 있는 유전자가 전혀 없어서 거리를 측정할 수가 없고, 거리가 측정되지 않으면 계통수tree를 그릴 수 없기 때문이죠. 그래서 새로운 계통수가 제안되기도 합니다. 사실 지구상의 모든 생명체에는 각각

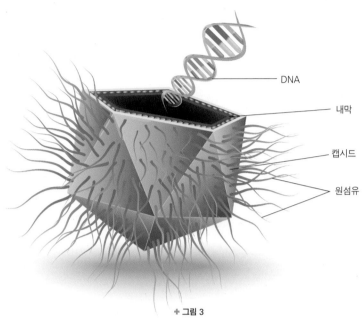

DNA

내막

캡시드

원섬유

✛ 그림 3

2003년 프랑스 생물학자들이 발견한 미미 바이러스는 그동안 가장 큰 바이러스로 알려진 폭스 바이러스나 허피스 바이러스보다 거의 열 배가 넘는 유전자들을 거대한 크기의 DNA 유전체에 싣고 있다. 그중 일부는 바이러스 유전자를 단백질로 번역할 때 쓰는 유전자로서, 세균과 바이러스의 경계를 흐리고 있다.

감염시키는 바이러스들이 있습니다. 심지어 세균과 고세균들도 빠짐없이 바이러스에 감염이 됩니다. 그래서 세균을 감염시키는 바이러스는 그 세균의 분류학적 위치에 따라 정리해 보자는 의견입니다.

2017년, 과학계는 단백질 합성에 꼭 필요한 리보솜을 보유한 바이러스를 발견했습니다. 21세기에 들어서면서 미미 바이러스_{mimivirus}나 피쏘 바이러스_{pithovirus}와 같이 점점 더 크고 복잡한 구조의 바이러스들이 계속 발견되고 있습니다. 이에 생명체의 경계는 흐려지고, 바이러스에 대한 우리의 고전적 정의는 더욱 꼬여 가는 것 같습니다. 세포설이 제안됐던 19세기에는 아직 바이러스의 존재를 몰랐거든요.

그렇다면 바이러스는 생명체가 가지고 있어야 할 최소한의 요건과 장비만 갖추고 다니는 다른 형태의 생명이 아닐까요? 우리도 궁극적으로는 다른 생명체에서 만들어 낸 에너지를 활용하는데, 바이러스가 다른 생명체를 살아 있는 상태에서 이용하는 존재라고 해서 생명체가 아니라고 단정할 수 있을까요? 즉 관점을 바꿔 바이러스를 '세포로 구성되지 않은 비세포성 생명체'라고 정의한다면 어떨까요? 이 시점에서 중요한 사항을 알아챘을 것으로 생각합니다. 19세기 세포설 이후 지금까지 생명체를 정의하는 기준으로서 세포를 중요하게 생각하는 학자들이 있었습니다. 하지만 생명을 정의할 때에는 질서의 유지, 즉 물질대사와 자기복제를 가장 중요하게 생각한다는 점이지요.

교과서적으로 정리해 보는 생명체의 공통된 속성 세 가지는 첫째 조직화된 질서, 둘째 번식reproduction, 셋째 진화적 적응입니다. 다른 생명체에 상당히 의존적이라는 특징은 있지만, 결국 바이러스들도 위세 가지 조건을 모두 갖추고 있는 것이 사실입니다. 그래서 이 세 가지를 현대 생물학이 정의하는 생명의 핵심 특성이라 할 수 있습니다. 자극과 환경에 대한 반응은 어떨까요? 생명체의 공통점이라고 할 수 있습니다만, 핵심으로 보이지는 않습니다. 그와 함께 에너지 전환, 항상성 유지를 위한 조절, 성장 및 발생 등도 결국 한 생명체의 질서 상

227

태를 유지하는 과정에서 나타나는 모습이라고 할 수 있습니다.

생명체 출현의 역사

이제 생명의 정의와 같은 이론적 논의에서 벗어나 실체를 들여다봅시다. 지구상에서 최초의 생명체는 어떻게 탄생했을까요? 원시 지구가 탄생했을 때는 산소도 오존층도 없었습니다. 그래서 막대한 태양 에너지가 지구에 작렬했을 것이기에, 현생 인류가 당시 지구에 간다면 채 1분도 못 견딜 겁니다. 강력한 태양 에너지가 계속 쏟아지고 하늘에서는 매 순간 번개가 떨어졌습니다. 엄청난 양의 에너지가 투입된 겁니다. 여기에 지구 중심으로부터 올라오는 에너지까지 합쳐지니 지구 표면을 뒤덮은 바닷물은 밑에서부터 부글부글 끓었겠지요. 이런 환경 조건에서 아주 단순한 무기물들이 모여 저분자 화합물이 만들어집니다. 물, 수소, 메탄과 같은 것들이 10억 년 동안 아주 단순한 저분자 유기물로 만들어지고, 이 저분자 화합물들은 또다시 고분자 화합물로 합쳐집니다. 이걸 실험으로 증명한 과학자가 스탠리 밀러입니다.

단순한 지구 원시 대기의 무기물 성분들에서 오늘날 생명체의 구성 성분인 유기분자들이 생성될 수 있었다면, 그런 여러 종류의 유기물질이 한 곳에 모여 그 이상의 화학반응이 일어나고 더 복잡한 물질

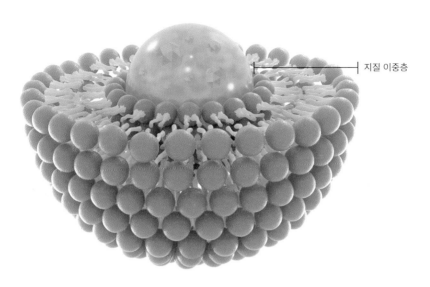

＋ 그림 4
지질 이중층(lipid bilayer)이라는 세포막 형태의 닫힌 공간을 창출한다.

이 만들어져야 하지 않을까요? 그런데 그 유기분자들이 떠 있는 곳
은 물속입니다. 즉 물속에서 안과 밖을 구분하는 경계(막)가 필요하다
는 결론에 도달합니다. 물과 물을 나눠 구별해 줄 수 있는 성분이려
면 물과는 절대 친하지 않아야겠군요? 우리는 지방 성분이 물과 잘
섞이지 않는 것을 알고 있습니다. 이처럼 물을 싫어하는 속성의 분자
질들이 뭉쳐지면서 안팎의 경계를 만드는 막이 되어 거품방울 형태
를 이루면, 이를 코아세르베이트라고 부릅니다. 왜 이런 세포막의 출
현이 중요할까요? 저분자 화합물로부터 만들어진 고분자 화합물들
이 아주 작은 환경에 함께 갇혀 있다 보면 다양한 유기화학반응이 일

어나기 쉽습니다. 이런 작은 형태의 세포막 속에 들어 있는 형태에서 고차원적인 유기물의 등장을 설명할 수 있습니다.

〈그림4〉는 리포좀liposome입니다. DNA 정보를 단백질로 번역하는 기구인 리보솜ribosome과는 구분을 지어야 합니다. 지질, 지방이 쭉 이어져 있는 상태인 '막'을 봅니다. 보통 생명체의 막은 조금은 특별하게 생긴 지방산으로 만든 이중층 구조의 벽입니다. 유조선이 침몰해서 생기는 기름막을 내려치면 기름끼리 뭉쳐서 작은 방울들로 흩어집니다. 리포좀도 이와 비슷합니다. 이중층으로 만들어져 있다 보니 안쪽은 다시금 물과 친한 물질들이 들어찰 수도 있습니다. 마이크로스피어microsphere라는 것도 있는데, 이것은 단백질로만 구성된 것이 특징입니다. 단순히 유기물들이 여기저기 흩어져 있는 상태에서 생명체가 우연히 만들어지지는 않을까 하는 막연한 기대가 아니라, 이런저런 유기물들이 한데 뭉치게 되었을 때 앞서 말한 리포좀이나 마이크로스피어 등의 모습이 갖춰지면서 주변 환경과 격리된 상태의 개체가 된다고 볼 수 있습니다.

생명체 출현의 역사에서 DNA 만큼이나 우리를 매혹시키는 실체도 드뭅니다. 오늘날 꽃피우는 생명공학, 생물정보학, 유전자 치료, 백신 등은 모두 DNA나 DNA 정보를 대상으로 이뤄지는 첨단 과학기술들입니다. 심지어 여러 정치가나 문학자들도 문화 DNA, 창의 DNA, 민족 DNA 등의 은유적 표현을 즐겨 쓸 만큼 DNA라는 단어는 우리의 심연에 존재하는 가장 근본적인 물질로 받아들여지고 있지요.

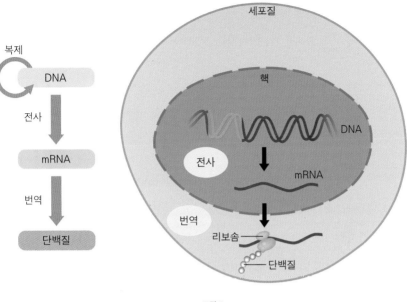

분자생물학의 중심원리

그런데 이 DNA는 처음부터 생명의 설계도를 지닌 초창기 멤버였을까요? 1953년 제임스 왓슨과 함께 DNA 이중나선 구조를 밝힌 프랜시스 크릭은 DNA 정보 중 일부를 가져와 RNA로 복사(전사)를 하고, 이걸 번역해 단백질을 만드는 유전 정보의 일방향성unidirection 흐름을 '분자생물학의 중심원리'라고 주창합니다.

이때가 1971년인데, 하필이면 같은 해에 에이즈 바이러스와 같은 레트로바이러스retrovirus에서 이와는 다른 새로운 생명현상을 발견합니다. 레트로바이러스는 DNA가 아니라 RNA를 유전물질로 사용하며,

✚ 그림 6
리보자임은 화학반응을 촉진하는 효소로 작용한다.

역전사효소라는 것을 갖고 있습니다. 역전사효소는 RNA로부터 DNA
를 만들어 내는, 즉 전사 방향을 거꾸로 수행할 수 있는 효소입니다.
바이러스는 RNA에서 DNA를 만들고, 이것이 인간 세포 안에서 복제
를 거듭해 수많은 자손 바이러스를 만들어 세포 밖으로 나가는 겁니
다. 이 역전사 현상 때문에 크릭이 주창한 분자생물학의 중심원리도
수정이 불가피하게 되었습니다. 하지만 그보다 더욱 재미있는 점은
최초의 생명 정보물질이 DNA가 아닐 가능성이 강력하게 제기되었
다는 것이지요.

　여러 과학자의 상상과 추론을 바탕으로 리보자임ribozyme이란 존재
가 알려지고, 월터 길버트는 급기야 'RNA 세계RNA World'라는 이야기를
풀어냅니다. 리보솜, 리포좀과 비슷하게 들리는 리보자임은 무엇일
까요? 리보자임의 리보ribo는 RNA에서, 자임zyme은 영어로 효소를 뜻하
는 'enzyme'의 어미에서 따온 합성어입니다. 즉 다른 RNA를 수정 합
성하는 효소 역할을 하는 RNA 분자를 발견하고, 리보자임이라고 명
명한 것입니다. 당시 길버트는 RNA가 RNA를 직접 자르고, 직접 RNA

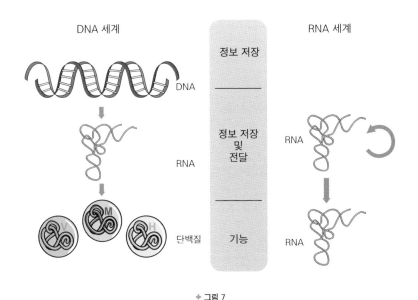

DNA 세계

정보 저장

정보 저장 및 전달

기능

RNA 세계

DNA

RNA

단백질

RNA

RNA

+ 그림 7
DNA 세계 vs RNA 세계

를 구성하고, 자체적인 정보도 가지고 있다는 것을 확인했습니다. 다시 말하면 RNA만 세상에 존재해도 생명활동이 등장하는 데 충분하다는 말이 됩니다. 즉 RNA가 스스로 DNA 역할(정보 저장)도 하고, 효소 역할(물질대사의 핵심)도 합니다. RNA만 존재해도 지구상의 생명체 탄생이 가능하다는 점, DNA의 분자 구조는 화학적으로 RNA에서 유래했을 것이라는 점 등에 비추어 초기 생명체가 RNA를 근간으로 이루어졌을 것이라는 의미에서 'RNA 세계'라는 말이 등장한 것입니다.

즉 지구가 초창기에는 무기물로만 이루어졌는데, 강력한 에너지의 작용으로 원시적인 유기화합물로 뭉쳐지고, 그 단순한 유기물들이

융합되면서 큰 유기화합물질이 만들어졌습니다. 여기서 RNA 분자들은 스스로 다른 RNA를 자르고, 붙이고, 또 자신을 복제할 수 있었다는 것입니다. 이후 시간이 흘러 RNA보다 화학적으로 안정적인 DNA가 생성되어 RNA 대신 정보 저장 기능을 맡게 되고, RNA보다 훨씬 효소 작용이 뛰어난 단백질이 효소 기능을 대신 맡게 됩니다. 오늘날 RNA에는 DNA에 저장된 정보를 단백질로 전달하는 역할만 남게 된 것 같지만, 사실 세포의 몇몇 소기관에서는 아직도 RNA 분자가 단백질 분자와 어우러져 멋진 기능을 수행한다는 사실이 밝혀졌습니다. 게다가 현재까지 밝혀진 수많은 바이러스 종류의 절반 이상은 DNA가 아닌 RNA 유전체를 사용합니다.

그러면 이 어마어마한 일들은 대체 얼마 만에 이루어졌을까요? 지구가 지금 크기에 가까울 정도로 뭉쳐지고 한 10억 년쯤 보내면서 무기화합물에서 원시생명체가 만들어지는 일이 진행됩니다. 즉 지구 나이가 1년이라면 두 달 반 동안은 저 일만 한 겁니다. 물질을 섞고, 묶고, 자르는 등의 일로 충분히 바빴다는 이야기지요. 지구 나이가 46억 년, 인류 호모 사피엔스의 탄생은 약 20만 년 전이니까, 지구 나이를 1년으로 잡아 계산하면 우리는 고작 23분 동안 지구에 존재한 겁니다. 산업화가 이루어지고 나서야 인간처럼 살게 되었다고 본다면, 지난 200년은 고작 1.2초에 불과하다는 얘기지요. 우리는 지금 아주 잠깐 살다 가는 사람들끼리 아주 긴 시간의 이야기를 하는 겁니다. 결국 모든 생명체는 물질에서 출발한 것이니 물리법칙에 따르면 네거티브 엔트로피를 유지하는 기간은 한정될 수밖에 없겠군요. 그러나 놀랍게도 생명체들은 이 한계를 독특한 방법으로 뛰어넘게 됩니다. 바로 자기복제로 연속성을 추구하는 것이지요.

CHAPTER

생명의 연속성과 유전

무성생식과 유성생식의 골격
유성생식과 다양성의 생성
유전의 분자생물학

이번에는 생명의 연속성과 유전, 즉 생명체가 엔트로피 법칙의 한계를 넘어서고자 행하는 번식 전략에 대해서 설명하겠습니다.

생명체란 네거티브 엔트로피를 구현해 고유의 질서를 유지하는 물체이며, 이들이 보이는 가장 큰 특징이 자기복제라고 했습니다. 생명체에 자기복제가 필수적인 이유가 무엇일까요? 생명이 네거티브 엔트로피가 유지되는 동안만 지속되기 때문입니다. 즉 영원히 사는 생명체는 없다는 말입니다. 결국 유한한 수명의 생명체는 자기복제, 즉 '자기 자신을 다시 만들어 내는 작업'을 통해 생명의 연속성을 유지하게 됩니다. 이 현상을 '생식(번식)'이라고 합니다.

이때 자신의 유전 정보를 후대에 제대로 전달하는 것이 가장 중요한 작업인데, 여기에는 두 가지 전략이 있습니다. 하나의 개체가 스스로 후손을 생산하는 것을 무성생식, 서로 다른 두 개체가 힘을 합쳐 후손을 생성하는 것을 유성생식이라고 합니다. 물론 생(번)식의 기본은 무성생식입니다. 하지만 시간이 많이 흘러 단세포생물들이 다세포생물로 진화하면서 유성생식 전략이 등장하게 됩니다.

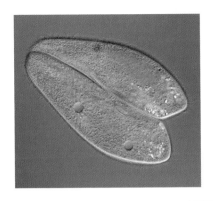

✦ 그림 1
무성생식을 하는 짚신벌레와 유성생식을 하는 개

무성생식과 유성생식의 골격

단세포인 원핵생물과 일부 다세포생물은 무성생식을 통해 모체의 유전 정보를 거의 100% 자손에게 전달합니다. 여기에 '거의'라는 단어를 붙였는데요, 그 이유는 다른 개체와 유전자를 섞지 않고 한 세포가 둘로 나뉘는 경우에도 유전 정보를 자손에게 전달할 때 가끔씩 돌연변이가 일어나기 때문입니다. 완벽하게 똑같은 정보를 전달할 수는 없거든요. 하지만 짝을 찾는 데 필요한 비용이 절약되는 게 큰 장점입니다.

반면 유성생식은 서로 다른 유전 정보 두 세트가 융합됩니다. 이 때문에 부모의 유전 정보는 각각 약 50%씩 자손에게 전달됩니다. 알맞은 짝을 찾고 서로 협력해야 하기에 여러 가지 부대비용은 더 많이

든다는 것이 단점이지만, 대신 놀라운 다양성을 생성할 수 있다는 장점이 있습니다. 동물이든 식물이든 다세포 진핵생명체(원핵생물은 막으로 이루어진 핵과 세포내소기관을 갖지 않는 원핵세포로 이루어진 단세포생물로, 주로 세균이 이에 해당한다. 진핵생물은 막을 갖는 핵과 세포내소기관을 갖는 진핵세포로 이루어진 생물로, 가장 원시적인 단세포 진핵생물이 효모이고, 다세포생물인 식물, 동물이 이에 해당한다)는 이배수체 염색체(2n)로 살게 됩니다. 사람의 경우 이배수체 염색체로 이루어진 총 46개(2n=46)의 염색체를 갖고 있습니다. 우리가 생식소라고 부르는 신체의 특별한 장소에서는 짝꿍을 만났을 때 사용할 반수체(n, 난자와 정자)를 만들고요, 결혼을 통해 정자와 난자가 수정되면 후손의 이배수체 염색체(2n)가 완성됩니다. 당연히 동물에 속하는 우리 사람들도 2n으로 살다가 n으로 만들어진 정자와 n으로 이루어진 난자가 만나면서 다른 유성생식 동식물과 완벽히 같은 생식 활동을 하게 됩니다.

유성생식과 다양성의 생성

◆ 독립유전의 세 과정

유성생식의 장점이 다양성을 갖는 것이라고 했는데요, 어떤 방식으로 이루어지는지 살펴보겠습니다. 현대 생물학에서는 멘델의 유전법칙을 발전시켜 독립분리보다는 독립유전이라고 말합니다. 먼저 기본적인 유전법칙의 개념을 잠깐 설명하겠습니다. 우리 유전자는 모두 쌍pair으로 구성되어 있습니다. 그런데 실제로 같은 유전자를 가지고 있지만, 그 속에 다른 성격을 지닌 두 가지 염색체를 가지고 있습니다. 중년 남성 한 사람과 그 가족을 예로 들어 봅시다. 남성의 장인은 색맹입니다. X염색체로 전달되기 때문에 남자의 아내는 보인자(자기는 발현하지 않았지만 특징을 가진 유전자를 포함한 경우)입니다. 남자는 색맹이 아니기 때문에 정상 X를 가지고 있을 것이고, 아내는 색맹의 X와 정상 X를 가지고 있을 것입니다. 이런 상황에서 부부에게 딸이 태어났습니다. 딸은 아빠의 X와 엄마의 X 두 개 중 하나를 받았을 텐데, 엄마의 색맹 X를 받았는지 정상 X를 받았는지는 알 수 없습니다. 이렇게 어떤 X인지 알지 못한 상황에서 하나를 무작위적으로 받게 되는 현상을 독립유전이라고 합니다. 우성유전자와 열성유전자, 두 개의 염색체를 가지고 있는데 둘 중 한 가지를 임의로 뽑습니다. 수많은 다양한 유전자가 들어 있는데, 그중 어떤 종류를 뽑았는지 알지 못한 채 난자와 정자를 만듭니다. 이러한 기본적인 독립유전 과정 속에 유성생식의 다양성의 비밀이 숨겨져 있습니다. 바로 염색체 독립 분리, 무작위 수정, 교차라는 세 가지 과정 때문입니다. 아빠로부터 유래한 23개의 염색체와 엄마로부터 유래한 23개의 염색체가 정자 혹은 난자를 만드는 과정 속에 모두 독립적으로 배열되어 분리되기 때문에 염색체 조합의 다양성은 2^{23}이라는 경우의 수가 나오게 됩니다. 또한 이만큼 다양성이 있는 난자(2^{23})와 정자(2^{23})가 무작위로 사

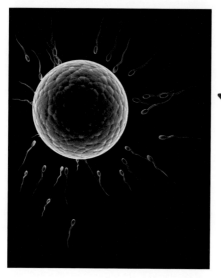

+ 그림 2
유성생식에서 다양성을 생성하는 무작위 수정과 교차

랑에 빠져서 결합하므로 완벽하게 전혀 다른 조합이 발생합니다. 즉 $2^{23} \times 2^{23}$ = 약 70조의 다양성을 갖게 됩니다. 아빠의 염색체 절반이 딸에게 들어간 것은 분명합니다. 하지만 정자 혹은 난자를 만드는 과정 속에 또 하나의 중요한 사건인 교차(crossover, 감수분열 때 상동염색체의 대립유전자(다른 성격을 갖지만 실제로는 같은 유전자쌍) 사이에서 재조합이 일어나는 현상) 때문에 유전 정보의 섞임shuffle이 일어나게 됩니다. 마치 카드를 뒤섞는 것처럼, 임의의 섞임이 일어나는 것이지요. 아빠가 카드 두 벌 중 한 벌을 딸에게 준 것은 맞지만, 그 패 중에 어떤 패를 가져갔는지는 무작위적입니다. 그래서 딸이 나는 왜 이렇게 태어났냐고 물어본다면 그건 네가 고른 것이라고 대답해 주면 됩니다.

어쨌든 유전체의 다양성이란 것은 두 쌍의 유전자 중에서 한 개를 임의로 뽑은 독립유전 과정에서 세 가지 기본 사건(염색체 독립분리, 무작위 수정, 교차)을 경험한 것입니다. 우리 몸 안에서 배우자(정자와 난자)들도 하나하나가 모두 다른데, 수많은 사람 중 '특별하다'고 여겨지는 누군가와 사랑에 빠져(무작위 수정) 결국 하나의 완성된 유전체가 생성되는 것입니다.

이런 장점을 바탕으로 유성생식이 거두는 두 가지 멋진 결과가 있습니다. 하나는 생식적 성공이고요, 또 하나는 종 분화의 원동력이 된다는 것입니다. 생식적 성공이란, 자손의 숫자가 많으면 많을수록 좋다는 것이지만 그 자손이 갖는 유전자의 품질도 중요하다고 말합니다. 사람에게 품질이라는 말을 쓰는 것이 마땅치 않습니다만, 변하는 환경에서도 잘 생존하는 적응력을 바탕으로 미래의 짝에게 좋은 평가를 받을 수 있느냐를 표현할 때 '생물학적 품질이 좋다'라고 표현합니다. 즉 다음 세대에서 좋은 짝을 만날 가능성이 높은 자손을 많이 낳는 것을 생식적 성공이라고 정의합니다.

◆ 돌연변이와 번식 전략

이제 좀 더 근본적인 질문으로 들어가 대체 돌연변이가 무엇인지, 이 현상이 앞서 말한 유성생식이나 무성생식과 같은 번식 전략과 무슨 상관인지 알아보겠습니다.

돌연변이^{mutation}는 유전체가 복제되는 과정에서 자연스럽게 일어나는 현상입니다. 돌연변이라는 말은 뚜렷한 의도나 인과관계가 개입되지 않고, 돌연히 발생하는 염기서열의 변이라는 뜻입니다. 어마어마한 숫자의 염기들을 복제하다 보면 이 사건이 자주 발생합니다. 보통 10^{10}개의 염기를 복사할 때마다 한 군데에서 실수가 일어난다고 알려져 있습니다. 주형가닥의 A, T, G, C 순서에 따라 상보적으로 맞는 염기가 마주 보도록 이어 붙여야 하는데, A에 T를 붙이는 대신 G나 C를 붙이는 실수가 10^{10}번 중 한 번 정도의 확률로 일어나게 된다는 뜻입니다. 우리 세포 하나에 들어 있는 염기쌍이 30억 개이므로, 세포가 분열하려고 유전체를 한 번 복제할 때마다 세 군데 정도는 실수를 한다고 봐야 되겠죠? 아무 문제없는 정상적인 환경에서도 이 정도 실수가 일어나는데, 다양한 위해 환경 요인(자외선, 방사선, 흡연 등등) 때문에 복제 실수는 더욱 많아집니다.

뼈처럼 세포 교체 시기가 7년이나 되는 세포들을 모두 포함해서 우리 몸 세포는 평균 한 달 정도 살고 교체됩니다. 가장 빨리 교체되는 세포는 무엇일까요? 바로 위장 상피세포입니다. 위장 상피세포는 2시간 30분마다 교체됩니다. 술을 잔뜩 마시고 다음 날 뜨거운 음식으로 해장하면 교체 시기는 더욱 빨라질 것입니다. 세포를 하나 교체할 때마다 세 번의 실수가 일어나는데, 이렇게 강제적으로 세포를 빨리 교체해 주면 건강을 보장할 수 없겠죠? 바이러스의 유전자는 그보다 훨씬 더 잦은 확률로 복제 실수를 일으킵니다. 10^3에서 10^6번에

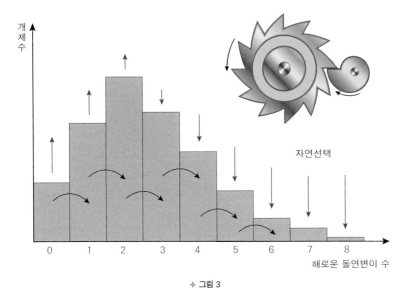

＋ 그림 3
뮐러의 톱니바퀴와 재조합. 생물의 유전체는 복제될 때마다 자연적인 돌연변이가 축적되지만 재조합이 일어나지 않는 조건에서는 좀처럼 이를 해소할 방법이 없다.

한 번 정도라고 하니 만 배에서 천만 배쯤 더 많이 실수하는 셈입니다. 그래서 감기 바이러스를 억제하는 화학 성분을 찾아낸다 한들 내년이면 쓸모가 없게 되는 겁니다. 맞춤형 감기약이란 없는 것이고요. 감기 하나 잡겠다고 매년 수십억씩 연구비를 쏟아붓는 것은 밑 빠진 독에 물 붓기와 같을 수도 있습니다. 하지만 역설적으로 복제의 실수, 즉 이 돌연변이 사건이 유전적 다양성에는 많은 기여를 합니다.

유성생식의 장점을 설명하는 중요한 가설 중 하나가 바로 '톱니바퀴 가설'입니다. 여기서 말하는 물려 있는 톱니바퀴는 한 방향으로만 진행하고, 반대 방향으로는 돌아갈 수 없는 바퀴입니다. 이런 톱니의 작동 원리를 무성생식에 적용해 보면, 돌연변이가 축적되면 품질이 나쁜 유전자들이 쌓이는 방향으로 진행하지만, 그게 회복되는 방향으로는 나아가지 않는다는 겁니다. 즉 무성생식으로는 나쁜 유전자를 처리할 방법이 없다는 뜻입니다. 반면 오히려 유성생식에서는 각 부모로부터 온 두 가지 반수체를 섞다 보면 어떤 경우에는 아주 좋고, 어떤 경우에는 나쁜 패를 만들어 낼 수 있을 것입니다. 그럼 좋지 못한 조합을 받은 자식은 자연스럽게 생존하지 못할 것이고, 운 좋게 잘 섞인 유전자 묶음을 받은 자식은 생명을 유지할 수 있게 되는 것이죠. 이것을 밀러의 톱니바퀴 가설이라고 합니다. 요즘과 같이 자식을 몇 명 낳지 않는 사람들에게는 적용하기 어려운 가설이겠죠?

돌연변이와 깊은 관계를 맺고 있는 또 하나는 '붉은 여왕 가설'입니다. 이것은 동화 《거울 나라의 앨리스》에서 붉은 여왕이 앨리스에게 던진 "네가 미친 듯이 열심히 뛰어야 겨우 제자리에 있을 수 있다."라는 말에서 따온 아이디어입니다. 드라마 〈미생〉에서도 나왔던 대사입니다. 평범하게 살고 싶다고 말하는 주인공에게 상대 배우가 "이 세상 대부분의 사람들이 죽어라 열심히 살아 온 결과가 그 평범함이야."라고 말하는 장면이 있었지요. 원래 경제학에서 사용되었던 이 붉은 여왕 가설은 공진화co-evolution를 설명하기 위해 사용된 것입니다. 여우와 토끼 무리가 살고 있는 산골의 동산을 생각해 봅시다. 대략 여우가 백 마리, 토끼가 천 마리 살고 있습니다. 그중 한 마리의 여우가 돌연변이로 '말 근육' 같은 다리를 갖게 됐습니다. 훨씬 더 많은 토끼를 잡아먹게 되고, 암컷에게 인기가 많아서 교미 기회도 많이 갖고 자식도 많이 가질 겁니다. 확률적으로 사냥 능력이 뛰어난 말 근육 여우가 많이 생기겠죠. 말 근육 여우의 비율이 늘어나면 토끼들은 점점 줄어들 겁니다. 그렇다면 토끼는 결국 멸종할까요? 그럴 가능성도 없지는 않습니다. 하지만 거울 나라의 앨리스처럼 죽어라고 뛰어 살아남는 토끼가 몇 마리라도 있다면 그렇지 않은 결과가 생기기도 합니다. 그 토끼들이 번식해서 다시 토끼의 수가 불어나는 겁니다. 사실 우리는 그런 경우만을 현재 시점에서 목격하고 있는 것이랍니다. 한편으론 말 근육 여우끼리도 과당경쟁이 생겨나 토끼를 잡아먹지 못하고 굶어 죽는 여우가 생길 겁니다. 토끼 공급이 충분하지 않은 거죠. 그래서 많이 줄어든 토끼 사이에서 '말 허벅지' 토끼가 태어날 수도 있지 않을까요? 여우가 따라잡을 수 없는 훨씬 빠른 토끼겠죠. 그런 토끼는 점점 자기 자손 숫자를 불려 나갈 겁니다. 아무도 잡아먹히지 않을 것 같죠? 하지만 토끼들끼리도 먹을 풀이 부족해서 숫자가 무작정 늘지는 못합니다. 여우도 약해진 토끼를 먹으면서 살아남겠죠. 이것은 숙주와 기생충의 관계에서도 볼 수 있습니다. 병행해서 늘어나거나, 한쪽이 줄어들면 반대쪽도 줄어들면서 균형을 맞춥니다. 결국 여우와 토끼, 지구상의 생명체 모두는 '따로 또 같이' 진화하고 있다는 말입니다.

◆ 성 선택 이론

유성생식의 특징을 설명하면서 꼭 알아 두어야 할 이론이 있습니다. 찰스 다윈은 한 집단을 이루는 다양한 모습의 개체 중에서 특정 환경에 잘 적응하는 개체가 살아남아 자손을 생산한다는 '자연 선택'이 진화의 메커니즘이라고 설명하면서 당대 지식인들로부터 인정받게 됩니다. 하지만 몇 년 지나지 않아 그는 환경에 잘 적응하는 개체들이 살아남는다고 설명한 자기 이론에 들어맞지 않는 동물들을 발견합니다. 대표적으로 깃털이 화려한 새나 뿔이 엄청나게 큰 초식동물들을 말하는 것인데요. 이 녀석들은 왜 자기를 잡아먹으려는 포식자 눈에 잘 띄는 모습과 행동을 보이는 것인지 설명하기 어려웠습니다. 아무리 봐도 에너지 낭비이고, 포식자를 피해야 한다는 환경에 적응하려는 자세가 없는 녀석들인데 어엿하게 살아남아서 새끼도 많이 낳고 잘 사는 겁니다. 자신의 자연 선택 이론으로는 도저히 설명할 수 없는 경우를 보면서 '저 녀석들은 도대체 어떻게 저럴 수 있지?' 싶었던 것이지요. 사람들도 당연히 예외는 아닙니다.《종의 기원》발표 이후 독자들로부터 쏟아져 들어온 이 의문을 설명하고자 다윈은 '성 선택' 이론을 제안합니다. 오늘날 이를 제2의 진화론이라고 부르기도 합니다.

유전학자 앵거스 베이트만은 "자손을 낳는 데 더 많은 에너지를 투자하는 성^{sex}은 그 반대쪽 성이 차지하려고 경쟁해야 하는 제한된 자원이다."라고 말했습니다. 유성생식을 하는 생명체에서 자손을 낳을

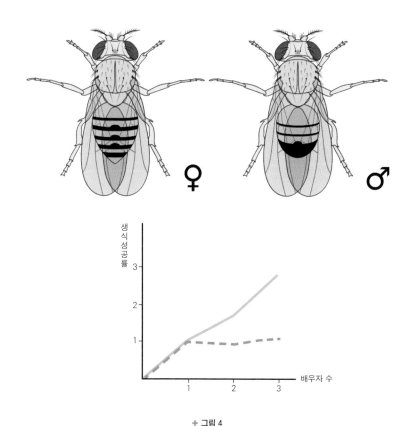

+ 그림 4

베이트만은 초파리를 이용해 다윈의 성 선택 이론을 검증했다. 1948년 베이트만의 논문에서 변형한 배우자 수에 대한 생식성공률을 나타내는 그래프. 굵은 선은 수컷, 점선은 암컷의 결과이다.(Bateman, A. J. 1948. Heredity (Edinb) 2:349-368, Figure 1b, p 362)

때 초기에 더 많은 에너지를 투자하는 쪽은 당연히 난자를 제공하는 쪽, 즉 동물로 치면 암컷입니다. 그래서 대부분의 경우 암컷은 수컷 사이에서 경쟁이 불가피한 대상인 셈이지요. 이 때문에 암수는 서로 다른 방향의 진화 경로를 거치게 됩니다. 암컷은 난자의 질적인 면을

여자	남자
투자 능력 -좋은 재정적 전망, 사회적 지위, 더 많은 나이, 야심, 근면성	생식력, 번식 가치가 높은가? -젊음과 건강, 깨끗한 피부, 두툼한 입술, 작은 아 래턱, 대칭적 신체 특징, 하얀 치아, 상처와 궤양 이 없는 신체, 여성적인 얼굴, 대칭적 얼굴, 평 균적인 얼굴, 낮은 WHR(허리-엉덩이 둘레비, waist to hip ratio)
투자 의향 - 신뢰성, 안정성, 사랑과 헌신의 단서	
육체적 보호 능력 - 몸 크기(키), 용감성, 운동 능력	
훌륭한 양육 가능성 -신뢰성, 정서적 안정성, 친절, 아이들과의 긍정 적 상호 작용	부성 확실성의 보장 여부 - 결혼 후의 성적 충실성
배우자와의 조화로움 - 비슷한 가치, 나이, 성격	기타 - 친절, 의존 가능성, 조화 가능성
건강 - 육체적 매력, 대칭성, 건강, 남성성	

✛ 표 1
데이비드 버스의 진화심리학적 관점에서의 성 선택 전략 지표

최대한 좋게 하는 방향으로 진화하고, 수컷은 최대한 암컷에게 접근하고자 과시적인 형질을 만들어서 암컷에게 선택을 받으려는 노력을 합니다. 암수가 서로 다른 진화 전략을 활용했다는 것을 알아차릴 수 있지요. 이것이 성 선택 이론을 현대적 의미로 설명하는 '베이트만의 원리'입니다. ✛그림 4

성 선택은 두 가지 방식으로 작동한다고 생물학자들은 말합니다. 하나의 방식은 암컷을 차지하고자 수컷끼리 싸운다는 '동성 선택'입니다. 예를 들어 보겠습니다. 커다란 수사자 두 마리가 암컷 한 마리

빅뱅에서 인간까지_ 우주, 생명, 문명

를 놓고 목숨을 걸고 싸웁니다. 이때 암컷은 특별히 관여하지 않고 구경합니다. 승리한 수컷이 암컷의 무리 또는 거대한 암컷 집단^{harem}을 취할 권한을 갖게 됩니다. 이때 수컷과 수컷이 경쟁을 통해 짝을 취하게 된다고 해서 동성 선택이라고 합니다. 동성 선택이 암컷 사이에서 작동하는 경우는 아직 알려져 있지 않습니다. 또 다른 하나는 대부분의 고등동물에서 이루어진다고 설명되는 '이성 선택'입니다. 주로 수컷의 매력을 무기로 비물리적 경쟁을 하는 가운데 암컷이 나름의 판단으로 수컷을 고르게 되는 과정입니다. 물고기와 새를 포함한 여러 고등동물의 수컷이 외적 매력을 발산하는 모습은 우리가 익히 알고 있는 사실이지요. 이런 동물의 암컷은 사려 깊고 까다로운 관찰과 평가를 통해 장기자랑에서 실력을 보여 주는 수컷에게 기회를 허락합니다. 복어나 정원 가꾸기 새의 집짓기 능력, 여러 수컷이 보여 주는 신체적 장식물을 보면 이성 선택의 속성이 정말 뚜렷하게 나타납니다. 저명한 진화심리학자 데이비드 버스가 정리한 가임기 남자와 여자의 성 선택 전략에서도 확인할 수 있습니다.✦표1

이제껏 유성생식의 많은 장점을 살펴보았는데요. 그러면 유성생식의 단점은 무엇일까요? 먼저 무작위적으로 자식의 유전자가 결정되기 때문에 위험도가 높다고 할 수 있습니다. 즉 멋진 엄마와 아빠가 만나도 멋진 자식이 나온다는 보장이 없다는 것입니다. 또한 매독, AIDS와 같은 치명적인 성병 감염 가능성이 있고, 좋은 짝을 차지하려면 금전적, 시간적, 감정적 비용이 많이 발생합니다.

자신에게 알맞은 짝을 찾아내고 동의를 얻어 서로의 유전 정보가 훌륭하게 조합된 쓸 만한 자손을 낳는 일은 정말로 쉬운 일이 아닙니다. 결국 우리는 이 지난하고 어려운 과정에서 선택받은 최상의 결과물인 셈입니다.

유전의 분자생물학

유전의 기본 원리에 대해 조금 더 알아보겠습니다. DNA는 정보 저장 매체입니다. 우리 유전체에 A, G, T, C로 구성된 30억 개의 염기쌍이 나열되어 만들어진 유전 정보가 모든 정보의 핵심입니다.

이 정보의 복제가 생명의 가장 중요한 특징입니다. 하지만 복제가 잘 이루어진 뒤 실제 생명 현상을 자세히 들여다보면 DNA에 담긴 정보가 실현되는 과정도 매우 중요하다는 것을 알 수가 있습니다. DNA란 큰 도서관 같은 것입니다. 리포트를 쓰려고 필요한 책의 일부분을 복사해서 집으로 들고 온다면, 이것을 RNA라고 생각하면 됩니다. DNA 전체 영역을 가져올 수는 없으니 DNA 일부분을 복사한 RNA를 기준으로 편집을 하게 되고, 리포트의 최종본이 바로 단백질입니다.

생명이 구현하려는 모든 현상은 궁극적으로 두 가지 목적이 있습니다. '정보가 복제되거나' 혹은 '단백질 구성체로 실현되는 것'입니다. 인간의 세포 하나에는 30억 개의 DNA 정보가 들어 있다고 했죠.

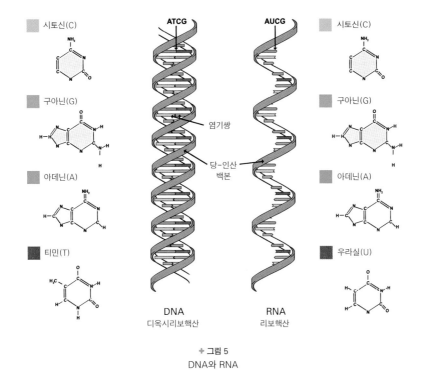

시토신(C)

구아닌(G)

아데닌(A)

티민(T)

ATCG

AUCG

염기쌍

당-인산
백본

DNA
디옥시리보핵산

RNA
리보핵산

시토신(C)

구아닌(G)

아데닌(A)

우라실(U)

✦ 그림 5
DNA와 RNA

우리 뇌 세포나 발가락 세포나 동일한 염기서열 순서를 가지고 있습니다. 발가락이든 두뇌든 같은 순서의 유전 정보를 가졌다? 그런데 어느 세포는 발가락이 되고, 어느 세포는 뇌세포가 될까? 그 이유는 머리에서만 발현하는 유전자가 있고 발가락에서만 발현하는 유전자가 있기 때문입니다. 어떤 RNA를 발현시킬 것인지에 따라서 신경 세포, 근육 세포, 혹은 장 세포가 만들어지는 과정을 겪게 됩니다.

◆ 유전체와 유전체학

하나의 단백질을 만들 수 있는 DNA 정보, 이것을 유전자^{gene}라고 부릅니다. 평균 1천 개의 DNA가 모여 하나의 유전자를 만들게 되는데요, 수천, 수만 개의 유전자를 모두 모으면 'gene'에다가 '-ome(모든 것)'을 붙여서 게놈^{genome}이라고 합니다. 이 게놈을 공부하는 학문을 '유전체학'이라고 말합니다.

진핵생물체의 유전 정보를 저장해 놓은 세계 여러 기관의 데이터베이스에는 수많은 유전체 정보가 들어 있는데, 그중에는 유전자의 종류와 개수가 사람보다 많은 동물도 흔합니다. 하지만 유전체의 크기나 유전자의 개수 같은 것들이 그 생물의 지적 능력이나 고등한 정도에 비례하는 것은 아닙니다. 경향성이 있는 것은 사실이지만요. 유전체학은 유전체 안에 어떤 유전자가 들어 있고, 유전자와 유전자 사이의 상호 작용은 어떻게 이뤄지는지 연구합니다.

유전체학은 그렇게 오래된 학문이 아닙니다. 과학자들은 2001년도에 들어서 인간 게놈 프로젝트(Human Genome Project, 우리나라를 비롯해 15개국이 인간 DNA 전체 서열 구조를 판독하고자 수행한 공동 연구. 인간 유전자 수가 대략 2만 5천 개로 예상보다 적은 수이며, 인간 유전체의 95% 이상은 기능을 알 수 없는 DNA 조각이라는 등의 연구 결과를 얻었다. 유전체학을 비롯한 다양한 생물정보학이 태동하는 계기가 되었다)를 통해 처음으로 인간 유전체를 읽게 되었습니다. 다 읽어 보니 30억 개 이상의 AGTC 염기쌍으로 이루어졌음을 비롯해 어떤 유전자가 들어 있는지도 알게 됐지요. 처음에는

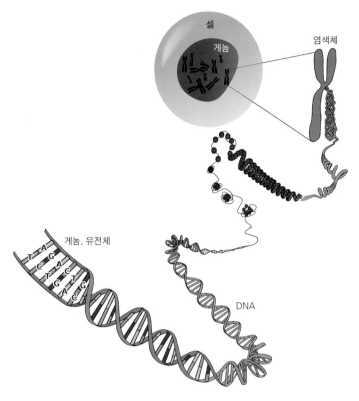

게놈

염색체

게놈, 유전체

DNA

✛ 그림 6
진핵세포 게놈 구성 모식도

이를 모두 읽어 내는 데 대략 10조 원 정도 들 것으로 예상했는데 3조 원으로 해결되었습니다. 그 이후 수백 명의 유전체를 더 읽고 나서 알게 된 가장 놀라운 사실은 인간마다 유전체에 큰 차이가 없다는 것입니다. 우리처럼 평범한 사람과 역사상 최고의 스포츠인이라고 불리는 마이클 조던이나 우사인 볼트는 인종이 다르지만 유전체 차이는 0.5%

255

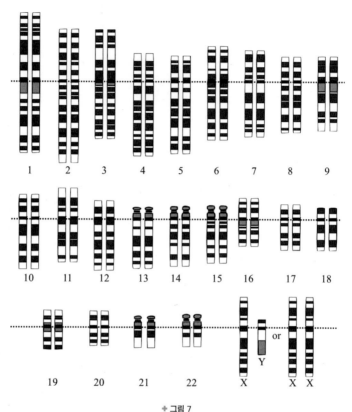

인간 게놈 모식도. 인간 게놈은 3,200Gbase, 즉 32억 염기쌍으로 구성된다.

밖에 되지 않습니다. 같은 국적 사람끼리는 대략 0.1% 정도의 차이만
이 존재한다는 것을 알게 되었습니다. 결국 나와 내 옆 사람이 다른
것은 그 0.1%의 염기서열 차이에 있는 것입니다. 놀랍지 않습니까?

　게다가 인간 유전체를 분석하는 비용은 해가 갈수록 줄어들고 있
습니다. 3조 원이던 분석 비용이 이제는 백만 원가량으로 저렴해졌

습니다. 이렇게 비용이 획기적으로 줄어든 이유는 바로 '차세대 염기서열 분석기'(DNA 염기서열 분석법은 1970년대에 처음으로 발명되어 분자생물학 발전에 크게 공헌했다. 최근에는 많은 수의 DNA 조각을 병렬로 처리함으로써 분석 속도와 비용 면에서 획기적 개선을 이룬 차세대 염기서열 분석법이 개발되었으며, 개인의 유전 정보 분석뿐만 아니라 정밀 의료로 발전하는 기반 기술이 되었다)라는 장비의 출현 덕분입니다. 우리는 왜 이 기계를 차세대라고 부를까요? 이런 기술이 가능하다는 것은 20년 전부터 알고 있었습니다. 다만 설마 우리가 그 기술을 이용한 기계를 살아 있는 동안 써 볼 일이 있을까 의심스러워 차세대라고 불렀던 것입니다. 우리 자식이나 그런 기계를 사용하겠지 하면서 말이지요. 드론을 타고 등하교나 출퇴근하는 날이 올 것 같습니까? 드론에 물건을 싣고 정확한 위치에 떨어뜨리는 기술이 있지만, 과연 드론을 직접 타고 다닐까 의심하지요? 우리 예상보다 그 시기는 빨리 올 수도 있습니다. 과학자들이 드론 승용차처럼 느끼던 이 차세대 염기서열 분석기는 2000년대 중반 어느 날 미국에서 시판되기 시작했고, 늘 생명과학 기술이 뒤쳐져서 속상했던 한국 과학자들도 곧 몇 대를 들여옵니다. 생명과학 경쟁에서 한국 과학자들이 종종 미국에게 뒤쳐지는 것은 좋은 장비가 없는 이유도 크다고 생각했기 때문입니다. 지금 우리나라에는 차세대 염기서열 분석기가 250대나 됩니다. 중국에는 1만 대가 넘게 있고, 한 대학에 100대가 있기도 합니다. 그만큼 개인의 유전체를 읽는 것이 쉽고 보편화되었습니다. '1천 달러 게놈One Thousand dollar genome'이라는 표현이 있습니다. 한 사람의 유전 정보를 다 읽는 데 1천 달러, 즉 100만 원 정도면 되는 시대에 돌입했다는 겁니다. 10년 전 만해도 한 사람의 유전 정보를 읽는 데 3조 원 정도 들었는데, 지금은 100만 원이면 읽을 수 있는 시대입니다.

유전체를 읽게 되면 어떤 것들을 알 수 있을까요? '23andMe'라는 회사의 키트를 사용해서 간단하게 유전자 검사를 한 한 남성의 사례를 표로 소개합니다. 신뢰도(confidence값)가 높은 정보만 가져왔습니다. 먼저 '술 먹고 얼굴이 빨개지는 경향Alcohol flush reaction'에 관련된 유전자를 검사하니 없다고 나왔군요. 술을 잘 마시는 남성이니 당연한 결과지요. 쓴맛을 잘 느낄지 검사했더니 잘 못 느낄 거라고 나왔습니다. 이 남성은 안주도 없는 소주를 들이키면서 "오늘은 술이 달다."라는 소리를 종종 한답니다. 한국 사람이니 금발일리도 없지요. 귀지earwax는 건조할 것으로 나옵니다. 대부분의 아시아인은 귀지가 건조한 편입니다. 유럽인은 축축한 귀지를 가진 사람들도 많습니다. 눈색깔eye-color 검사를 하니 약간 갈색이라고 하네요. 머리칼의 곱슬거림hair-curl 정도도 유전적으로 결정됩니다. 유당 분해 능력lactose-tolerance도 보이는군요. 이 능력은 우유를 잘 소화하느냐, 유당을 잘 분해하느냐를 말합니다. 잘 소화하지 못하는 사람들이 우유를 마시면 화장실 가서 내리 설사하는 거죠. 말라리아에 대한 저항력도 유전자에 정해져 있습니다. 대머리가 될 확률은? 이건 유전자 검사가 가르쳐 주지 않아도 알 수 있습니다만, 거꾸로 유전자 검사가 참 잘 예측한다는 것

NAME	CONFIDENCE ▲	OUTCOME
Alcohol Flush Reaction	★★★★	Does Not Flush
Bitter Taste Perception	★★★★	Unlikely to Taste
Blond Hair	★★★★	<1% Chance
Earwax Type	★★★★	Dry
Eye Color	★★★★	Likely Brown
Hair Curl ✄	★★★★	Slightly Curlier Hair on Average
Lactose Intolerance	★★★★	Likely Intolerant
Malaria Resistance (Duffy Antigen)	★★★★	Likely Not Resistant to One Form of Malaria
Male Pattern Baldness ♂	★★★★	Increased Odds
Muscle Performance	★★★★	Unlikely Sprinter
Non-ABO Blood Groups	★★★★	See Report
Norovirus Resistance	★★★★	Not Resistant to the Most Common Strain
Red Hair	★★★★	<1% Chance
Resistance to HIV/AIDS	★★★★	Not Resistant
Smoking Behavior	★★★★	Typical

✚ 그림 8
23andMe 사에서 시행한 유전자 검사 결과 사례

은 그 남성의 머리를 보고 확인할 수 있었습니다. 근육 활성도^{muscle-} performance 조차 정해져서 나옵니다. '너는 운동을 열심히 해 봐야 말 근육이 안 된다' 이런 말이지요. 그리고 노로바이러스에 대한 저항력도 타고납니다. 노로바이러스가 우리 몸 세포와 처음 만났을 때 열쇠와 자물쇠처럼 서로 맞닿는 세포막 단백질이 있는데, 이게 있는 사람이 있고 없는 사람이 있습니다. 심지어 AIDS를 일으키는 HIV(2형)의 감염성도 유전적으로 정해져 있습니다. 흡연도 경향성이 있고요. 쓴맛을 잘 못 느끼거나 니코틴을 선호하는가 등등 유전자 검사로 많은 정보를 알 수 있습니다.

어떻습니까? 당신의 유전 정보도 알고 싶나요? 실제로 유전자 검사를 하면 소개한 것보다 훨씬 더 다양하고 자세한 정보를 알아낼 수 있습니다. 평생 딱 한 번 100만 원을 투자하면 됩니다. 무심히 지나치기가 쉽지 않지요? 영화배우 앤젤리나 졸리는 유전자 검사를 수행했더니, 유방암 발생 확률이 87%, 난소암 발생 확률이 50%라고 나왔습니다. 그래서 당장 암이 생기지 않았는데도 예방적으로 유방 절제술을 받았습니다. 자신의 일이 되면 어떻게 하겠습니까? 본인이 아니고 엄마나 딸이 이 확률이라면 어떻게 권하겠습니까? 남자의 경우 무릎 암이 생길 확률이 왼쪽은 87%, 오른쪽은 50%이라고 상상해 보세요. 지금 자르면 괜찮고, 자르지 않는 대신 차후에 암으로 진행되면 곧 죽는다고 상상해 보는 거죠. '모르는 게 약'일 수도 있겠지만, 어떤 판단을 내리든 이런 정보를 미리 알고 있는 것은 예방적으로 좋은 일이 아닐까요?

하지만 손쉽게 유전체 서열을 알아낼 수 있다고 해서 생명 현상 전체를 이해한 것은 아닙니다. 이런저런 유전자가 종종 연계해 있더라는 것이죠. 내연기관의 동역학을 모르는 사람이 자동차를 낱낱이 분해했다고 해서 자동차의 작동 원리를 이해한 건 아니죠. 엔진이 어떻게 폭발하고, 그 폭발력이 어떻게 바퀴로 전달되는지를 이해하는 건 단순히 나열된 부품들을 보는 것과는 다릅니다. 물론 유전체 정보를 알게 된다면 많은 도움이 되는 것이 사실입니다.

여기서 우리는 유전 정보의 작동 원리 중 중요한 한 가지를 짚고 가야 합니다. 생물학자들이 두루 강조하는 말이 있습니다. 'DNA는 설계도일 뿐이지 실제 건축물은 아니다.' 즉 특정 유전 정보를 갖추고 태어난 생물일지라도 그 개체가 어디에 살고 무엇을 먹느냐에 따라 구현된 실체는 다르다는 겁니다. 예를 들어 아돌프 히틀러가 오늘날 태어난다고 합시다. 그 악명 높은 히틀러가 될 수 있을까요? 저런 실체는 DNA에 저장된 것이 아닙니다. 어떤 환경에서 어떤 영향을 받는지, 스스로 어떻게 결단을 내리고 판단해서 선택을 하느냐에 따라서 주체가 형성되는 것입니다.

사람의 실체는 어떻게 다르게 결정될 수 있을까요? 'You are what you eat!'라는 영어 표현이 있습니다. 사람은 무엇을 먹느냐에 따라 실체가 결정된다는 말이지요. 또한 어떤 장내 미생물을 갖느냐에 따라 질병에 더 잘 걸릴 수도 있고, 살이 더 쉽게 찔 수도 있다는 점에 이제는 과학자들도 동의합니다.

유전자만으로는 결정될 수 없는 개체의 특성은 사회적 환경 요인에 영향받습니다. 미생물 외에 수많은 환경 요인에도 우리의 삶은 영향을 받고 있습니다. 완전히 동의할 수 있는 내용인지는 모르겠지만, 사람 삶의 질의 90%는 태어난 국가에 달려 있다고 합니다. 만약 아프리카나 아마존 오지에 태어난다면 어떨까요? 어떤 교육도, 기본적인 재화도 제공받지 못한다면 어떨까요? 물질적으로 풍족하게 산다는 것은 꽤 낮은 확률입니다. 지역만의 문제는 아닐 수 있습니다. 같은 나라에 태어났어도 어느 집안에서 태어났는지에 따라서 큰 차이가 날 수 있지요. 어떤 지도자를 뽑았는지에 따라 삶이 어떻게 달라지는

지도 우리는 충분히 느껴 봤습니다. 화석 연료의 대대적인 활용이 오늘날 우리의 문명을 꽃피우는 데 기여했지만, 세계 곳곳에서 일어난 유조선 사고를 보면 어떤 기업들과 함께 살아가는지에 따라 받을 직간접적인 영향을 피할 수 없습니다. 이처럼 생명과학에서 말하는 환경 조건이란 자연환경만을 의미하는 것이 아닙니다.

◆ 유전자 편집

현재는 유전자를 자유롭게 읽을 수 있는 시대입니다. 유전자를 통해서 우리는 손쉽게 아주 많은 정보를 얻을 수 있지만, 그렇다고 생명에 대해 모든 걸 아는 건 아닙니다. 그럼에도 우리는 이제 유전체를 아주 신속하게 잘 읽을 뿐만 아니라 유전체를 고칠 수도 있게 되었습니다. 혹시 크리스퍼^{CRISPR}라고 들어 보셨나요? 이 단어가 세상에 나온 지 몇 년 되지 않았습니다만, 현재 생물학계에서 가장 매력적인 기술로 평가받고 있습니다. 기존에 유전자 편집에 사용되던 효소들(제한효소)은 인식하는 염기의 수가 6개 정도로 짧아서 사람처럼 긴 염기서열을 가지고 있는 유전체에 적용하면 반드시 원치 않는 곳도 동시다발로 자르게 됩니다. 그런데 20개 정도의 서열을 인식할 수 있는 크리스퍼 활용 기술은 30억 개 서열 중에서 원하는 한 군데만 깔끔하게 잘라내는 겁니다. 이제는 특정 유전자를 편집하는 작업을 아주 정확하고 쉽게 할 수 있게 된 것이지요.

유전자 편집 사례들을 살펴볼까요? 2013년도 이후로 다양한 생명

262

체의 유전자가 편집되었습니다. 쌀, 오렌지, 담배 등의 식물과 개구리, 토끼, 물고기 등의 동물에서도 성공적으로 유전자가 편집되었습니다. 나중에는 뿔이 나지 않는 소를 만들어 젖을 더 많이 생산하도록 변형하기도 했습니다. 그러면 크리스퍼 기술로 사람의 유전자도 편집할 수 있을까요? 사람은 더 쉽습니다. 모든 동물 중에서 인간 배아를 다루어 본 경험이 가장 많이 축적되었기 때문입니다. 사람의 수정란에 크리스퍼 가위를 집어넣는 것은 매우 쉬운 기술 중 하나입니다.

결론적으로 지금은 인간 유전자도 마음대로 고칠 수 있습니다. 심지어 특허까지 나와 있습니다. 앞에 소개한 23andMe라는 회사가 벌써 '디자이너 베이비'라는 특허를 냈습니다. 사실 기술적으로는 어려운 문제가 아닙니다. 현실이 그렇다면, 여러분은 자식에게 유전자 편집을 할 생각이 있나요? 생각이 있다면 이 문제에 대해 법적으로 허용하자고 주장하고, 선거에서 그에 동의하는 정책을 내는 후보를 선출한다면 법적으로 허용됩니다. 반대로 이런 일을 법으로 막자는 후보를 고르면 불가능하게 될 것입니다. 이건 우리 사회의 의견에 달려 있습니다. 만약 여러분이 관심을 두지 않는다면 우리 의지와 상관없는 방향으로 정책이 만들어질 수 있다는 점을 꼭 알아 두어야 합니다.

유전자 편집 기술을 질병과 연관해서 생각해 볼까요? 〈뉴잉글랜드 저널 오브 메디슨New England Journal of Medicine〉이라는 유명한 의학 저널에 2006년에 발표된 논문을 소개합니다. 콜레스테롤 대사에 관여하는 PCSK9이라는 유전자가 있는데, 북유럽 사람 중 8%는 이 유전자가 망가져 있으며, 흥미롭게도 이 유전자가 작동하지 않으면 동맥경화에 걸리지 않는다는 것을 밝힌 것입니다. 즉 어떤 유전자는 없는 것이 건강에 더 도움이 된다는 것입니다. 과거 인류가 생존하던 시기에는 조금만 먹어도 살이 찌고, 오랫동안 그 살을 보존하는 것이 진화적 성공에 더 도움이 되었을지 모르지만, 음식이 충분해진 현대에는 꼭 그렇지가 않습니다. 현대의 환경 조건에서는 없는 편이 더 낫다고 알려진 여러 유전자들을 크리스퍼 기술로 없앨 수도 있을 것입니다. 그렇다면 다음 세대를 위해 유해하다고 생각되는 유전자를 편집해 주어야 할까요? 그런데 지금 우리가 유해하다고 판단한 유전자는 정말 유해한 것일까요? 한 가지 명심해 둘 것이 있습니다. 지난 역사에서 자연 선택된 형질(또는 유전자)은 언제인가 재선택의 대상이 될 수 있다는 점이지요.

또 다른 시선을 소개해 봅니다. 1970년대 〈동아일보〉에 실린 〈시험관 아기 기술 들여올까?〉라는 기사에는 '과학적 개가 될망정 이런 기술을 적용할 수 없다'라는 표현이 나옵니다. 인간 존엄성이 파괴된다거나, 일부다처제가 우려된다는 내용도 있습니다. 그런데 지금은 신생아 40명 중 1명이 시험관에서 태어납니다. 이 자리에 200명의 사람이 있다면 확률적으로 5명 정도는 시험관에서 태어났을 겁니다. 그나저나 일처다부제는 왜 걱정을 했던 것일까요? 당황스럽지만 재미있는 시각입니다. 이 기사가 나온 지 10년 뒤 같은 신문에서는 '불임부부에게 희망을 주는 시험관 아기 시술 의사선생님 아무개'를 올해의 인물로 선정합니다. 10년 만에 입장을 확 바꾼 겁니다. 같은 기술도 시대에 따라 전혀 다르게 평가하고 있다는 것을 우리는 명심해야 합니다.

현재 크리스퍼를 이용한 인간 유전체 편집에 관해서도 찬성과 반대가 첨예하게 맞붙고 있습니다. 기술은 이미 존재합니다. 국제적으로 법 의학자, 윤리학자, 생물학자들이 2015년 12월에 모여서 회의를 했습니다(International summit on human gene editing, Washington D.C. 2015년 12월 1~3일). 이때 수많은 논의가 이루어졌습니다. 수정란의 유전자 편집에 찬성하는 의견과 특정 유전자 편집에 따라 다른 유전자가 영향받을 수 있는 위험도를 알 수 없기 때문에 반대하는 의견도 있었습니다. 회의의 결론은 '인간 유전자 조작 기술을 당분간은 마음대로 활용하지는 못하게 하자'라는 것과 '조만간 다시 모여서 크리스퍼로 유전체를 편집하는 기술을 논의해 보자'였습니다. 여러분의 지속적인 관심과 과학적, 사회적 고민이 모두 필요한 시점입니다.

이제까지 제한된 기간에만 생존할 수 있는 한 생명체는 번식을 통해 자신의 존재를 연속시킨다는 것, 그 전략으로 홀로 진행하는 무성생식과 짝을 찾아 협동적으로 진행하는 유성생식을 살펴보았습니다. 다세포생물이나 고등생물이 단세포생물이나 하등생물보다 진화적으로 성공했다고 단정할 수는 없지만, 오늘날 관찰되는 생물의 다양성에 있어 유성생식의 기여도가 매우 큰 것이 사실입니다.

번식 과정에서 가장 중요한 사건은 조상 개체의 유전 정보를 자손에게 잘 넘겨주는 것입니다. 현존하는 지구상 모든 생물에게 각자의 설계도가 있고, 이 설계도, 즉 생명의 정보가 체현된 것이 바로 몸입니다. 하지만 살아가는 시간 동안 접하게 되는 수많은 환경 요인들이 몸의 생존과 이후의 진화적 성공에 직간접으로 개입한다는 사실도 새겨 둘 필요가 있습니다.

이처럼 고유의 유전 정보를 지닌 각각의 개체들은 그 규모가 크건 작건, 추운 곳이든 더운 곳이든, 건조한 지역이든 물속이든, 나름의 집단이나 사회를 구성하며 살아갑니다. 결국 같은 종 내에서 섞여 살지만, 그 안에서도 한 개체는 다른 개체에게 남이 될 것이고, 각각의 종 역시 공유하는 공간에서 다른 종과 부딪히며 살아가는 일은 거의 숙명입니다. 그렇다면 각 개체들의 유전적 정체성은 과연 어떻게 지탱되어 왔으며, 서로 다를 수밖에 없는 개체와 종을 엮고 있는 그물망은 그들의 생존에 어떻게 관여해 왔을까요?

CHAPTER

개체의 정체성과
개체 간 상호 작용

개체의 정체성
개체 간 상호 작용
생명체의 공존, 생명체 다양성의 시작

정해진 수명을 살아가는 생명체는 생식을 통해 자신의 유전자를 다음 세대로 전달함으로써 생명의 연속성을 갖게 됩니다. 생명 연속의 전략인 유전자 전달 과정, 즉 유전의 과정과 의미 그리고 최근 뜨거운 관심을 받고 있는 유전자 편집에 대해서 이미 살펴보았습니다. 이번에는 개별 생물체의 정체성과 개체 간 상호 작용에 관해서 알아보겠습니다.

세균의 크기는 불과 몇 마이크로미터(μm)입니다. 천 분의 1mm지요. 맨눈에는 당연히 안 보입니다. 조금 전 손을 씻었다면 1억 마리 정도, 손을 안 씻었으면 백억 마리 정도의 세균이 우리 손에서 돌아다니고 있습니다. 눈에 안 보이는 걸 오히려 감사해야 될 정도입니다. 사람의 난자는 100μm 정도, 0.1mm 정도로 육안으로도 관찰 가능합니다. 이러한 난자 하나를 만들고자 정말 작은 원자들이 모여 아미노산이 구성되고, 그 아미노산이 모여서 단백질 분자가 만들어집니다. 이런저런 단백질들과 핵산, 지질 등이 모이면 리보솜이나 미토콘드리아와 같은 세포 내 소기관의 모습을 갖추게 되고, 이런 소기관들이 모여서 난자 하나를 구성하게 됩니다.

이렇게 지구상의 모든 생명체는 물질의 조직화로 구성되지만 크기와 모양은 매우 다양하다는 것을 알 수 있습니다. 또한 핵산의 염

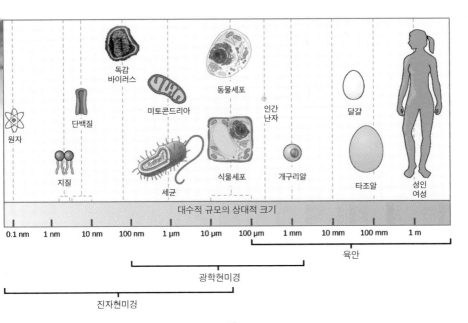

＋ 그림 1
원자부터 사람까지 생명을 구성하는 성분들의 크기와 형태

기서열처럼 모든 생명체는 동일한 유전적 언어를 사용하고 있고요,
게다가 각각의 생명체는 단독으로는 절대 존재할 수 없고, 상호 의존
적인 그물망을 이루고 살게 됩니다.

개체의 정체성

생명체의 그물망을 이해하려면 일단 기본적인 분류 지식이 있어

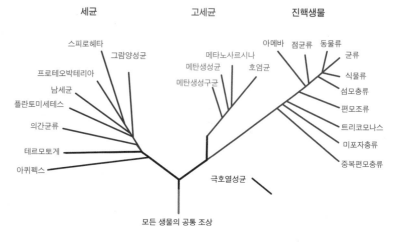

세균   고세균   진핵생물

＋ 그림 2

리보솜을 구성하는 작은 단위 rRNA 유전자를 기반으로 거리를 계산한 세포성 생명체의 계통수

야 합니다. 아프리카 세렝게티 공원의 생태계를 이해하려면 적어도 사자와 얼룩말을 구분할 수 있어야 하는 것과 마찬가지입니다.

지구상의 생명체는 세균, 고세균, 진핵생물이라는 세 개의 영역 domain 으로 나누어집니다. 〈그림2〉의 생명의 나무 tree of life 에는 바이러스가 존재하지 않습니다. 앞서 설명한 것처럼 바이러스들이 세포성 생물과 동일한 생명의 언어를 사용하는 것은 맞지만, 여기에 나오는 세포성 생물들과 공유하고 있는 유전자가 미미하기 때문에 유전적 계보를 기준으로 구축한 현재의 생명의 나무에는 함께 그려 넣기가 아직까지는 매우 어렵지요.

빅뱅에서 인간까지_ 우주, 생명, 문명

◆ 생물 종이란

개체의 정체성은 태어날 때부터 가지게 된 '유전적 배경'과 생존 과정에서 부딪히는 '환경(자연+사회) 요인'의 통합적 결과입니다. 물론 그 사이에 각 개체마다 생존을 위한 끝없는 선택 과정도 존재하겠지요. 따라서 실질적으로는 각 개체의 정체성이 중복될 확률은 거의 없습니다. 모든 생명체 각각은 고유성을 보유한다고 말할 수 있습니다.

종species이라는 용어는 추상적인 개념입니다. 구체적인 개체를 일컫는 개념이 아니라, 추상적으로 어떤 생명체의 그룹을 묶어 둔 것을 종이라고 말합니다. 전통적으로는 유전적 정체성으로 구분돼서 생식적인 격리로 귀결된다고 알려졌지만, 사실 생식적 격리라는 현상도 항상 경계가 명확한 것은 아닙니다. 호랑이와 사자가 교미하면 자식이 태어납니다. 서로 다른 종으로 분류하지만, 그들 사이에 완벽한 격리가 이뤄지는 것 같지는 않습니다. 식물에서는 A와 B는 수정을 하고, B와 C도 수정을 하는데, A와 C는 수정을 하지 못하는 경우도 종종 보고됩니다. 즉 생식으로 종을 구분하는 방법이 항상 매끄럽게 적용되지는 않습니다. 그래도 유전적 동질성이 높은 개체 그룹을 종이라고 불렀고, 비슷한 종끼리 속genus, 비슷한 속끼리 과family로 묶었기 때문에, 영역에서 출발하여 종 쪽으로 나눠 갈수록 유전적 동질성이 커지는 것은 당연합니다.

예전에는 형태와 생식적 격리로 종을 구분했습니다만, 현대에는 유전 정보를 따져서 종을 구분하고 있습니다. 그럼에도 대체적으로

271

는 현대적 분류가 전통적 분류에 많이 부합됩니다. 하지만 잘 들어맞지 않는 경우에는 새로운 종이라고 발표하기도 합니다. 모습으로 보아 매우 가까운 줄로 알았는데 유전자를 뒤져 보니 그게 아니라는 연구 결과도 나옵니다. 분류학은 원래 동식물을 대상으로 시작했지만, 원핵생물과 바이러스에 대한 분류를 포함해 유전 정보를 가장 중요하게 고려하는 것이 현대 생물학의 추이입니다.

♦ 개체의 정체성과 자연선택

'적자생존survival of the fittest'이라는 말은 일반인이 생물의 진화를 이야기할 때 아마 가장 흔하게 거론하는 표현일 것입니다. 간결하고 본질을 꿰뚫는 듯한 이 표현은 찰스 다윈의 자연선택 이론에 나오는 말도 아닌데다, 사실은 잘못 사용한 표현이지요. 다윈의 친구 중 한 사람인 토머스 헉슬리가 이런저런 장소에서 다윈의 자연선택 이론을 강연할 때 즐겨 쓰곤 했는데, 바르게 고쳐 말한다면 'survival of the fitter'라고 해야 맞습니다. 그 이유는 한 집단(동종) 내 여러 개체 중 가장 뛰어난 형질의 누구 하나가 생존에 성공하고 나머지는 모두 도태된다는 뜻이 아니기 때문입니다. 주어지는 환경 조건에 상대적으로 조금 더 낫게 적응할 수 있는 다수의 개체들이 살아남아 궁극적으로 번식에 성공한다는 것이 자연선택의 개념입니다. 거의 160년이나 된 이 오해가 현재 우리 사회에서도 지속되고 있다는 것을 보면 인간의 선입견과 편견이 얼마만큼 큰 영향력을 지니는지 실감나지 않을까요?

어쨌든 다윈의 이론에 따르면 자연의 선택 대상은 한 집단을 구성하는 개개의 개체들이라는 얘기가 됩니다. 이 말을 뒤집어 보면 생존에 성공한 개체가 선택을 받은 것이고 그 개체들이 자손을 낳는 것이니 결국 특정 개체가 진화적으로 성공했다는 결론이 되는군요? 그런데 생물학자들은 한 개체가 진화한다는 표현을 쓰지 않습니다. 그 대신 그 개체가 속한 한 집단의 유전자 풀^{gene pool}이 변화했다고 말하고, 이러한 변화의 과정을 생물적 진화라고 표현하지요. 즉 자연 선택 대상은 각각의 개체이지만, 진화는 집단 수준에서 관찰된다는 말입니다. 다시 말해 우리 한 사람 한 사람은 같은 종에 속하며 최소 99.5% 이상의 유전 정보를 공유하고 있기 때문에 특정한 개인의 생식적 성공이 그 개인이 가진 유전 정보 전체를 대변하지는 않는다는 뜻이지요. 몸에 털이 상대적으로 많은 친구에게 "넌 진화가 덜 됐구나."라고 놀리거나 사랑니가 덜 난다고 해서 "난 진화가 잘 됐다." 하고 자랑하는 사람은 지적 진화가 덜 된 것으로 취급받아 마땅합니다.

그러고 보니 앞에서 강조했던 개체의 고유성이 갖는 의미가 다소 흐려지는 듯합니다. 어찌 된 일일까요? 사실 같은 종 내의 개체들이 갖는 고유성은 분명히 존재하지만, 그들 사이에 나타나는 차이는 그다지 크지 않습니다. 그래서 같은 종이지요. 그러나 이런 차이에 의한 다양성이 없다면 환경 조건이 달라지는 상황이 되었을 때 누군가는 생존하게 될 확률이 사라질 수 있다는 것입니다. 그때 생존한 내이웃은 적어도 내 유전 정보의 99.5% 이상을 후대에 넘겨줄 것이니나 자신의 연속성을 상당 부분 보장받는 셈이 됩니다. 이처럼 한 집단 내의 개체들은 서로 간에 심각한 생존경쟁을 하는 것처럼 보이지만, 결과적으로는 서로 뗄 수 없는 관계에 놓인 것이지요. 이쯤 되면 '네 이웃을 사랑하라'라는 옛 성인의 말씀은 상당한 과학적 진실을 담고 있는 것 같습니다.

개체 간 상호 작용

집단 내에서 일어나는 개체 간 상호 작용이 각 집단마다 일어나고 있다면, 한 집단의 내부 구성원들은 시간이 갈수록 균질해지겠군요. 그렇다면 서로 다른 집단 사이에는 그 구분이 점점 뚜렷해지겠지요? 과학자들은 이를 종이 분화하는 원동력으로 이해하고 있습니다.

그럼 이제 유전적 거리가 다소 먼 개체들, 즉 서로 다른 종 사이의 정체성에 대해 말해 봅시다. 개체 간 상호 작용 중에서 가장 중심적으로 거론되는 현상이 바로 면역immunity입니다. 한 종의 개체가 가지고 있는 유전 정보를 후대에 실수 없이 전달해야 하는데, 다른 종의 개체에 의해 유전 정보가 왜곡되는 일이 발생한다면 큰일이겠죠? 예전에는 감염성 질병에 걸렸다가 회복된 사람이 같은 질병에 다시 걸리지 않게 되는 현상을 면역이 되었다고 말했습니다. 면역이라는 말의 본 뜻은 'free from~'입니다. 질병으로부터 자유로워졌다는 말이지요. 그러나 현대 과학에서는 생물이 지닌 면역력이란 자기^{self}와 비자기$^{non-self}$를 구분하는 반응 능력을 뜻합니다. 이 면역 반응은 사람만 가지고 있는 게 아닙니다. 척추동물은 다 비슷하게 가지고 있고, 그 이하의 동물이나 식물도 마찬가지로 면역계라고 부를 수 있는, 비자기에 대응한 나름의 방어 시스템을 가지고 있습니다. 세균이 갖고 있는 제한효소는 유전공학에 사용된 유전자 가위지만, 실은 바이러스나 다른 세균이 흘린 외부 DNA가 무단으로 유입되는 것을 막기 위한 방어적 효소입니다. 물론 크리스퍼도 외래 바이러스의 유전 물질을 파괴하는 세균 시스템에서 유래한 것입니다. 즉 모든 생명체 각자는 유전적으로 거리가 가깝든 멀든 외래 유전 정보의 무단 침입을 막는 나름의 면역계를 보유하고 있습니다. 심지어 같은 종인 사람 사이에 이루어지는 장기이식에서도 유전적으로 적합한지의 여부를 우선적으로 점검하는 것을 보면, 자기와 비자기의 구별이 얼마나 중요한지 알 수 있습니다.

하지만 모든 생명체들이 서로 배타적인 싸움만 하는 것은 아닙니다. 자신의 생존 확률을 높이고자 공생을 선택하는 경우도 많고, 오랜 진화의 역사를 지나며 일부 유전 정보를 서로 공유하거나 심지어 한 개체가 다른 개체에 병합되어 새로운 생명체로 탄생하기도 했습니다. 이 부분은 뒤에 장내 미생물을 통해 좀 더 깊게 설명하겠습니다. 결론적으로, 현존하는 어떤 생명체도 단독으로 존재하지 않는다는 것이 가장 중요한 개념입니다.

	세균(Bacteria)	바이러스(Virus)
차이점	항생제로 제어 가능하다 -썩은 음식을 먹는 등 너무 많은 특정 세균을 갑자기 섭취하는 것만 피하면 대부분 괜찮다.	항생제가 소용없다 -특이적 항바이러스제가 필요. 변이 속도가 빨라 개발이 어렵고, 없는 경우가 더 많다. 광범위적인 화학제를 빈번히 사용하나 백신 개발이 더 효과적이다.
	폐렴, 결핵, 장티푸스, 콜레라, 충치, 임질, 흑사병, 파상풍 등	감기, 독감, 사마귀, 대상포진, 노로, 메르스, 사스 등
	항생제 내성균들이 가장 무섭다.	신종 바이러스가 가장 무섭다.
공통점	-끓이면 죽고, 식중독을 일으킨다. -백신 개발이 가능하다. -대부분이 무해하다. -면역에 도움을 준다. ※ 효모는 두 군데 모두에 해당되지 않고, 곰팡이에 속한다.	

✦ 표 1
세균과 바이러스의 특성 비교

◆ 세균, 바이러스와 함께 살기

질병과 면역을 거론하면 가장 흔히 등장하는 것이 세균과 바이러스입니다. 진균이나 기생충 같은 감염성 병원체는 쉽게 구분하지만, 의외로 많은 사람들이 세균과 바이러스를 같은 것으로 오해합니다.

세균은 1940년대부터 개발된 항생제로 대부분 죽일 수 있습니다. 즉 항생제를 잘 사용하면 세균을 완벽하게 제어할 수 있다는 말입니다. 썩은 음식을 먹거나 특정 박테리아를 많이 섭취하는 것이 아니라면 일반적으로 접하는 보통 세균들은 괜찮습니다. 예를 들어 살모넬

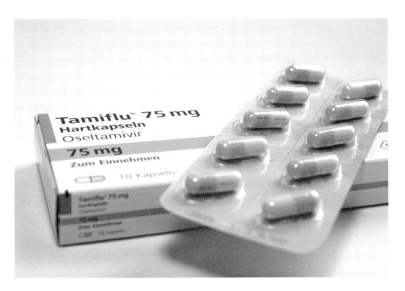

＋ 그림 3
인플루엔자 바이러스에만 특이적으로 작용하는 타미플루(오셀타미비르의 상품명)

라 같은 세균 수가 폭발적으로 늘어난 회를 먹으면 당연히 식중독에 걸립니다. 그러나 적절한 항생제의 투여로 회복이 가능하지요. 단지 항생제가 듣지 않는 항생제 내성 세균들은 가장 무서운 존재라고 기억해 둘 필요가 있습니다.

그러나 세균과 달리 바이러스는 항생제가 전혀 듣지 않습니다. 항바이러스제로 치료하거나 예방 백신을 맞아서 대비하는 것이 상례입니다. 혹시 타미플루라고 들어보셨나요? 여러 해 전 인플루엔자 바이러스 한 종류가 전 세계적으로 급속하게 전파되면서 유명해진 타미플루는 인플루엔자 바이러스에만 작용하는 항바이러스제입니다. 입술이 터지는 등 단순포진에는 헤르페스 바이러스에 대응하는 항바이러스제가 연고로 시판되고 있습니다. 이처럼 바이러스마다 비교적 특이적으로 작용하는 항바이러스제를 만들어야 하는데, 개발이 어려워서 서로 다른 바이러스 질병마다 각각 들어맞는 항바이러스 제가 아직 없는 경우가 더 많습니다. 대표적인 바이러스 질병은 감기 입니다. 감기에 걸리면 특별한 약이 없기 때문에 집에서 가만히 쉬면 됩니다. 감기가 오래되어 세균성 감염으로 진행된 것이 아니라면, 병원에서 괜히 항생제를 맞지 말고 집에서 푹 쉬기 바랍니다.

식중독과 같은 질병을 일으키는 병원성 세균과 병원성 바이러스 도 있지만, 지구에 돌아다니는 99%의 세균과 바이러스는 우리와 아무 상관이 없습니다. 아프리카 코끼리가 우리한테 해롭습니까? 그냥 그렇게 살고 있는 겁니다. 대부분의 세균과 바이러스는 우리와 특별한 상관없이 각자 영역에서 살아가는 존재들입니다.

이런 맥락에서 '무균germ free'이라는 개념을 소개하겠습니다. 동물이 자연분만하기 전에 제왕절개로 새끼를 꺼낸 뒤, 세균과 바이러스에 전혀 노출되지 않도록 격리된 칸막이 안에서 키우고, 세균이나 바이러스가 장내에도 전혀 들어가지 않도록 사료를 살균해서 먹여 키우는 동물들을 무균동물germ free animal이라고 합니다. 그런데 이 무균동물은 장의 길이도 짧고 소화도 잘 못합니다. 이 때문에 발육도 좋지 못하고, 심지어 뇌 발달도 뒤떨어집니다. 뼈도 약하지요. 왜 그런 걸까요? 우리 몸속에 존재하는 세균과 바이러스가 무균 동물 속에는 존재하지 않아서, 그들의 도움을 받지 못한 채 살아가기 때문입니다. 가둬 키우는 게 안쓰럽다고 무균 동물을 바깥 세상에 꺼내 놓으면 곧 죽습니다. 어릴 때부터 세균과 바이러스를 접해 면역 훈련을 했어야 했는데, 그런 훈련을 전혀 받지 못했기 때문입니다.

그럼 사람이나 동물에게 감염성 질병을 일으키는 병원체에는 어떤 것들이 있을까요? 일반적으로는 바이러스, 세균, 진균, 기생충 등 네 가지 부류입니다. 진균은 곰팡이 종류를 말합니다.

사람을 감염시켜 질병을 일으키는 바이러스 종류는 20세기를 지나며 유명해진 AIDS 바이러스, 인플루엔자 바이러스뿐만 아니라 최근 전 세계적인 고민으로 등장한 노로 바이러스, 지카 바이러스 등 정말 많은 종류가 있습니다.

세균으로는 대장균이 대표적입니다. 대장균에도 여러 종류가 존재합니다. 사람에게 유익하다고 알려진 녀석도 있지만, 굉장히 해로운 대장균도 있습니다. 가장 대표적인 병원성 대장균이 O-157입니다.

칸디다 알비칸스는 대표적인 진균, 즉 곰팡이입니다. 장과 인후, 구강 쪽에서 감염을 일으키고, 종종 여성에게 질염을 일으키기도 합니다. 면역 억제를 하는 항생제를 복용하는 사람에게 많이 일어나는 것으로 알려져 있습니다. 물론 사람들과 가장 친한 척하는 진균은 무좀균이라는 걸 잘 알고 있지요? 사실 바이러스나 세균과는 달리 진균이 질병을 일으키면 완전히 치료하기가 꽤나 힘듭니다. 바이러스나 세균은 우리와는 생물학적 특성이 상당히 달라서 비교적 차별적인

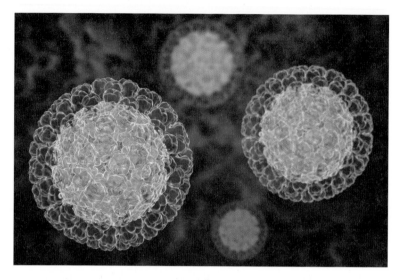

✦ 그림 4

유아 설사를 일으키는 주요 원인체인 로타 바이러스. 개발도상국에서는 100만 명 이상이, 미국에서는 약 5만 명이 해마다 이 바이러스로 사망한다.

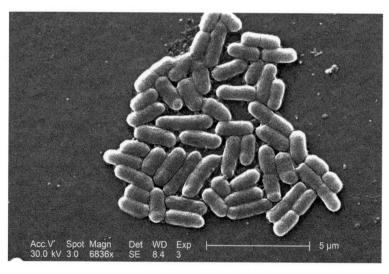

✦ 그림 5

병원성 대장균인 O-157. 신장을 망가뜨리는 희소 질환인 일명 '햄버거병'의 주원인체이다.

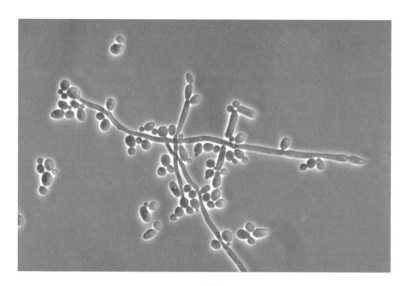

✚ 그림 6

인간의 구강, 인후부, 장관계 및 비뇨 생식기관에 기생하는 칸디다 알비칸스. 면역억제제나 항생제를 복용하는 사람에게서 아구창이나 질염을 일으킨다.

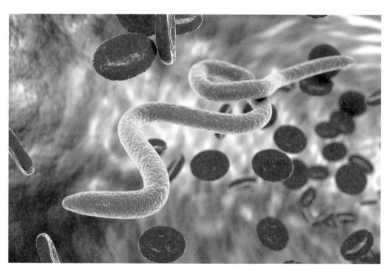

✚ 그림 7

혈액 속에 있는 사상충의 유충. 전 세계적으로 약 1억 2천만 명이 사상충증을 앓고 있다.

공격 목표를 설정할 수 있고, 또 정확한 공격도 가능합니다. 하지만 미생물이면서도 우리와 같은 진핵생물인 진균은 아군과 적군을 차별화한 공격이 어려워 자칫 우리에게도 피해가 커질 수 있습니다. 곰팡이류를 제거하는 데 사용하는 약물이 독성이 높다는 말은 바로 이런 이유 때문이지요. 앞에서 설명한 '자기와 비자기'의 구분 시스템은 이런 측면에도 관여한다는 사실, 새삼 놀랍죠?

마지막으로 기생충이 있습니다. 지금은 많이 사라졌지만, 과거에는 회충이나 편충, 촌충 같은 기생충이 배탈이나 기타 질병을 일으키는 경우가 흔했습니다. 기생충에는 말라리아 같은 원생생물도 있고 선형동물도 많지만, 가장 대표적인 것으로 사상충을 뽑아 보겠습니다. 세계 인구 중 1억 2천만 명이 사상충 감염병을 앓고 있지만, 다행히 치명적인 질병을 일으키는 사례는 그리 많지 않습니다. 더구나 이제는 동물이나 사람의 분뇨를 농축산물 재배나 사육에 사용하는 빈도가 매우 낮아 기생충 감염은 비중이 낮은 편입니다. 그런데 인류의 진화 역사상 이런저런 기생충과 맞서 싸우면서 갖춰진 이른바 '기생충 전담' 면역 기능은 전통적인 적과 싸울 기회가 줄어들면서 오히려 다른 문제를 일으키게 됩니다. 흔히 말하는 알레르기성 피부염, 즉 아토피atopy라고 부르는 질환이 그것입니다. 기생충 전담 면역 반응이 알레르기 질환을 일으키는 면역질환의 주범으로 변한 생리학적 불합리가 벌어졌습니다.

생명 역사에서 사람을 비롯한 어떤 생명체도 단독으로 존재한 적이 없었고 앞으로도 없을 것입니다. 이렇게 그물망처럼 엮여 공존하면서 끊임없는 '변화의 과정'을 겪는 것이지요.

◆ 면역과 백신의 관계

병원체에 감염되더라도 이를 물리치고 잘 회복돼서 다시 그 질병이 발병하지 않는 상태를 면역이라고 부르는 것은 좁은 의미에 불과하다는 것을 이제는 아셨지요? 이제 예방백신과 암에 대해서도 살펴봅시다.

고대 그리스 역사가 투키디데스는《펠로폰네소스 전쟁사》에서 전쟁을 치르면서 많은 병사들이 전염병에 걸렸는데, 한 번 걸리고 나서는 그 병에 다시 걸리지 않는다는 사례를 기록으로 남겼습니다. 여기서 등장한 전염병은 역병plague 으로, 림프절 페스트를 지칭합니다.

인두접종variolation 은 고대 중국에서 유래합니다. 천연두 바이러스에 감염된 환자의 종기에서 나오는 고름을 얻어 건강한 사람에게 접종했더니 그 병을 치료할 수 있었다는 경험을 바탕으로 널리 쓰이게 된 겁니다. 이후 이 방법은 지금의 터키 지역을 거쳐 유럽 대륙과 영국 등지로 전달되었고, 그 후로도 80여 년이 흘러서 마침내 영국 의사 에드워드 제너를 기점으로 비로소 예방 백신이라는 개념이 등장합니다.

당시 제너는 진짜 천연두 바이러스smallpox virus 대신 그 사촌쯤 되는 우두 바이러스vaccinia virus 를 이용해 최초로 사람을 대상으로 한 실험을

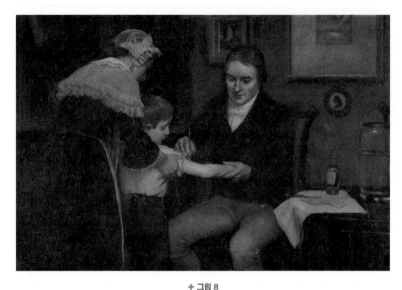

✦ 그림 8
소젖을 짜는 여자와 목동은 천연두에 걸리지 않는다는 이야기를 들은 제너가 우두에 걸린 사람에게서 뽑은 고름을 제임스 핍스라는 소년에게 주사했다. 소년은 가벼운 우두에 걸린 뒤 회복됐다.

시도했습니다. 오늘날 같으면 신문 1면에 범죄자로 실리고 기소까지 당했을 사건입니다만, 그 덕분에 우리는 엄청나게 큰 걱정을 덜게 되었으니 시대에 따른 윤리나 규범의 변화도 생물학적 진화만큼 역동적이라는 생각이 듭니다.

이후 다시 수십 년이 지나고, 당시 유럽 대륙에서 세균학의 최고 연구자로 알려진 루이 파스퇴르는 인위적으로 독성을 약화시킨 광견병 바이러스를 이용해서 제너가 거두었던 효과를 재현합니다. 사람이 직접 디자인해 질병 예방용 백신을 성공시킨 첫 사례가 된 것이지요. 이제는 첨단 생명과학 기술이 제법 다양하게 활용되고 있지만,

현재 우리가 사용하는 여러 백신 제조법도 당시 파스퇴르의 백신 제조법을 바탕으로 출발했다고 보면 됩니다.

예방 백신을 맞고 특정 질병에 대응하는 면역력을 얻는다는 것은 이미 우리 몸에 존재하는 면역계에게 앞으로 만나게 될지도 모를 병원체와 좋은 조건에서 미리 싸워 보게 해 '면역학적 기억'을 남길 기회를 준다는 것이 핵심 포인트입니다. 우리 몸에 병원체가 침입하면 그 병원체와 우리 자신은 각자 전력투구하는 100m 경주를 시작한다고 볼 수 있습니다. 병원체도 생물이니 우리(숙주)라는 환경 자원을 최대한 활용해 자신의 유전 정보를 확대 재생산하고 연속성을 추구하는 것이 당연할 겁니다. 한편으로 우리는 그 병원체에게 환경 조건을 제공하느라 자칫 생존을 훼손당할 가능성을 최대한 막으려 듭니다. 다시 말해 지금 우리의 몸속은 병원성 미생물과 그들의 독주를 저지하려는 숙주 사이에 붉은 여왕의 외침이 생생하게 전달되는 현장이라는 점, 기억하기를 바랍니다.

최근에는 자연이 우리에게 부여한 면역계를 더욱 근사하게 활용하는 기술들이 등장하고 있습니다. 면역 항암제라는 걸 들어보셨나요? 폐암과 같은 특정 암세포들은 T 세포 같은 핵심 면역세포가 구분해 낼 수 있습니다. 그런데 암세포들이 PD-L1이라는 단백질을 가지고 있을 경우가 문제입니다. T 세포가 갖고 있는 PD-1 수용체가 암세포의 PD-L1을 인지하면 공격하지 않기 때문입니다. 즉 면역세포가 암세포를 만나면 PD-L1 단백질을 만져 보면서 "흠, 우리 세포와

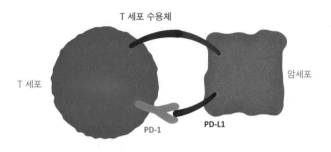

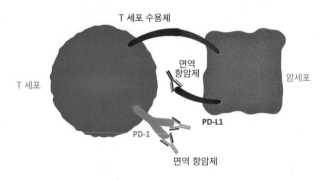

+ 그림 9
면역 항암제의 작용으로 면역 세포가 암세포를 공격하도록 유도한다.

똑같네?" 하고 지나쳐버립니다. 이미 비자기^{non-self}가 되어버린 세포를 여전히 자기라고 인식하는 것이지요. 쉽게 말하면, 동료 세포들을 배신하여 이미 적이 된 세포를 여전히 자기편으로 오해한다는 뜻입니다. 그렇게 되면 비자기에 대한 대응 체계는 있으나마나 한 것이지요. 이런 흐름을 최근에 알아냈습니다. 이제는 암세포가 내미는 PD-L1 단백질을 덮어버리는 약도 나오고, T 세포가 자기편으로 인식하는

데 사용하는 PD-1 수용체를 막아버리는 약도 개발되었습니다. 암에 잘 듣는 약물이 개발되었다는 뉴스를 수십 년간 듣다 보니 이제 아무도 믿지 못하는 시대가 되었을 정도인데, 이 면역 항암제는 다릅니다. 90세에 악성흑색종(피부암)에 걸렸던 지미 카터 전 미국 대통령이 이 면역 항암제를 맞고 완치됐습니다. 이 약이 잘 듣기만 하면 몇 달 만에 암세포가 다 사라집니다. 맞는 동안 큰 부작용도 없어서 일상생활을 하기도 합니다. 다만 두 가지 문제가 있습니다. 첫 번째는 30%의 사람만 잘 듣는다는 겁니다. 개인적인 면역 활성이 달라서 그렇다, 장내 미생물의 차이다 등등 여러 의견이 논문으로 쏟아지고 있지만 정확한 이유는 아직 모릅니다. 두 번째 단점은 엄청난 약값입니다. 암세포를 인지하도록 면역세포를 훈련시키려면 3년 동안 투약해야 하는데, 그동안 약 3억 가까이 필요합니다. 대신 이 면역 항암제가 듣는 사람들은 다시는 암에 걸리지 않는다고 합니다. 한 번 암세포를 인지하게 되면 몸 안의 어떤 암세포도 인지할 수 있게 되어 죽을 때까지 암에 걸리지 않을 수 있다니 실로 놀라운 일입니다. 그 항암제가 잘 듣는다는 30% 안에 포함된다면 정말 좋겠네요.

이처럼 면역이란 한 개체 내로 침입한 외래 생물체나 혹은 그 조직은 물론, 자신의 몸에서 유래한 암세포조차 비자기로 인식해 배제함으로써 자기의 정체성을 유지하려는 현상을 말합니다. 이 정체성의 근간은 물론 고유의 유전적 배경입니다. 결국 자신의 유전적 정체성이 흔들리지 않으려면 모든 외래 유전자를 차단하거나 제거해

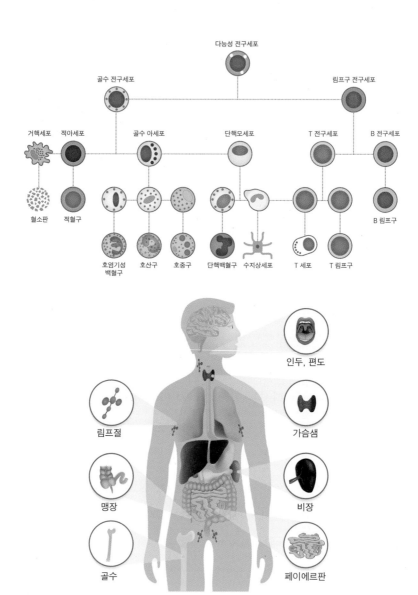

다능성 전구세포

골수 전구세포

림프구 전구세포

거핵세포 적아세포 골수 아세포 단핵모세포 T 전구세포 B 전구세포

혈소판 적혈구

B 림프구

호염기성
백혈구 호산구 호중구 단핵백혈구 수지상세포 T 세포 T 림프구

인두, 편도

림프절

가슴샘

맹장

비장

골수

페이에르판

+ 그림 10

사람의 면역계. 골수의 조혈줄기세포에서 유래한 각종 백혈구들은 전신에 네트워크를 구성하고 있는 면역 기관과 조직 사이를 순찰하며 비자기 존재의 수용 여부를 점검한다.

빅뱅에서 인간까지_ 우주, 생명, 문명

	세균	바이러스
공기 1m³	10^5	10^6
바닷물 1ml	$10^4 \sim 10^6$	$10^5 \sim 10^7$
토양 1g	$10^6 \sim 10^9$	$10^7 \sim 10^{10}$
김칫국물 1ml	5×10^7	5×10^8

✦ 표 2
우리 주위 세균과 바이러스의 개체수

야 할 텐데 진화 역사를 들여다보면 꼭 그렇지만은 않습니다. '수평적 유전자 전달'이라고 해서 많은 개체의 유전자가 서로 섞여 있다는 사실이 여러 사례에서 밝혀지고 있습니다. 인간의 유전체가 약 30억 염기쌍이라고 했지요? 그중 약 8%가 바이러스에서 유래한 유전 정보입니다. 엄청난 양이지요. 이 유전 정보들은 어쩌다 우리 유전체에 들어와 자리 잡게 되었을까요? 우리는 왜 아직도 그 정보들을 버리지 못하고 우리의 유전체에 지니고 대대손손 이어 가는 걸까요? 남의 유전자가 들어오는 걸 막는 것이 면역 행위에 있어 가장 중요한 일인데, 우리는 아직도 모르는 것이 너무나 많습니다.

이제 시선을 조금 옮겨서 생명의 그물망이 우리 현실에 어떻게 영향을 미치고 있는지 잠시 둘러봅시다. 〈표2〉는 우리 주변에 얼마나 많은 세균과 바이러스가 있는지를 보여 줍니다. 공기 1m³에도 십만 개의 세균이 돌아다니고 있습니다. 바이러스는 백만 개쯤 될 겁니다. 한번 숨을 들이쉬면 대강 천 개 정도 들이마신 것이 됩니다. 맑은 바덧물에도, 우리가 좋아하는 김칫국물에도 잔뜩 들어가 있습니다. 물론 이들 중 유해한 것은 거의 없습니다. 대부분은 우리와 상관없거나, 우리 면역계가 잘 처리해 주거나 혹은 유산균처럼 오히려 유익한 것들이 더 많습니다.

♦ 장내 미생물의 원리

위를 지나면서부터 항문에 이르기까지 우리 장 속에서는 아주 많은 미생물이 우리와 공존하고 있습니다. 그냥 무관하게 존재만 하는 것이 아닙니다. 어떤 장내 미생물을 가지고 있느냐에 따라서 비만, 당뇨, 크론병, 대장암, 류머티즘, 자폐증이 더 일어나기도 하고 덜 발생하기도 합니다. 최근에는 뇌 기능에도 영향을 미친다고 알려지면서 현대 생물학계에서 가장 주목받는 분야가 되었습니다.

일부 세포나 조직이라면 모를까, 일단 태어난 이후에는 우리의 유전 정보를 전반적으로 고칠 수 있는 방법은 없습니다. 그러려면 수정란 상태에서 유전자를 편집해야 합니다. 하지만 몸속에 사는 세균은 없앨 수도 있고, 더 집어넣을 수 있고, 이리저리 변화시킬 수도 있습니다. 얼추 39조 개의 세균이 우리 몸 안에 존재한다고 봅니다. 우리 몸 안쪽을 덮고 있는 상피는 유리판처럼 매끈한 형태가 아니라 잔디밭처럼 울퉁불퉁해서, 장 상피 표면을 모두 펼쳐 유리판처럼 만들면 넓이가 축구장 절반에 해당됩니다. 그 넓은 상피 위에 39조 개의 세균들이 밀착되어서 매 순간 전투를 벌이고, 음식물을 나눠 먹고,

면역 훈련의 대상이 되기도 합니다. 함께 살며 끊임없이 서로의 물질과 신호를 주고받는 것이지요.

이런 상호 작용이 우리에게는 어떻게 작용할까요? 최근 〈사이언스〉 지에는 좋은 장내 미생물의 원리를 설명한 논문이 발표되었습니다. 사람의 효소는 채소에 많이 존재하는 섬유질 구성 물질들을 잘 분해하지 못합니다. 그렇지만 장 속에 존재하는 세균들은 이 섬유질들을 발효시켜 에너지를 얻는 먹이로 이용합니다. 세균들이 발효 과정에서 분비하는 물질 중에는 아세테이트, 뷰티레이트 등이 있습니다. 이 물질들이 아직 휴면 상태에서 특별한 역할을 하지 않고 있는 주변 T 세포[THO]에게 전달되면 우리 몸에서 염증을 약화시키는 역할을 맡게 되는 '조절 T 세포[Treg]'로 분화하게 됩니다. 세균에 대한 일반적인 면역학적 공격 양상에는 세균을 잡아먹는 행위보다는 항생제나 과산화수소 같은 항세균 물질을 뿜어내는 일이 더 많습니다. 즉 장내 세균들을 적이라고 판단하면 과산화수소를 마구 분비할 것이고, 과다한 분비로 인해 우리 세포도 다치게 될 수밖에 없습니다. 하지만 T_{reg} 세포가 와서 주위 면역세포에게 좀 참으라는 신호를 보내면 분비하지 않습니다. 다시 말해 채소를 많이 먹으면 과산화수소를 분비하는 일이 줄어들고, 결국 우리 몸속에 염증이 일어나는 것을 막게 된다는 것입니다. 우리 몸 이곳저곳에서 자주 일어나는 염증 반응은 암을 비롯한 다양한 질병의 원인이 되거나 증상을 악화시키는 역할을 하는데, 이를 상당 부분 막아 주는 순기능을 제공하는 셈이지요.

장 속에는 세균 외에 바이러스도 많은데, 항바이러스제를 써서 몸 안의 바이러스를 다 없애 버렸더니 오히려 염증이 많이 일어난다는 내용의 논문도 최근 각광을 받고 있습니다. 바이러스를 없애면 우리 몸에 좋을 줄로만 알았는데 염증이 심각해질 수 있다니, 우리 몸속에 함께 살고 있는 세균과 바이러스가 어쩌다가 우리 몸에 둥지를 튼 것만은 아닌 것 같습니다. 현재 생존하고 있는 우리는 수없이 많은 횟수의 자연선택을 치러낸 결과물일 테니까요.

최근 의학 및 생명과학에서 가장 많이 제안하는 것은 우리에게 도움이 되는 세균을 죽이는 행위를 그만하라는 것입니다. 항생제를 먹는 것도 함부로 해서는 안 된다는 거죠. 우리나라 아이들을 대상으로 한 통계를 보면 출생 후 2년 내 항생제 사용률이 75% 가까이 됩니다. 아마 여러분 중에서 항생제를 쓰지 않은 사람은 거의 없을 겁니다. 그런데 갖가지 항생제를 사용해도 죽지 않는 세균이 생겨나고 있습니다. 그 어떤 항생제에도 죽지 않는 세균들을 다제내성균이라고 하며, 종류도 여러 가지입니다. 이 다제내성균에 감염된 환자들이 미국에서만 200만 명이 넘습니다. 우리나라는 더 심각합니다. 이런 세균에 감염되면 방법이 없지요. 정말 무서운 속도로 감염 부위가 확산되면서 괴사하는데, 그나마 생명을 보전하려면 감염 부위를 절단하는 방법밖에 없습니다.

그동안 수많은 항생제가 개발되었지만, 최근에는 더 이상 개발이 쉽지 않습니다. 완전히 새로운 유형의 항생제가 필요하기 때문입니다. 게다가 항생제에 내성을 갖게 된 세균은 점점 많이 나타납니다. 항생제를 많이 쓰니까 많이 나타나는 겁니다. 평소에 항생제를 잘 사용하지 않았던 사회에서는 돌아다니는 세균도 특별한 내성을 지닐 이유가 없지만, 항생제 사용이 만연한 사회에서는 돌아다니는 세균 중 내성을 가진 녀석들이 종종 있을 겁니다. 그런 사회에서 살아남을 수 있는 세균이 자손을 남겼을 거고요. 이제 항생제의 남용 여부는 죽고 사는 문제가 되었습니다.

한 가지 사례를 소개하겠습니다. 출산 과정에서 산모와 아기를 보호해야 할 경우 자연분만 대신 선택하는 방법이 제왕절개입니다. 그런데 최근 논문들은 자연분만을 통해 태어난 아이들이 제왕절개로 출산한 아이들에 비해 훨씬 건강하다는 결과를 많이 보고하고 있습니다. 여성의 질 속에는 대부분 유산균으로 이루어져 있는 수많은 미생물들이 살고 있습니다. 평소에도 여성에게 도움을 줍니다. 산을 분비해서 pH를 낮추는 특징이 있는 유산균은 다른 세균이 함부로 들어와 둥지를 틀지 못하게 막아 주거든요. 그런 유산균이 분만 중에 아기들에게 옮겨져 도움을 준다는 것입니다. 자연분만은 여성에게나 아기에게나 무척 힘들고 고단한 과정입니다. 하지만 장시간 비좁은 통로를 간신히 헤치고 나오는 과정에서 질 내에 살고 있던 유산균들을 온몸에 바르고 입으로 삼키게 됩니다. 엄청나게 많은 유익한 세균과 접촉하게 되는 겁니다. 그러나 제왕절개로 태어나는 아기는 무균 상태의 수술 장갑을 낀 의사의 손과 제일 먼저 만납니다. 건강한 미생물을 만나 본 적 없이 태어나는 거죠. 이를 소개한 연구자들은 제왕절개를 해야 한다면 질 속의 액체를 받아서 따로 보관을 한 뒤 제왕절개로 태어난 아이에게 먹이고 바르면 자연분만으로 태어난 아이들과 비슷한 피부 미생물 및 장내 미생물들을 가지게 된다고 보고하였습니다. 즉 평소에 지니고 있는 미생물들이 우리 건강을 든든히 지키고 있다는 이야기지요.

이 논문들의 골자는 '위생 가설'의 의미를 돌아보게 합니다. 위생 가설에서는 지나치게 깨끗하게 살면 오히려 건강에 더 좋지 않다고 하지요. 이제는 가설이 아니라 점차 과학적 진실로 받아들여지고 있습니다. 일상적인 청소를 할 때 방바닥에 살균제를 뿌리는 사람이 있습니다. 좀 과한 겁니다. 우리 몸을 닦는 데 가장 좋은 것은 물입니다. 깨끗한 물로 씻어내는 정도가 적절한 씻는 방법이고, 가장 안전합니다. 깨끗한 숲, 바다에 있는 세균은 대부분 우리에게 이롭습니다. 아기들이 태어나면 맑은 숲, 오염되지 않은 바다에 데리고 가서 수많은 세균들을 만날 수 있게 해 주는 게 중요합니다. 항생제 남용으로 아기를 무균동물로 만들려고 애쓰지 말고 다양한 세균과 바이러스도 종종 만나게 해 주세요. 모든 경우에 해당되는 것은 아닙니다만, 동물을 키우는 것도 좋은 일이라고 알려져 있습니다.

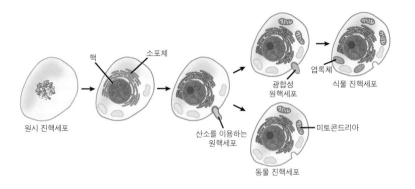

✛ **그림 11**
세포 내 공생설

생명체의 공존, 생명체 다양성의 시작

지난 36억 년간 생명체들은 이런 식으로 공존해 왔습니다. 하나의 단세포가 다른 단세포에 들어가는 일이 발생해 진핵세포가 되었습니다. 한 세포가 산소를 이용하는 원핵세포를 삼켰더니 그 원핵세포는 현재의 미토콘드리아로 자리 잡았고, 광합성을 하는 세균이 다른 세포 속에 들어가 오늘날의 엽록체가 된 사실은 자명하다고 받아들여집니다. 서로 별개였던 세포들이 합쳐져 진핵세포라는 새로운 세포가 된 것은 정말 놀라운 진화의 도약입니다. 지구상 생명체들이 단세포로 살아가다가 무려 14억 년이 지난 후 진핵세포생물이 탄생한 겁니다. 이 진핵세포생물을 주축으로 다세포생물이 생겨나고 점점 복잡한 기능의 생명체가 나타나면서 우리와 같은 고등한 존재들이 등장했다는 것이 현대 과학의 입장입니다.

지구 초기 생명체가 보인 공존이 생명체 다양성의 시작이었지만, 인류는 이런 공존의 역사를 모르고 지나왔습니다. 세계인이 즐겨 먹는 참치는 이제 거의 멸종 상태입니다. 인간의 남획으로 멸종 상태에 이른 동물의 종류는 너무 많아 굳이 다 말하기도 어렵습니다. 더구나 육상 생명체의 서식지를 파괴하고, 심지어 해양 생태계 파괴까지 진행되는 것을 보면 지구상 180만 종에서 인류 한 종만이 유일하게 다른 개체와 공존하지 못하고 살아가는 것 같군요.

진화 역사에서 다섯 번의 대멸종 사건이 있었습니다. 중요한 사실은 다섯 번의 대멸종은 모두 그 시기의 환경 변화에 의한 것이지, 한두 생물종의 우점에 의한 멸종이 아니었다는 것입니다. 하지만 인류의 출현 이후 다른 생명체의 멸종 속도는 110배 빨라지고 있습니다. 인류가 쏜 화살이 이제 다시 인류를 향해 날아오고 있음을 인지해야 합니다. 인간들이 수많은 다른 생명체와 공존하지 못한다면 진화 역사에 여섯 번째 대멸종이 일어날 가능성이 더욱 더 높아집니다. 세균이든 바이러스든, 목련이든 고사리든, 토끼든 여우든, 지구상 어떤 생명체도 단독으로 존재하지도, 또 존재할 수도 없다는 과학적 깨달음이 정말 아쉬운 시대입니다.

CHAPTER 11

진화의 메커니즘

이제부터 진화^{evolution}에 대해 이야기해 보겠습니다. 빅뱅 이후, 시공간이 드러나고 물질이 우주의 한 부분으로 태어나면서 작은 크기의 단순한 물질들이 서로 모이거나 재조직되어 더욱 크고 다양한 물질들이 생겨났습니다. 이와 같은 흐름은 주로 화학적 진화$^{chemical\ evolution}$라는 관점에서의 이야기입니다. 그렇다면 사람들이 흔히 말하는 진화, 즉 생물학적 진화는 과연 무엇일까요? 진화에 대한 이해와 그 메커니즘(진화론)을 규명한 연구들은 생명과학 역사에서 손꼽히는 학문적인 업적이라고 과학자들은 말합니다. 발표 당시엔 그 자체만으로도 충격적일 만큼 훌륭했고, 이후로 적용되는 영역이 거듭 확장되면서 현재 사회 전 분야(인문학, 심리학, 경제학 등등)에 큰 영향을 주었으며, 다양한 응용 학문들도 등장했습니다. 현대 생명과학에서 진화 연구의 영역은 화석 연구에 바탕을 둔 대진화는 물론, 적응적 진화인 자연선택과 성선택을 설명하는 소진화, 멘델의 유전법칙과 연결된 현대의 분자진화까지 광범위합니다. 여기서는 다윈의 핵심 개념인 자연선택 이론을 중심으로 소개하겠습니다.

기원전 사람이라도 당연히 지금 우리 못지않은 지적 능력을 가지고 있었을 테니 주위의 다양한 생명체들이 세대를 거듭하면서 겉모습이

나 행동 습성이 조금씩 달라진다는 것을 몰랐을 리가 없습니다. 하지만 '어떻게' 그런 현상이 일어나는지 명확하게 설명하는 일이 과학적 질문의 핵심인데, 그동안은 별로 성공적이지 못했던 것 같습니다.

현대 과학에서 말하는 진화 이론은 영국의 생물학자 찰스 다윈으로부터 시작되었습니다. 다윈은 비글호를 타고 항해하며 진화에 대한 연구를 수행했습니다. 다윈 탄생 200주년을 기념하는 다양한 행사가 우리나라에서도 열렸을 정도로, 아마 전 세계 생명과학자들이 가장 존경하는 인물이 아닐까 생각합니다. 그럼 이제 현대 과학의 입장에서 정리하는 생물학적 진화의 정의와 그 메커니즘을 살펴봅시다.

진화란 무엇인가

◆ 진화의 정의

진화란 적응적 변화의 과정을 의미합니다. 즉 적응이라는 결과를 낳는 '변화의 과정'이 생물학적 진화의 정의입니다. 사람들은 일상생활에서 이전보다 발전된 또는 편리한 상태를 인지하면 그것이 물건이든 현상이든 뭉뚱그려 '진화했다'라고 말합니다. 그런데 이렇게 쓰이는 '진화'는 다윈이 제창한 것과 다르며, 지금 우리가 이해하고 있는 생물학적 용어로서의 진화와도 많이 다릅니다. 일상생활에서 쓰이는 진화라는 말이 '과거보다 더 발전했다'라는 진보advance, progress와 같은 의미라고 한다면, 원시 생명체부터 인간까지 이어 온 생명의 역사적 결과를 진보라고 표현하기는 어렵습니다. 생명체들은 과거보다 나아지겠다는 어떤 목적성을 갖고 변화를 시도한 것이 아닙니다. 시간에 따라 달라지는 환경에서 도태되는 개체들도 있으며, 살아남는 개체들이 번식에 성공하는 우연적 사건입니다. 이들을 보고 '적응'되었다고 말하는 겁니다. 결국 지금 우리 눈에 뜨이는 생물들은 그 환경에 딱 맞는 생명체로 변화해 온 것으로 보입니다. 마치 의도라도 한 것처럼 말이죠. 그러나 초자연적 영역을 다루지 않는 과학적 입장에서는 이러한 변화의 과정에 특별한 의도가 개입될 수 없으며, 따라서 특정한 방향성이 존재할 수도 없다고 봅니다. 즉 생명과학에서 말하는 진화는 진보가 아니라 적응적 변화를 의미하는 개념어입니다. 지구가 탄생하고 생명체가 생겨나고, 시간의 흐름에 따라 변화해 온 그 과정이 진화의 과정이지요.

◆ 기원전에서 다윈의 이론까지

진화에 대해 생각한 사람들은 오래전부터 있었습니다. 이미 기원전에도 모든 종species이 공통 조상에서 이뤄지지 않았을까 생각한 사람들이 있었지요. 이를 주장한 사람이 아낙시만드로스, 엠페도클레스, 루크레티우스 등입니다. 이후 기독교 문명에 기반을 둔 종교 시대가 지속되면서, 종교적 영향력이 컸던 중세기에는 비교적 잠잠했습니다.

그러다가 1800년대 들어와서 프랑스 동물학자인 장 바티스트 라마르크는 생물변이설Transmutation을 주창했습니다. 용불용설이라고도 하는 이 주장의 골자는 종이 환경의 압력에 의해서 변화(또는 변이)한다는 내용입니다. 그리고 이런 변이가 후손에게 전달되면서 변화된 모습들이 나타났을 거라고 설명했습니다. 라마르크의 이러한 주장은 종이 고정되어 있어 변할 수 없다고 믿었던 당대 학자들에게는 지나칠 정도로 도발적이어서 받아들여지기 어려웠습니다. 흥미롭게도 젊은 시절의 다윈 역시 라마르크의 이론에 많은 영향을 받았고, 그가 1859년에 펴낸《종의 기원》에서도 라마르크 가설을 끝내 부정하지 못했습니다. 이 때문에 후대 과학자들은 다윈의 가장 심각한 오류가 라마르크의 가설을 부정하지 않은 데 있다고 말했지요. 당시 학계의 이런 분위기에도 다윈은 '종은 어떻게 형성되는가'라는 질문에 집중했습니다. 진화를 개념적으로 제시하는 것에 그치지 않고 정말 방대한 증거 자료를 수집하고 해석해 종(들)이 형성되는 작동 메커니즘을 설명해 냄으로써 궁극적으로 현대 진화 이론의 토대를 마련하게 됩니다.

우리가 흔히 말하는 종이란 엄청나게 다양한 생명체 중 형태와 습성을 차별적으로 공유하는 개체들의 포괄적 그룹(개체군)을 말합니다. 웬만해서는 생식적으로 섞이지 않습니다. 현재까지 동정된 종만 해도 180만 종에 이른다고 하는데, 아직 알려지지 않은 종의 종류는 그보다 훨씬 많을 거라는 게 정설입니다. 지구상 모든 생명체가 공통의 조상으로부터 유래된 변형된 후손이라는 예전 생각에도 다들 동의하고 있습니다. 생물분류학의 아버지 칼 폰 린네도 종은 절대 변할 수 없다고 믿고 또 주장했습니다. 그러나 다윈은 초자연적 의도나 창조자의 의도가 아니라 순전히 자연의 선택적 압력에 의해 종이 생겨나거나 또는 사라질 수도 있다는 것을 제창했습니다. 당대와 후대 수많은 지성들을 매료시킨 다윈의 자연선택 이론은 어떤 과정을 거쳐 세상에 나왔을까요? 그런 기조에서 핵심적인 질문을 몇 가지 던져보겠습니다.

첫째, 다윈은 어떻게 이런 위대한 지적 발견에 이르렀을까요? 둘째, 다윈은 당대 지배적이던 창조론적 세계관에 정면으로 반대되는 아이디어를 어떻게 설득을 통해 받아들이도록 했을까요? 실제로 다윈이 살던 시대에 진화론을 제대로 이해하고 받아들인 사람들은 가까운 동료와 선배 학자 소수에 불과했습니다. 많은 학자들은 반박 논문을 냈고, 일반 대다수는 비웃고 조롱했지요. 그런 중에도 사회주의 경제학자 프리드리히 엥겔스는 자연선택 이론에 놀라운 찬사를 아끼지 않았다고 합니다. 마지막 셋째, 이 혁신적인 아이디어는 세계 지성사에 어떤 영향을 미쳤을까요?

◆ 찰스 다윈의 삶

찰스 다윈은 1809년 2월 당시 잘 나가던 의사인 아버지 슬하에 둘째 아들이자 다섯째 아이로 태어났습니다. 다윈이 열여섯 살 때, 아

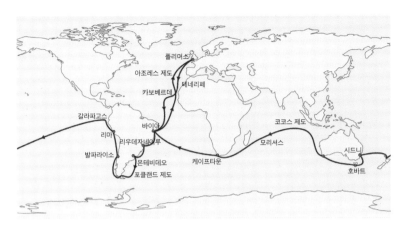

✦ 그림 1
비글호 항해도

버지는 다윈의 형이 다니던 의대에 그를 진학시킵니다. 당시 의대에서 가장 중요한 과목은 해부학이었지만 마취약이 없었던 시대이니 외과수술은 정말 쉽지 않았을 겁니다. 결국 다윈은 의학 공부를 그만두기로 마음먹고 신학으로 진로를 바꿉니다. 당시 의학만큼이나 인기가 있었던 공부는 신학이었고, 성직자는 정치, 사회적 지위가 남달라서 많은 이들이 선호했습니다. 다윈도 비글호 항해라는 전환기가 없었다면 기꺼이 목사의 길을 갔을 것이라 말했지요.

성실하게 신학을 공부하면서 자연과학에도 남다른 관심을 보이던 다윈에게 어느 해 전혀 예상치 않던 사건이 발생했습니다. 군용 탐사선에 자연학자로서 승선하게 된 겁니다. 당시 겨우 21세였으니, 예정되어 있던 중견학자가 빠지게 되어 대체 인력으로 추천되었을 것

+ 그림 2
마젤란 해협에 다다른 비글호

이라는 후문입니다. 숙박 비용이야 안 내지만 별도의 월급도 없는 비정규직 자연학자로서 승선한 것이니 요즘 말로 하면 '열정 페이'입니다. 넉넉한 집안의 자제였으니 먹고 잘 곳이 없어 택한 일은 아닐 테고, 자연과학에 관심이 많은 젊은이였던 것 같습니다.

3년 계획으로 시작된 탐사 항해는 두 해가 더 연장되어 5년 후에야 끝이 나 영국으로 돌아왔습니다. 꽤 꼼꼼한 성향이었던 다윈은 항해 기간에 수많은 표본을 수집하고 느낀 점들을 잘 메모해 둡니다. 이를 모아 동물학 책도 출판합니다.

사촌과 결혼해 아이들도 생기고, 학자로서의 활동도 무르익어 가던 중 특히 예뻐했던 큰딸이 불과 10살의 나이로 죽게 됩니다. 어떤 부모라도 그렇듯이 이 일은 다윈의 가슴속에 평생 슬픔으로 남았다는군요. 한편 다윈은 비교적 병약한 체질이어서 이런저런 질병을 달고 살았습니다. 그래서인지 45살 때 아내에게 자신이 죽는다면 종에 대한 연구 내용을 출판해 달라고 부탁해 두기도 했지요.

비글호 항해를 마쳤을 때 26살이었던 다윈은 이미 기존 학계의 주장과 달리 종은 불변하거나 고착되어 있는 것이 아니라는 확신을 갖고 있었습니다. 그러나 그의 완벽주의적 성향으로 종의 변화에 대한 새로운 개념이 완벽한 모습을 갖출 때까지 출판을 미뤘지요. 다윈이 가장 존경하던 지질학자 찰스 라이엘 경조차 "그러다가는 자네와 비슷한 생각을 떠올리는 사람에게 그 이론을 빼앗길 걸세!" 하고 종종 타박했다고 합니다.

귀국 후 22년이 지나도록 자료와 해석을 정리하고 또 점검하면서 이런저런 학술서적들을 출판하고 일상을 보내던 어느 날, 결정적인 사건이 벌어집니다. 지질학자 알프레드 러셀 월리스가 보내온 한 꾸러미의 소포를 받은 겁니다. 다윈과 개인적으로 잘 아는 사이는 아니었지만, 월리스는 훌륭한 젊은 과학자로 인도네시아와 말레이시아의 열대 밀림을 4년 동안 탐사하며 연구 활동을 했습니다. 소포 속에는 월리스가 탐사 연구를 하면서 정립한 자연선택 이론이 명확하고 설득력 있게 잘 정리된 논문 한 편과 이 논문에 대한 검토 의견을 부탁하는 편지가 함께 들어 있었지요. 수십 년 동안 자신이 다듬고 있던 학술 이론을, 같은 분야의 다른 과학자가 놀랄 만큼 비슷한 논문으로 정리하고 또 추천을 부탁해 왔으니 당시 다윈의 심정은 절망 그 자체였겠지요. 불면의 밤을 보낸 다윈은 평소 존경하는 라이엘 경에게 월리스의 논문이 매우 훌륭하다는 것, 그 논문을 명성 있는 학회를 통해 출판해 줄 것, 그동안 학회에 보냈던 자신의 자연선택 이론 원고를 모두 돌려줄 것을 부탁하고, 관련 연구의 우선권을 월리스에게 전격적으로 양도하겠다는 편지를 보냅니다. 덕망 있는 신사로서 그리고 당대 생물학자로서 일생의 연구 업적 대신 학자로서의 명예를 선택한 셈이지요.

사연은 더 많았지만 결과적으로 라이엘 경과 동료들은 다윈과 월리스를 공동 저자로 싣고, 자연선택 이론을 린네 학회에서 발표합니다. 물론 월리스의 동의를 받아 진행했습니다. 그리고 수십 년 동안 정리했던 다윈의 원고는 이듬해에 《자연선택에 의한 종의 기원》으로 출판되어 전 세계 모든 사람에게 알려집니다.

그런데 실은 다윈의 자연선택 이론과 월리스의 이론에는 꽤 중요한 차이가 있었습니다. 시간이 지나면서 그 부분들이 선명하게 드러났지만, 월리스의 논문을 받아 봤던 당시에는 다윈도 미처 확인하지 못했던 것들입니다. 간단히 소개하면, 다윈은 개체를 중심으로 설명한 한편, 월리스는 그룹을 중심으로 자연적 변화의 과정을 설명했습니다. 또한 당시 유럽에서 유행하던 사육사들의 인위선택에 비유하여 자연에 의한 선택을 설파했던 다윈과 달리 월리스는 인위선택과 자연선택 사이에는 어떠한 유사점도 없다고 주장했습니다. 이런 차이를 중심으로 두 과학자는 이후 여러 해 동안 학문적 논쟁을 이어 갔다고 합니다. 그렇다면 다윈의 자연선택 개념은 어떻게 구상되었는지 한번 알아봅시다.

다윈의 진화 이론

♦ 이론의 중심 요소들

다윈이 주목한 첫 번째 현상은 한 집단(종) 내 개체들은 외형이나 습성이 조금씩 다르다, 즉 다양한 형질을 가지고 있다는 것입니다. 사람을 예로 든다면 쌍꺼풀이 있고 없고, 키가 크고 작고, 성인이 되어 탈모가 되거나 혹은 아니거나 등이지요. 두 번째는 그 형질 중 여러 가지가 자손에게 전달된다, 즉 유전된다는 것입니다. 이 정도는 누구나 아는 이야기입니다. 세 번째는 생물은 보통 환경 자원이 지탱할 수 있는(살아남는) 수보다 더 많은 자손을 생산하거나 생산할 잠재력이 있다는 것입니다. 식물의 꽃가루, 동물의 정자나 난자 등을 보면 의문의 여지가 없습니다. 따라서 네 번째는 개체나 종 사이에 경쟁이 있을 수밖에 없다는 것입니다. 그처럼 경쟁이 일어나는 상황에서 어떤 개체는 다른 개체에 비해 그 환경 조건에 좀 더 적합한 형질을 가지고 있어서 살아남아 자손을 생산할 기회를 더 많이 갖게 된

같은 집단의 개체 사이에 형태나 기능에서 차이가 나는 변이가 나타나는 것을 개체변이라고 한다.

다, 즉 더 잘 적응하게 된다고 설명했습니다. 그렇다면 지금 우리에게 관찰되는, 즉 생존에 성공한 개체들이 자신이 살고 있는 환경에 잘 적응된 것으로 보이는 것은 당연한 일입니다. 인위선택에서는 사육사의 의도에 따라 이런 변이가 유전되지만, 자연선택에서는 사육사 대신 누군가의 의도나 목적이 아닌 자연적 여건에 따라 이런저런

+ 그림 4
과잉 생산된 다양한 변이를 가진 개체들은 살아남고자 생존경쟁을 벌인다.

형질들이 유전되는 결과를 낳는다고 설명합니다.

껍질 색깔이 조금씩 다른 딱정벌레 집단에 배고픈 새가 날아들면 눈에 잘 띄는 밝은색 딱정벌레부터 잡아먹습니다. 따라서 눈에 잘 뜨이지 않는 어두운색 벌레들이 살아남을 확률이 높습니다. 껍질이 밝거나 어두운 것은 벌레 탓이 아니지요. 노력을 덜하거나 더한 것도 물론 아닙니다. 다만 '배고픈 새'라는 '자연'이 특정한 의도 없이 어두운색의 껍질, 즉 하나의 형질을 선택한 것입니다. 바로 이 자연선택이론이 다윈의 진화 이론의 핵심입니다.

좀 더 풀어서 설명하겠습니다. 생물에서는 환경 조건이 수용할 수

몸속 세균 중에는 일 반 세균과 항생제에 저항성을 가진 세균 이 함께 있다.

항생제가 들어감으 로써 환경이 변한다.

저항성을 가지지 못 한 세균들은 제거되 고, 생존 개체들이 늘 어난다.

오랜 시간에 걸쳐 개 체군이 변화하여 새 로운 종이 나타난다.

✛ 그림 5
우리 몸속에서 일어나는 자연선택과 진화

있는 한계보다 많은 자손을 낳는 과잉생산이 흔합니다. 먹이나 물 같 은 자원은 종종 제한적이지요. 서식 영역이나 도피처는 어떨까요? 작은 산에서 토끼가 새끼를 수만 마리 낳아 기르면 아무리 멍청한 여 우라도 잡아먹을 수 있을 겁니다. 또한 숲 속 나무 사이에서도 햇빛 을 좀 더 많이 받으려고 엄청난 경쟁이 일어납니다.

경쟁을 해야 하는 수많은 개체들은 조금씩 다른 형질을 가지고 있 습니다. 개체마다 서로 다른 형질을 가지고 있다는 사실은, 각자의 의도와 관계없이 생존 경쟁에서 누군가 유리하게 되는 결과로 이어 집니다. 즉 특정한 형질들이 후손에게 남아 존재하게 되는 것이지요.

이번엔 좀 다른 사례를 들어 보겠습니다. 우리 몸속에는 다양한 세 균이 많습니다. 어느 날, 감기에 걸렸다면 병원에 찾아가 항생제를 맞습니다. 그러면 몸속에 살던 수많은 세균이 사라집니다. 세균 입장 에서는 항생제를 이길 수 있으면 참 좋았을 텐데, 그런 형질을 가지 지 못한 세균은 죽게 되는 겁니다. 결국 항생제의 약효를 견뎌낼 수 있는 녀석들만 살아남아 증식하고, 그렇게 여러 세대가 지나면 몸속에는 항생제를 이길 수 있는 세균 개체들만 점점 많이 돌아다니게 됩니다. 다시 말해 '항생제 투여'라는 '자연'의 선택 압력이 특정한 세균을 선택한 거죠. 이런 자연선택 과정이 거듭되면 새로운 종(신변종)이 태어나기도 합니다. 실험실에서 세균을 대상으로 진화 실험을 진행하면, 처음과는 완전히 다른 세균을 탄생시킬 수 있을 정도로 조건을 밀어붙일 수 있습니다. 새로운 종이 생기려면 몇억 년은 걸리지 않느냐고 말하지만, 실험실에서는 불과 몇 달 만에 신종이나 변종이 생기도록 선택 압력을 가할 수 있는 겁니다. 물론 이런 의도적 압력 행사는 인위선택입니다.

♦ 다윈 사상의 역사적 배경과 현대종합이론

우리가 흔히 말하는 '다윈의 진화론'은 다윈이 진화라는 개념을 세상에 알렸다는 것이 아니라 진화 현상의 메커니즘이 무엇인지 말한 것이라는 사실은 이제 또렷해졌습니다. 대부분의 과학적 발견이 그렇듯이 자연선택 이론도 어느 날 불쑥 꿈에 나타난 것이 아닙니다. 그러면 다윈 시대에 그의 발견과 사상에 영향을 주었던 사건들은 어떤 것들이 있을까요?

다윈이 태어나던 즈음은 유럽 지식인 사회에서 걸출한 학자와 사상가들이 왕성하게 활동하던 시기였습니다. 지금은 마르크시즘이라고 부르는 마르크스와 엥겔스의 혁명적 사회주의 사상이 유럽 전역에 퍼져 나갔고, 헤겔과 벤담, 밀, 쇼펜하우어가 동시대를 살고 있었습니다. 종은 고착된 것이 아니라 변화의 대상이라고 주장한 라마르크, 인구론을 설파한 맬서스, 당대 최고의 지질학자로서 지구 역사의 점진적 변화를 주장했던 라이엘 경 등은 젊은 학자 다윈에게 특히 큰 영향을 미쳤던 사람들이라고 합니다. 실제로 다윈은 비글호 항해 중에도 맬서스와 라이엘 경의 저서를 탐독했고, 자연선택 이론은 맬서스의 인구론에서 첫 영감을 얻었다는 회고도 전해집니다. 인류 역사에서 위대한 사상가나 과학자 대부분 그랬듯이 다윈 역시 이전과 당대의 수많은 사상과 학문을 접했고, 그 영향을 받아 생물학계의 혁명적 이론을 증명해 냈던 것이지요. 말년에 다윈은 훌륭한 과학자의 조건이 무엇이라고 생각하는지 묻는 언론의 질문에 이렇게 답합니다.

"자기 절제 의지, 주제에 대한 몰입 그리고 약간의 지적 호기심이 있다면 충분하다."

종이 변할 수 있다는 생각을 처음 주장한 라마르크는 자신이 제시한 용불용설의 오류 때문에 오늘날까지 타박의 대상이 되고 있지만, 사실 당대의 훌륭한 생물학자였습니다. 라마르크는 1809년 출판한 《동물철학》에서 진화의 원리를 설명하면서, 기린의 예를 들어 획득형질이 유전된다는 설명을 했습니다. 원래 기린의 목은 짧았으나 목을 많이 사용해 높은 가지의 잎을 따 먹으면서 목이 길어졌고, 그것이 반복되면서 목이 긴 형질이 자손에 전달되었다는 겁니다. 그러나 오늘날 우리는 획득형질이 유전되지 않는다는 걸 잘 알고 있습니다.

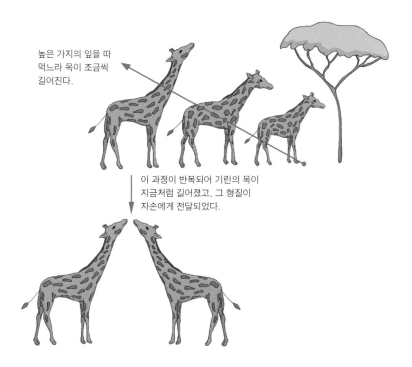

높은 가지의 잎을 따 먹느라 목이 조금씩 길어진다.

이 과정이 반복되어 기린의 목이 지금처럼 길어졌고, 그 형질이 자손에게 전달되었다.

✛ 그림 6
라마르크는《동물철학》에서 기린의 예를 들어 획득형질이 유전된다는 진화 원리를 설명했다.

　　다윈이 살던 시대에는 사육사가 새로운 혈통의 개나 특이한 모양의 비둘기를 탄생시켜 자랑하는 공연이 많았습니다. 다윈도 그런 인위선택의 현장을 보며 단기간에도 완전히 다른 종이 탄생할 수 있겠다는 생각을 했을 겁니다. 비글호 탐사 중에 들렀던 갈라파고스에서 다윈은 비슷하면서도 다양한 모습의 핀치새들과 마주칩니다. 갈라파고스는 여러 개의 섬으로 구성된 군도입니다. 각 섬의 환경 조건에 따라 식물

✚ 그림 7
다윈이 갈라파고스에서 관찰한 핀치새의 부리

의 뾰족한 가시를 피해 먹이를 섭취하는 핀치새, 곤충을 잡아먹는 핀치새, 씨앗을 주로 먹는 핀치새의 부리 모양이 조금씩 다르다는 것을 관찰합니다. 그리고 이들이 남아메리카 본토에서 날아와 흩어져 살게 되면서 달라졌지만, 처음에는 하나의 종이었었다는 것을 깨닫습니다.

다윈은 꼼꼼하고 내성적이었으며 공개적인 논쟁에 끼어드는 일도 좀처럼 하지 않았습니다. 대신 자신의 의견을 지지해 주는 친구들과 오랫동안 좋은 사이를 유지했고, 논쟁 대신 서신 왕래를 통해 의견을 많이 공유했습니다. 마음이 맞는 주변 사람들을 곧잘 후원했고, 수많은 사람과 교류하면서 폭넓은 증거 수집에도 심혈을 기울입니다. 특히 자신의 의견에서 미흡하다고 생각되거나 다른 학자들로부터 비판 의견이 제시되면 그 문제점을 해결하고자 부단히 노력하는 유형의 과학자였습니다. 막상 《종의 기원》을 출판해 보니 인기도 많았지만 공격적인 비판도 많이 들려왔습니다. 다윈은 그때마다 과학적 증거를 보완해 가며 개정판을 냈고, 결국 6판까지 출판했습니다. 지금 우리가 읽고 있는 건 6판입니다.

유전법칙을 발견한 멘델은 다윈보다 좀 더 젊기는 하지만 같은 시대 사람입니다. 하지만 자연선택 이론을 집대성할 당시 다윈은 멘델의 유전법칙을 몰랐거나 접했더라도 그 중요성을 수용하지 못했던 것 같습니다. 부모 세대의 변이가 자손에게 전달되는 흐름에서 유전법칙의 작동 메커니즘을 설명하지 못했거든요. 다윈뿐만이 아니라 다른 학자들도 마찬가지였습니다. 멘델의 유전에 관한 기본법칙의 중요성은 멘델이 죽고 난 이후에야 여러 젊은 학자들의 재해석을 거치며 알려졌습니다. 이후 멘델의 이론은 다윈의 자연선택 이론과 통합적으로 재구성되어 결국 진화의 '현대종합이론'으로 정리되기에 이릅니다.

변이 Variation 어떤 형질을 만드는 유전자가 서로 다른 여러 버전(대립유전자, allele)들로서 존재한다.

유전 Heredity 부모에게서 자손으로 유전적 변이가 전해진다.

차별적 번식 Differential reproduction 개체의 생존과 번식에 유리하게 작용하는 대립유전자가 다른 대립유전자에 비해 점차 더 흔해진다.

대멸종과 진화의 관계

이제 잠깐 화제를 돌려 봅시다. 공룡의 대멸종 이야기는 여러분도 많이 들어 봤지요? 이 사건이 진화에 어떤 영향을 미쳤는지 생각해 봅시다. 현재 가장 많이 믿고 있는 추론에 따르면, 큰 유성이 떨어져서 지구가 먼지로 뒤덮이고, 그 때문에 태양빛이 지면에 닿지 못하고 기온이 급격히 떨어지면서 공룡들이 멸종했다고 합니다. 공교롭게도 북아메리카와 남아메리카를 잇는 좁은 위치(북아메리카 유카탄 반도)에 큰 유성이 떨어졌는데, 지구가 자전하고 있기 때문에 5분만 시간차가 있었다면 유성은 바닷속으로 향했을 것입니다. 그렇다면 지구는 먼지에 쌓이지 않았을 것이고, 공룡도 멸종하지 않았겠죠.

그런데 당시에 공룡이 멸종하지 않았다면 오늘날 사람도 탄생하지 않았을 것이라는 게 생물학자 대부분의 의견입니다. 하필 그 시간에 유성이 육지에 떨어지면서 공룡은 물론, 덩치가 고양이보다 큰 포유류들도 대부분 멸종하게 됩니다. 그들이 모두 떠나간 빈자리에 그동안 숨죽이고 살던 작은 동물들이 번성합니다. 그리고 마치 갈라파고스의 핀치새처럼 다양한 모습으로 분기가 이뤄집니다. 그중에는 당연히 인류의 조상도 있었겠지요. 이렇듯 기존 생태계에 대격변이 일어나면 진화의 방향도 엄청나게 요동칩니다. 공룡의 멸종으로 상징되는 5차 대멸종 이후 아직까지 그런 격변은 없었습니다. 하지만 오늘날 지구 생태계의 가장 크고 영향력 있는 격변으로는 단일 종인 인간의 독점적이고 배타적인 전 지구적 점령을 손꼽습니다. 이제 인류에 의한 6차 대멸종은 현실이 될 것인가, 만약 그렇다면 인류는 어떻게 달라질 것인가를 고민해야 할 시점입니다.

진화론의 영향

◆ 사회생물학의 과학성

다윈의 진화 이론은 사회적으로도 많은 영향을 끼쳤습니다. 세상에 대한 유물론적 설명이 아마 가장 심각한 변화일 겁니다. 중세 시대에는 사람들이 많이 죽거나 다치는 사고가 일어나면 마녀 때문에 그렇다고 생각했습니다. 때로는 왕이나 지도자의 덕이 부족해서 그랬다고도 하고요. 가뭄이 들어도, 홍수가 나도, 벼락이 떨어져도 모두 하늘이 노해서 그런 거라고 믿었는데, 유물론적 시각은 그 모든 관념에 도전하는 것입니다. 인간 사회의 도덕과 윤리, 사랑까지도 사회를 이루어 살아가는 집단의 관계에서 태동해 이어 온 본능에서 출발한다는 관점입니다. 사회 동료들이 공감하고 찬동하는지, 이성과 이기심, 종교적 믿음, 문화, 교육과 습관에 끊임없이 영향을 받으면서 고도로 복합적인 감정이 결합해 도덕성이나 양심을 갖게 된 것이지, 어떤 절대자가 불어넣어 준 것이 아니라는 겁니다. 이전과 달리 인간을 신으로부터 완전히 유리된 독립적인 존재로 설명하면서 당시에는 과학과 종교에 심각한 갈등을 불러일으키기도 했습니다. 다윈 자신도 가장 마주하기 어려워했던, 생명 영역으로 유물론적 시각이 도입되는 역사적 계기가 되었던 것이지요.

다윈의 이론은 당시 존재하던 사회적 이념들을 설명하는 과학적 기초로 오용되기도 했습니다. 사회적 다윈주의라고 흔히 말하는, 즉 최상의 이익을 추구하는 개인에 대한 옹호가 당연하다는 주장이 나옵니다. 사회의 하급 계층이나 다른 지역의 인종들은 진화가 잘 되지 않은 인간(또는 동물)인데 노예나 하인으로 부려먹는 게 뭐가 나쁘냐고 주장하는 겁니다. 상호 협력보다 경쟁에 대한 강조가 자연의 이치에 맞는다고 소리치는 일들도 생겨났지요. 물론 이런 주장이나 개념은 모두 다윈의 자연선택을 제대로 이해하지 못한 지적 미숙함 때문이었지만, 오늘날까지도 완전히 벗어나지 못하는 모습을 가끔 봅니다.

그럼에도 자연선택 이론은 오늘날 생물학계에서 가장 확고한 진화 이론으로서 가장 매력적인 시각을 제공해 주고, 새로운 통찰력과 영감의 원천이 되고 있다고 생명과학자들은 말합니다.

◆ 사회생물학의 반증 가능성

다윈의 진화 이론 발표 이후 파생된 분기 학문에는 진화심리학, 진화경제학, 진화발생학 등 여러 가지가 있습니다만, 오늘날 대표적인 학문 분야 중 하나로 사회생물학^{sociobiology}을 들 수 있습니다. 사회생물학이라는 이름은 1970년대 중반 하버드 대학교 동물행동학 교수인 에드워드 윌슨이 만들고, 그에 대한 다양한 주제를 발표하면서 널리 알려졌습니다.

사회생물학은 사람이든, 동물이든 모든 사회적 행동의 생물학적 기초를 체계적으로 연구하는 학문입니다. 사람이나 특정 동물 종처럼 사회를 구성하는 생물들을 비교해 그들의 사회적 행동이나 현상을 자연선택에 의한 진화로 설명하려는 시도이지요. 따라서 동물의 심리와 관계된 행동학뿐만 아니라 생리학적 접근도 함께 이뤄집니다. 집단 내에서 이뤄지는 의사소통, 협력 관계, 계층 구성, 집단의 크기나 서식처의 환경 조절 같은 사회적 항상성 조절 등이 연구의 소주제로 자주 거론됩니다.

사회생물학적 설명 중 동물에게서 나타나는 이타주의는 특히 흥미롭습니다. 예를 들어 커다란 말벌이 쳐들어오면, 꿀벌들은 자기에게 딱 하나밖에 없는 침을 사용해 집단을 방어하고 죽습니다. 꿀벌은 왜 집단을 지키려고 목숨을 버리는 걸까요? 이게 사회생물학적으로 설명됩니다. 내 유전자가 전달되는 것만 중요한 게 아니라 우리의 유전자, 나와 매우 비슷한 유전자들이 전달되는 것도 못지않게 중요하다는 것이지요. 개미들도 그런 행동을 합니다. 몸에서 다양한 화학물질을 뿌리고 다니며 자신이 이동하는 흔적을 동료에게 알립니다. 자칫하면 자기들을 잡아먹는 포식자에게 추적당하기 알맞겠지요. 그러나 개미 개체들은 마치 한 몸이 된 듯이 행동합니다. 서로가 서로의 움직임을 인지하면서 집단 전체의 움직임도 조율하는 셈이지요. 왜? 집단이 개체의 생존 근거이니까요. 우리도 조카나 사촌을 만나면 일반적인 남과 비교해 눈에 들어오는 느낌이 다릅니다. 많은 사람들이 식당 같은 공공장소에서 소리 지르고 이리저리 뛰어다니는 아이를 보면, 저 아이 부모들은 대체 뭘 하는 걸까 생각합니다. 그런데 만일 그 아이가 조카라면 '뭐 어때? 자라는 애들이 다 그렇지'로 종종 바뀝니다. 완전히 남의 아이가 아니니까요. 우리에겐 나와 비슷한 유전 정보가 유전되는 것을 바라는 심리가 있기 때문이라는 설명이 가능해집니다. 이런 유형의 일들은 사회생물학적으로 설명이 잘 됩니다. 아마존 유역에 사는 어떤 부족은 부족장이 전쟁을 하러 가거나 물고기를 사냥하러 가면, 그 동생이 형의 아이들을 돌봅니다. 형과 경쟁하려고 하지 않지요. 엄마가 부족한 부족에서 이러한 현상이 두드러집니다. 심지어 동생은 형제의 아이들을 키우면서 복장이나 머리 매무새를 엄마처럼 차립니다. 심지어 결혼도 하지 않고 그 아이들만 열심히 돌봅니다. 결국 자신과 가까운 유전자가 후세에 전달될 수 있다면 그걸로 만족한다는 겁니다.

이처럼 사회생물학적 접근으로 잘 설명되는 것들이 많습니다. 하지만 한편으론 인류 문화와 같은 독특한 현상을 유전자 결정론적 관점에서 무리하게 설명하려는 시도, 또는 무엇이든 현재 상태를 기반으로 처음 상태를 가늠하려는 방법론이라는 비판을 받기도 합니다.

사회생물학은 상당 부분 적응주의adaptationism적 시각을 갖습니다. 동

중세 건축물에 나타나는 스팬드렐 구조

물의 현재 습성과 외형이 심리적이나 신체적으로 자연선택 과정을 통해 적응한 결과라는 견해는 일견 일리가 있습니다. 동양 문화권에서는 제사를 지내거나 웃어른에게 인사를 하는 행동에 특히 관심이 높습니다. 이런 것들도 집단 내의 관계 형성이 개인의 성공적인 생존과 연결되는 사회적 적응으로 설명된다고 볼 수 있겠군요.

그러나 적응주의의 핵심적인 약점은 현재 관찰되고 있는 신체적 특징이나 용도를 그것이 기원한 원인과 구별하지 못한다는 겁니다. 이런 비판 중 가장 잘 알려진 것은 스팬드렐spandrel 비유입니다. 스팬드렐은 아치형 기둥을 세운 건물에서 천장과 아치 사이에 어쩔 수 없이 생기는 역삼각형 공간을 말합니다. 중세 건축물에서는 거의 빠짐없이 이런 구조가 나타나는데, 이 공간을 그냥 두기보다는 장식을 하거나 작은 조각품을 세워 근사하게 만들지요. 그런데 오늘날 그런 구조와 장식을 보는 사람들은 마치 특별한 장식을 하고자 그런 공간을 애써 만들었다고 오해한다는 것입니다. 즉 생태적으로나 생리학적으로 필요한 기능을 얻어내는 과정에서 우연히 부수적으로 생성되는 것들이 있는데, 마치 그런 부수적 산물이 특별한 적응을 목적으로 나타났다고 주장하는 것은 옳지 않다는 것입니다. 대립형질의 무작정 고착화, 발생학적 제약, 적응과 선택의 분리 가능성, 부현상일 가능성에 충분히 귀 기울이지 않는 것을 꼬집은 비유입니다.

과학에서 가장 중요하다고 손꼽는 것이 어떤 주장에 관해 반증 가능성falsifiability 및 검증 가능성testability이 있는지의 문제입니다. 예를 들어 보겠습니다. 손전등을 켰는데 불이 안 들어옵니다. 두 가지 가설을 세웁니다. 전구가 고장 났구나 혹은 배터리가 다 소모됐구나. 이 상황에 반증 가능성, 즉 위 가설을 검증하고자 할 때 실험이나 관찰로 반증될 가능성이 있나요? 네, 전구를 갈거나 또는 새 배터리를 바꿔 보면 검증이 가능합니다. 과학철학자 칼 포퍼 경은 반증 가능성이 열려 있는 진술만을 과학적 진술이라고 주장했지요. 즉 그 가설이 틀렸다고 말할 수 있게 하는 행위가 가능해야만 과학이라는 겁니다. 그게 검증 가능한 가설인지 아닌지가 정말 중요합니다.

사회생물학적 설명에는 반증이 불가능한 사례들이 적지 않습니다. 그저 경험적으로, 척 보니 당연하다는 등의 설명은 반증이 불가능합니다. 어떤 현상에 대해 직관적 판단으로 이야기를 만들어 내는 일은 편리하고 종종 그럴 듯하지만, 실제로는 전혀 다른 원인이 숨겨져 있는 경우가 많지요. 사회생물학적 관점은 흔히 진화심리학적 가설과도 혼재되는 경우가 많은데, 상당수는 적절하게 검증하기 어려울 뿐더러 심지어 상충되는 행동들도 적응주의적 관점에서 설명하려는 약점을 공유합니다. 이 점에서 노암 촘스키의 비판은 신랄하기까지 합니다.

사회생물학이 비판을 받는 또 한 가지 이유는 환원주의적 접근법 때문입니다. 환원주의란 어떤 사물과 현상은 그것을 구성하는 가장 작은 하위 단위(구성 부품)의 속성에서 기원한다고 보는 관점입니다. 생명체의 경우라면 당연히 유전자(또는 DNA)가 되는군요. 즉 사람이나 동물의 행동이나 심리가 이미 유전적으로 결정되어 있다는 유전자 결정론의 입장을 옹호하게 됩니다. 애초부터 못난 유전자, 잘난 유전자가 존재한다고 보면 나중에는 위대한 민족과 어리석은 민족으로 구분하는 것도 가능해지고, 자칫 인종도 나누어 판단하게 되겠군요. 세계적인 대기업 회장 중에 흑인이 없다면 그것이 유전적 배경 때문일까요? 그건 환경이 공평하게 주어지지 않았기 때문이 아닐까요? 그러나 오늘날 사회생물학자들은 이러한 비판에 진지하게 귀를 기울이고 나름대로 학문적 취약점을 해결하려고 노력하고 있습니다.

사회생물학의 역사는 아직 많이 짧은 편이니까요.

아무튼 지금까지의 사회생물학 논쟁을 통해 사회생물학에 대한 일반의 관심도 커지고, 사회생물학자들도 이론적 토대와 한계를 점검하고 정교하게 다듬어 과학으로서의 기준을 충족시키는 전기가 마련됐다고 합니다. 꼭 기억해 두세요. 유전적 배경이 생명체의 행동에 영향을 끼치는 것은 맞지만 결정하는 것은 아니며, 여기에는 성장 배경이나 교육, 사회적 관계 같은 환경 요인이 지대한 영향을 끼친다는 사실을요.

인류의 지속 가능성과 문명의 역할

사람에 따라서는 수용하기 어려울 수 있지만, 현재 우리가 관찰하는 우주는 빅뱅이라는 사건에서 출발했다는 것이 현대 과학자들이 합리적으로 추론할 수 있는 최고치입니다. 우주가 탄생하고 시공간이 열렸습니다. 빅뱅 후 90억 년이나 지나서야 태양계 한 귀퉁이에 지구가 만들어지고, 다시 10억 년이 지나서야 생명체가 탄생했습니다. 궁극적으로 이 생명체의 출현이 35억 년도 더 지난 후에 인간과 문명으로 이어집니다.

진화는 목적과 방향을 상정하지 않고 그저 흐르는 변화의 과정입니다. 그 시점들의 지구보다 지금의 지구가 더 좋아지거나 나빠졌다는 견해는 지구의 입장이 아니라 그저 우리의 시각일 뿐이지요. 지구 상 모든 생명체들은 생명의 속성 그 자체인 생존과 생식을 도모합니다. 그리고 그 과정에서 서식지를 확보하기 위한 끊임없는 경쟁은 늘 있어 왔습니다. 이런 경쟁은 종 사이에서 그리고 종 내부의 구성원 사이에서 모두 볼 수 있습니다. 인간과 그 외 모든 생명체들의 경쟁을 넘어 오늘날 우리는 인류 구성원 간의 경쟁에 몰두하느라 사회적 동물로서 성공해 온 훌륭한 진화 전략마저 잊고 사는 듯합니다.

인류만큼 짧은 시간에 성공적으로 번성한 종은 없습니다. 지질 연대에서는 홍적세지만, 사람들이 지금을 인류세라고 부르는 것도 어색하지 않지요. 적지 않은 사람들이 지구의 지속 가능성을 말합니다. 하지만 자연은 자신의 지속 가능성을 우려하지 않습니다. 사람들이 말하는 것은 인간이 살기 어려울 만큼 지구의 환경 조건이 망가지는 것입니다. 인류가 지구를 망친다고 생각하는 사람들이 있는가 하면, 지구가 망하면 새로운 행성을 찾아 떠나면 문제될 것 없다며 인류의 지속 가능성만 따지는 사람들도 있습니다. 그렇게 다른 행성으로 떠나 정착한다면 그 인류는 지금 여러분이 생각하는 인류일까요? 과학적 사고 능력의 결핍과 그에 따른 오판은 종종 현실과 괴리된 이상의 함정으로 우리를 내몰 겁니다. 물론 그 시점에 이르면 다시 돌아오는 것은 불가능하지요. 지구의 안녕을 고려하고, 인류의 지속 가능성을 염려할 수 있는 존재도 인류뿐입니다. 인류 역사의 최고 성취로 누구나 문명의 성립을 꼽습니다. 그러나 우리는 이 문명으로 지구와 그 생태계에서 인류의 완전한 독과점을 지원해 왔지요. 자랑스러운 이 문명이 앞으로도 인류의 지속 가능성을 약속할지, 아니면 그 가능성의 문을 닫아버리는 촉매가 될지 우리 자신에게 진지한 물음을 던져야 할 때입니다.

12

CHAPTER

인류와 문명

인류의 탄생과 진화

우선 인류가 어떻게 탄생하고 진화했는지 보겠습니다. 40억 년 전에 지구 최초의 생명체가 만들어졌는데, 이를 루카^{LUCA, Last Universal Common Ancestor}라고 합니다. 25억 년 전쯤 핵을 가진 생명체인 진핵생물이 출현하고, 그 후 15억 년 전쯤 식물과 동물의 공통 조상에 해당하는 진핵생명체가 출현합니다. 따라서 바나나 같은 과일이나 사람은 전체 지구 역사로 보면 같은 조상에서 시작했을 수도 있다는 다소 우스운 말도 있습니다. 루카에서 시작된 지구 생명체는 세균으로 발전하고, 점차 핵이 있는 세포를 가진 생명체인 인류, 어류, 곰팡이, 바다 조류 등으로 발전해 나갑니다.

6,500만 년 전쯤에는 공룡이 지구를 지배했는데, 이 절대 강자인 공룡이 멸종합니다. 공룡의 멸종 원인에 대해서는 소행성 충돌 이론을 포함해 여러 가설이 있습니다. 공룡이 사라진 이후 여러 종류의 포유류가 증가하기 시작합니다. 초식동물, 곤충 포식자, 조류의 조상인 원시 박쥐, 어류의 조상인 원시 고래와 돌고래, 인류의 조상인 영장류도 급속히 증가합니다. 영장류는 꼬리 유무에 따라 구분 짓는데,

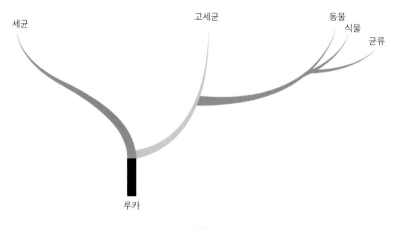

＋ 그림 1
지구 최초의 생명체 루카

꼬리가 있는 영장류로는 여우원숭이 등이 속하고, 꼬리가 없는 영장류에는 사람을 포함한 유인원이 속합니다.

다른 포유류와 달리 사람을 포함한 영장류가 우수하게 발달할 수 있었던 이유는 다음의 세 가지 특징이 있었기 때문입니다. 첫째, 손의 감각과 운동 기능의 발달입니다. 영장류는 직립보행을 하면서 앞발을 발의 역할이 아니라 팔과 손의 역할로 변화시킵니다. 또한 영장류는 나무 위에서 생활하면서 나무를 오르내리기 위해 앞발의 역할을 변화시키고, 나무 열매를 먹기 위해 손의 감각과 운동 기능을 발달시킨 것으로 생각하고 있습니다. 특히 다른 초식동물들은 풀을 먹었으나 영장류들은 열매를 좋아했고, 열매 속에 많은 포도당과 같은 당분은 뇌 신경세포가 대사 작용을 하는 데 사용하는 에너지원이므로 뇌의 발달에도 영향을 미친 것이 아닌가 생각하고 있습니다.

둘째, 다른 동물과는 달리 눈의 위치가 앞쪽으로 모입니다. 사람이나 원숭이 같은 영장류의 눈은 얼굴 앞에 있지만, 일반 동물 대부분은 눈이 양옆에 있습니다. 양옆에 위치한 눈은 360도를 모두 볼 수 있으므로 포식자로부터 도망가는 데 중요한 역할을 합니다. 그런데 사람을 포함한 영장류의 눈이 얼굴 앞으로 오게 된 이유를 이렇게 해석하고 있습니다. 영장류는 나무에서 생활하면서 나무 위에 매달린 여러 열매를 얻기 위해 그 나무까지의 거리를 파악할 수 있는 거리감각이 필요했고, 열매의 색깔과 모양을 구분할 필요도 있었으므로 360도를 보는 기능보다는 사물을 입체적으로 파악할 수 있는 기능이 중요했을 것입니다. 눈이 얼굴 앞쪽에 있어야 두 눈으로 들어온 시각 정보를 입체적으로 인식할 수 있습니다. 또한 이러한 이유로 얼굴 모양도 뾰족한 모양에서 평평한 모양으로 발달했으리라 판단됩니다.

셋째, 두뇌의 발달이 가장 중요한 이유입니다. 손의 감각과 운동 기능이 발달함에 따라 뇌에서 감각과 운동을 담당하는 부위가 발달하게 되었을 것입니다. 또한 눈으로 들어오는 많은 입체적인 정보를 이용해 좋아하는 열매를 구분하고 기억하며, 또한 그 열매를 얻기 위한 방법을 생각하면서 뇌가 발달했을 것입니다.

위의 이유로 영장류가 발달하면서 사람을 포함한 유인원들도 다양한 변화를 거치며 발달합니다. 유인원은 소형 유인원과 대형 유인원으로 나뉘는데, 긴팔원숭이 등은 소형 유인원에 속하고, 사람과 오

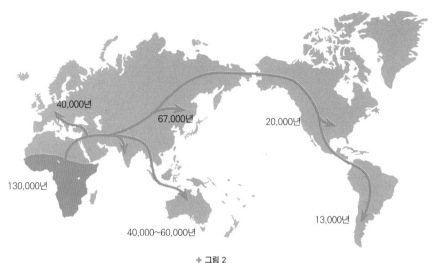

✚ 그림 2
초기 인류의 이동 시기와 경로

랑우탄, 고릴라, 침팬지는 대형 유인원에 속합니다. 약 700만 년 전까지 사람과 침팬지는 같은 조상을 가지고 있었습니다. 실제로 우리와 가장 가까운 영장류(유인원)는 침팬지로, 유전자의 97~98%가 동일합니다. 700만 년 전부터 100만 년 전까지 인류의 조상은 30~40여 종에서 오스트랄로피테쿠스(남방 유인원), 호모 하빌리스, 호모 에르가스터/호모 에렉투스로 발달하다가 최종적으로 현생 인류인 호모 사피엔스Homo sapiens의 1개 종만 남게 됩니다.

호모 사피엔스는 30만 년~6만 년 전쯤 아프리카에서 최초로 출현해 지구 전체로 퍼져 나갑니다.✚그림 2 현재까지 알려진 현생 인류의 기원으로는 모로코에서 30만 년 전에 살았던 것으로 보이는 현생인류가 가장 오래된 것이고, 남아프리카 공화국에서는 26만 년 전, 에티오피아에서는 20만 년 전의 현생 인류 흔적이 발견되었습니다. 10만 년 전부터 아프리카에서 지구 전체로 이동을 시작한 것으로 보이고, 오스트레일리아에서는 5만 년 전 인류가 또한 발견됩니다. 호주 대륙에서 초기 인류의 흔적이 발견된다는 것은 상당한 항해 기술이 있었음을 의미합니다. 2만 5천 년 전에 시베리아에서 생활한 흔적도 발견되었습니다. 겨울철에 아주 추운 지역인 시베리아에서 생활할 수 있었다는 것은 집을 짓고 의류를 만드는 기술이 발달한 겁니다. 1만 5천 년 전에는 아메리카 대륙으로 건너간 것으로 보이고, 1만 년 전에는 지구 전역으로 퍼져서 생활했습니다. 이 시기부터 어느 정도의 정착 생활이 시작되고, 식물을 재배하는 기술을 터득하고 동물을 이용한 것으로 보입니다. 이렇게 정착 생활에 필요한 기술을 갖게 됨에 따라 함께 모여 생활하는 것이 가능하게 되었고, 다른 동물의 공격을 막는 데도 유리해졌습니다. 5천 년 전부터 모여 살면서 식물을 재배하고, 식량을 공유하는 공동체 생활이 시작됩니다. 즉 원시 국가의 개념이 나타난 것이며, 사람들이 집단으로 모여 공동체 생활을 하면서 필요한 정보를 공유하는 집단 학습이 시작됩니다.

초기 인류가 공동체 생활과 집단 학습을 시작함에 따라 사람들 사이에 의사소통 수단이 필요하게 됩니다. 즉 의사소통의 도구로써 인류에서 우수하게 발달한 언어가 탄생합니다. 또한 언어만으로는 집단 학습을 통해 모든 정보를 교류하기가 어려우므로 문자를 개발합니다. 문자의 개발로 집단 간 학습이 쉬워졌고, 많은 정보를 기억하는 것이 가능해졌으며, 한 세대에서 다음 세대로 정보를 전달하는 것도 가능해졌습니다. 이러한 과정을 통해 지속적인 정보 축적이 가능하게 되었고, 결국 인류 문명의 창조도 가능하게 된 것입니다.

뇌의 발달

인류가 탄생하고 이동한 후 공동체 생활을 함에 따라 언어와 문자가 개발되고, 집단 학습과 기억이 가능하게 되어 문명을 창조합니다. 이러한 과정을 거치면서 인류에게 일어나는 중요한 변화가 바로 뇌의 발달입니다. 그런데 인류의 뇌가 우수하게 발달해 인류 문명을 창조하게 되는 과정에 있어서 세 가지 핵심적인 질문이 있습니다.

첫째, 지구 동물 중에서 인류가 지배적인 동물로 발전할 수 있게 된 이유는 무엇인가?

둘째, 사람의 뇌가 우수하게 발달할 수 있었던 이유는 무엇인가?

셋째, 사람 뇌의 어떤 우수성이 문명을 창조하고 발전시킬 수 있었는가?

첫째, 사람이 지구에서 지배적인 우수한 동물이 된 이유입니다. 인간은 신체적으로는 약한 편에 속하는 동물입니다. 지구의 절대 지배

자이던 공룡이 멸종한 이후 신체적 위협에서 비교적 자유로워지긴 했지만, 여전히 약합니다. 동물원만 가도 우리 사람은 별로 큰 편이 못 된다는 것을 알 수 있습니다. 신체적인 힘 또한 약한 편에 속합니다. 사람은 앞발이 아니라 손과 팔을 사용합니다. 동물들이 힘이 세고 싸움을 잘하는 이유 중에는 강력한 앞발을 쓴다는 것도 있습니다. 곰이나 사자, 호랑이 등의 앞발에는 날카로운 발톱이 달려 있고 아주 강력해서 동물의 뼈를 부술 정도입니다. 그런데 사람에게서는 앞발의 기능이 줄어들고, 대신 손의 감각과 운동 기능이 고도화하였습니다. 더욱이 사람은 움직임의 속도도 느립니다. 다른 동물은 네 개의 다리를 이용해 뛰는데 우리는 두 개의 다리를 사용하므로 속도가 느릴 수밖에 없습니다. 이렇게 신체적 특성상 절대적 지배 동물이 될 수 없던 것이죠. 그 대신 뇌가 우수하게 발달하면서 두뇌를 사용하고 손의 정교한 기능을 잘 활용해 강력한 지배 동물이 될 수 있었던 것입니다.

둘째, 사람의 뇌가 어떻게 해서 우수하게 발달했는가입니다. 사람을 포함한 영장류는 직립보행하면서 앞발이 손과 팔로 발달했습니다. 그러면서 나무를 오르내려야 하고, 좋아하는 열매를 잘 선택하고 껍질을 벗기는 등의 과정을 거쳐 맛있게 먹을 수 있게 변했습니다. 따라서 손과 팔이 힘을 쓰기보다는 정교한 작업을 하는 데 적합하게 적응합니다. 또한 손의 감각이 예민하게 발달해 아주 미세한 손놀림이 가능하도록 손의 감각과 운동 기능을 조절하는 뇌의 감각 및 운동

중추 부위가 발달합니다.

셋째, 문명 창조를 가능하게 한 사람 뇌의 우수성을 살펴보겠습니다. 뇌의 감각 및 운동 조절 부위의 발달을 거치면서 시간이 지남에 따라 사람만이 가지고 있는 뇌의 기능, 즉 고위 기능higher function이 발달합니다. 사람 뇌의 우수성에 있어 핵심적인 기능이 바로 고위 기능으로, 언어 기능, 학습 및 기억 기능, 생각 및 사고 기능 등이 여기에 속합니다. 우선 공동체 생활을 거치면서 발달한 언어 기능은 사람들만의 특징입니다. 동물도 나름의 언어가 있어서 강아지나 고양이도 그르렁거리는 등의 의사소통 방식은 있지만 단순합니다. 반면 인간의 언어는 다양합니다. 심지어 인종마다 다른 언어가 존재합니다. 그리고 학습과 기억 기능은 다른 동물에 비해 더욱 큰 차이를 보이는 특징이 됩니다. 물론 동물도 간단한 학습은 가능합니다. 강아지도 반복해서 학습시키면 어떤 작업을 할 수 있지만, 사람의 학습 능력은 훨씬 뛰어나게 발달했습니다. 게다가 학습된 정보들을 뇌에 기억해서 저장해 두었다가 다시 꺼내서 쓰기도 합니다. 이러한 학습과 기억 기능이 발달함에 따라 사람의 고위 기능인 생각과 사고도 가능해집니다. 사람이 생각하고 사고하는 기능은 앞에 말한 언어, 학습, 기억 기능을 활용해야만 이루어지는 뇌의 기능입니다. 생각과 사고 기능이 발달하면서 무언가 새로운 것을 창조하기에 이릅니다. 사람 뇌의 우수성에 있어서 가장 높은 단계는 결국 생각과 사고 기능입니다. 생각과 사고 기능은 우수하게 발달한 손을 이용해 표현하기 시작했고, 이러한 과정 중에서 언어와 문자가 개발됩니다. 또한 농경 기술과 건축 기술을 발달시키고, 악기를 연주하거나 음악 작품을 작곡하고, 미술 작품도 창작해 예술을 발전시켰습니다. 과학을 학습하고 이 지식을 이용해 공학 기술을 발전시켜 농경 문명, 도시 문명, 현대 문명으로 구분되는 인류 문명을 창조하고 발전시킨 것입니다.

◆ 뇌의 우수성

사람의 뇌가 다른 동물에 비해 어떤 기능이 우수한지 보다 깊이 이해해 볼까요? 사람 뇌의 발달과 연관된 유전적인 차이점은 무엇이고, 뇌의 감각 및 운동 기능을 어떻게 조절하며, 언어를 조절하는 뇌의 기능은 어떻게 이루어지는지를 다루겠습니다. 또한 뇌의 학습 및 기억 기능, 뇌의 생각 및 사고 기능은 어떻게 이루어지는지 보겠습니다.

오래전에 윈스롭 켈로그라는 과학자가 특별한 실험을 했습니다. 현생 인류와 가장 비슷한 동물인 생후 7개월의 구아라는 침팬지를 생후 10개월 된 자신의 아들 도널드와 9개월 동안 함께 기르면서 침팬지를 사람처럼 발달시키는 것이 가능한지 실험한 것입니다. 구아와 도널드에게 옷도 똑같이 입히고 밥도 함께 먹이면서 관찰했습니다. 과연 침팬지는 사람과 비슷하게 발달할 수 있었을까요? 침팬지 구아는 많은 부분에서 사람의 능력을 뛰어넘게 발달했습니다. 그러나 언어는 발달하지 못했습니다. 오히려 아들 도널드가 침팬지처럼 '까악까악' 하는 소리를 내게 되었습니다. 아들이 침팬지처럼 변해

✛ 그림 3
켈로그의 실험

가는 것을 우려한 결과 이 실험은 9개월 만에 중단되었습니다. 결국
침팬지에게 인류가 하고 있는 여러 행동을 학습시킬 수 있었지만, 언
어 능력만은 학습이 불가능했고, 이는 유전적으로 결정되어 있기 때
문인 것으로 판단했습니다.

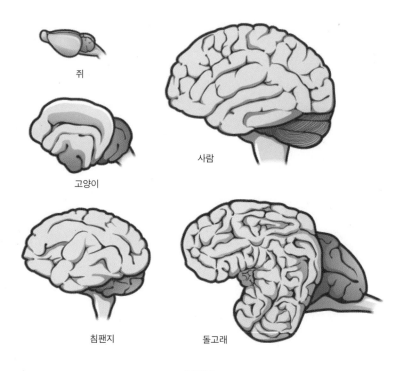

✛ 그림 4
쥐, 고양이, 사람, 침팬지, 돌고래의 뇌 모양와 크기, 대뇌피질 주름 정도 비교

〈그림4〉는 사람과 동물의 뇌를 비교한 것입니다. 사람의 뇌는 체격에 비해서 훨씬 큽니다. 그리고 대뇌피질(대뇌겉질)의 주름이 훨씬 많이 발달했습니다. 쥐나 고양이와 비교하면 크기도 다르지만 쥐는 주름이 거의 없고, 고양이는 조금 있으나, 사람은 엄청난 주름이 있습니다. 또한 대뇌의 고위 기능과 연관된 중요한 부위인 대뇌피질 연합영역이라는 부위도 사람에게 많이 발달했습니다. 사람 뇌를 구성

빅뱅에서 인간까지_ 우주, 생명, 문명

하고 있는 신경세포의 숫자도 1천억 개이고, 신경세포와 신경세포를 연결하는 시냅스synapse라는 것도 100조 개 정도나 됩니다. 그래서 많은 신경세포들이 서로 많은 정보를 주고받으면서 우수한 뇌 기능을 담당할 수 있는 것입니다.

이러한 뇌의 차이를 만드는 것은 무엇일까요? 사람과 침팬지의 유전자를 비교해 보니 97~98%는 같았지만, 세심하게 살펴본 결과 특별히 인간에게서 변이가 많아 보이는 유전자들이 있었습니다. 그런 유전자 중에서 특히 네 가지에 주목할 수 있습니다. 첫 번째, 침팬지와 비교해서 가장 큰 차이를 보이는 유전자인 HARHuman Accelerated Region 유전자 중에 HAR1 유전자가 있습니다. 이 유전자는 대뇌피질의 발달과 연관된 것인데요, 이것이 없으면 소두증, 즉 뇌가 작아지는 병이 생깁니다. 두 번째로 HAR2 유전자는 뇌와는 연관이 없지만 사람의 엄지손가락과 발목의 발달에 관련된 유전자입니다. 이 유전자는 손의 숙련도와 직립보행에 중요한 두발 걷기를 통해 발달한 유전자로 보입니다. 세 번째로 FOXP2Forkhead box protein P2라는 유전자가 있습니다. 뇌에서 언어 조절을 담당하는 부위의 발달과 연관된 것으로, 이 유전자에 문제가 생기면 언어장애가 생깁니다. 네 번째 유전자는 ASPMAbnormal Spindle-like Microcephaly-associated이라는 유전자로, 역시 뇌의 크기에 관여하며, 이 유전자에 문제가 있으면 방추형spindle 모양의 소두증이 발생합니다.

뇌의 고위 기능

이제부터 사람 뇌의 우수성에 대해 알아보겠습니다. 먼저 뇌의 기본적인 구조에 대해 살펴보면 뇌는 대뇌^{cerebrum}와 소뇌^{cerebellum}, 대뇌와 척수를 연결하고 있는 뇌간^{뇌줄기, brainstem}으로 구분됩니다. 대뇌의 겉 부분을 대뇌피질^{cerebral cortex}이라고 하고, 대뇌 안쪽에 시상과 시상하부가 있습니다. 뇌간은 중뇌^{중간뇌, midbrain}, 뇌교^{다리뇌, pons}, 연수^{숨뇌, medulla}로 구분되어 있습니다. 뇌의 여러 부위 중 인류에게서 우수하게 발달해 다른 동물과 차이를 보이는 가장 중요한 부위가 바로 대뇌피질입니다.

대뇌피질에는 감각, 운동, 언어, 기억, 사고, 감정 등을 담당하는 부위들이 있습니다. ✛^{그림 6} 감각에는 우리 몸의 피부와 내부 장기로부터 들어오는 여러 가지 감각인 체성감각^{somatic sensation}, 눈의 시각 정보가 들어오는 시각감각^{visual sensation}, 귀의 청각감각^{auditory sensation} 등으로 구분됩니다. 체성감각 신호는 대뇌피질의 중앙 부위에서 담당하고 감각피질^{sensory cortex}이라고 부릅니다. 시각 신호는 대뇌피질의 뒤쪽에서 담당하고 그 부위를 시각피질^{visual cortex}이라고 부르며, 청각 신호는 대뇌피질의 옆면 부위인 청각피질^{auditory cortex}에서 담당합니다.

◆ 손의 감각과 운동을 조절하는 과정

대뇌피질에서 몸의 여러 부위에서 들어오는 감각 신호인 체성감각은 감각피질로 들어오는데, 〈그림7〉에서 보는 것처럼 손의 감각을

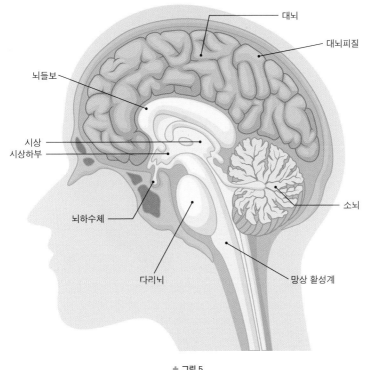

✛ 그림 5
사람의 뇌

담당하는 부위가 다른 부위에 비해 상당히 넓은 감각피질을 차지하고 있습니다. 이는 감각피질에 있는 신경세포 중 아주 많은 신경세포들이 손의 감각을 담당한다는 것을 의미합니다. 얼굴과 입술의 감각 신호도 제법 넓은 감각피질을 차지하고 있는 것을 볼 수 있습니다.

대뇌피질에서 우리 몸 여러 근육의 운동을 조절하는 명령을 내리는 부위를 운동피질motor cortex이라고 하며, 감각피질 바로 앞에 분포하

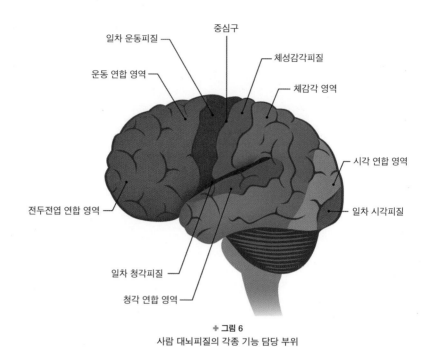

✛ 그림 6
사람 대뇌피질의 각종 기능 담당 부위

고 있습니다. 감각피질에서 본 것처럼 운동피질에서도 우리 몸의 각종 부위를 조절하는 영역을 그림으로 표현해 보면 손과 손가락의 운동을 조절하는 부위의 면적이 아주 넓습니다. 손의 감각 담당 부위보다도 손의 운동피질 부위는 더 넓은 영역을 차지합니다. 얼굴과 입주위의 근육들을 조절하는 부위도 상당히 넓습니다. 특히 입술과 혀의 근육과 같이 말을 하는 데 필요한 근육을 담당하는 부위가 넓게차지하고 있어 언어와 관련해 발달되었음을 알 수 있습니다.

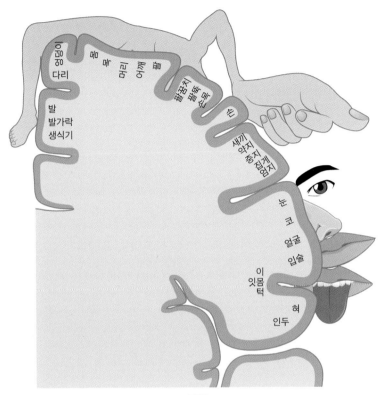

✦ 그림 7
대뇌감각피질의 신체 감각 담당 부위

◆ 언어 조절 과정

대뇌피질에서 언어를 담당하는 부위는 세 곳입니다. 독일 의사 카를 베르니케가 발견한 베르니케 영역Wernicke's area, 프랑스 의사 폴 브로카가 발견한 브로카 영역Broca's area, 두 영역을 연결하는 신경들의 다발인 활꼴다발Arcuate fasciculus 등입니다. 일반적으로 언어중추가 있는 대뇌반구를 우성반구dominant hemisphere라고 합니다.✚ 그림8 이 언어 영역들은 오른손잡이의 95%가 왼쪽 반구에 있습니다. 왼손잡이의 60~70%는 왼쪽 반구에 언어 영역이 있고, 15~20%는 오른쪽 반구에 있으며, 나머지 15~20%는 양쪽 대뇌반구에 존재합니다.

언어에는 세 가지 감각이 작용합니다. 글자를 눈으로 보고 인식하고, 소리로 듣고, 때로는 피부로 만져서 언어의 감각을 인식합니다. 이렇게 세 가지 언어 정보(시각, 청각, 감각 정보)가 뇌로 들어가서 모이는 곳이 바로 베르니케 영역입니다. 즉 베르니케 영역은 시각, 청각, 감각으로 들어온 각종 언어의 의미를 이해하고 해석하는 곳입니다. 반면 브로카 영역은 베르니케에서 이해하여 해석한 언어 신호가 활꼴다발을 통해 전달되어 오면, 그 언어에 적합한 말을 하도록 명령하는 곳입니다. 즉 브로카 영역은 언어에 필요한 성대, 입술, 혀 등의 근육에 언어에 필요한 운동 명령을 내려 적절한 언어를 만들어 내는 곳입니다. 어떤 경우에는 손의 근육을 이용해 글자를 쓰기도 하고, 팔과 다리 근육을 이용해 수화와 같이 서로 약속된 언어 표현을 하기도 합니다. 언어라는 측면에서 베르니케 영역은 감각을 담당하고, 브로카 영역은 운동을 담당하는 부위이므로 베르니케 영역은 감각피질의 바로 아래 부분에 위치하고, 브로카 영역은 운동피질 바로 아래에 위치합니다.

청각과 시각은 언어 정보의 대표적인 형태입니다. 예를 들어, 친구가 "밥 먹을래?"라고 말하는 것을 귀로 들었을 경우를 생각해 봅시

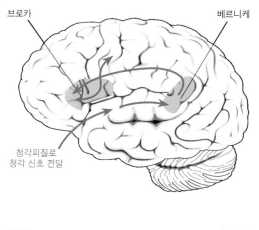

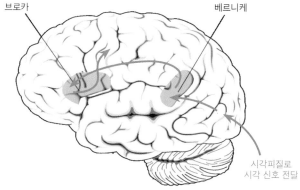

+ 그림 8

대뇌피질의 언어 영역인 베르니케 영역, 브로카 영역, 활꼴다발에 청각 및 시각 언어 신호가 전달되어 처리되는 과정.

다. 귀로 들어온 청각 신호는 전기 신호로 변하여 청각 신호를 담당하는 청각피질로 들어갑니다. 청각피질에서 어떤 소리인지 구분하여 정리된 언어 정보를 바로 옆에 위치한 베르니케 영역으로 전달합니다. 베르니케 영역에서는 기존에 자신이 기억하고 있는 정보들과 비교하여 들어온 언어 정보가 어떤 단어의 언어인지를 이해하고 해석합니다. 그 해석한 결과를 다시 전기 신호로 만들어 활꼴다발을 따라서 브로카 영역으로 전달합니다. 브로카 영역에서는 들어온 언어 정보에 적합한 언어로 어떤 단어를 사용해 문장을 만들어 말을 할지 판단합니다. 이때도 역시 기존에 기억으로 저장되어 있는 각종 정보를 활용하고 현재 상황을 비교해 어떤 말을 하는 것이 가장 적절한지를 판단하게 됩니다. 최종 판단이 되었으면 생각한 언어를 표현하기 위해 성대, 입술, 혀 등의 여러 근육으로 운동 명령을 내려보내 말을 하게 됩니다. ✛그림 8 위

눈으로 글자를 보는 경우도 청각 신호의 전달과 유사합니다. 눈으로 어떤 글자를 보면, 그 시각 신호가 대뇌피질 뒤쪽에 위치한 시각피질로 들어가고, 어떤 종류의 이미지인지 구분하게 됩니다. 이 언어(글자) 신호는 모이랑angular gyrus에서 언어로 해석되어 베르니케 영역으로 전달되고, 기존에 기억되어 있는 이미지 언어(글자) 정보들과 비교해 어떤 의미의 언어(글자)인지 이해하고 해석합니다. 그다음 활꼴다발을 거쳐 브로카로 전달된 뒤 적절한 언어를 말 또는 글자로 표현하는 것은 청각 신호의 경우와 같습니다. ✛그림 8 아래 참고로 모이랑은 글자를 해석하는 영역으로, 최근에는 넓은 의미의 감각언어중추인 베르니케 영역에 포함시키기도 합니다.

뇌의 언어 영역들이 손상되거나 병이 생기면 언어장애가 발생하는데, 이를 실어증언어 상실, aphasia이라고 합니다. 문제가 생긴 부위에 따

라 실어증은 네 가지로 구분될 수 있습니다. 첫째는 감각 실어증으로, 베르니케 실어증이라고 합니다. 베르니케 영역에 문제가 있으면 언어 감각이 문제인 경우이므로 들어온 언어의 의미를 이해하지 못하게 됩니다. 친구가 "밥 먹으러 갈래?"라고 물어보아도 그 의미가 무엇인지 해석하지 못해 적절한 대답을 못하게 됩니다. 소리가 들리긴 하는데 저것이 무슨 뜻인지, 글씨를 봐도 무슨 단어인지 이해하지 못하는 것입니다. 물론 말을 하는 데는 문제가 없으나 상황에 적합한 말을 하지 못하게 됩니다. 감각에 문제가 생기면 그에 적합한 운동을 하는 것에도 문제가 생깁니다. 둘째는 운동 실어증으로, 브로카 실어증이라고 합니다. 브로카 영역에 문제가 생기면 듣거나 본 언어의 해석은 잘 되나 그에 적절한 언어 표현이 안 됩니다. 친구가 "밥 먹으러 갈래?"라고 물은 경우, 베르니케 영역에는 문제가 없으므로 해석은 잘 했는데 자신이 생각한 언어인 "그래 가자."라는 적절한 표현을 하지 못하고, "난 안 추운데."와 같이 엉뚱한 말을 하게 됩니다. 셋째는 전도성 실어증으로, 활꼴다발에 문제가 있는 경우입니다. 베르니케와 브로카 영역 사이의 신경 신호 전도에 문제가 생기는 것이므로, 들어온 언어 신호를 해석하는 것도 정상이고 적절한 언어를 만들어내는 것도 정상이나 둘 사이의 연결이 안 되어 따로 작동하는 상황입니다. 넷째는 완전 실어증으로, 언어 영역 세 곳이 모두 문제가 생겨 실어증이 발생한 경우를 말합니다.

◆ 학습과 기억이 이루어지는 과정

학습과 기억에서 가장 중요한 곳은 해마hippocampus와 대뇌피질입니다. 해마는 새로운 기억을 형성하는 데 중요하고, 대뇌피질은 장기적으로 기억이 저장되는 데 중요합니다.

해마라는 부위는 뇌의 측두엽(관자엽) 중앙에 위치합니다. 해마(海馬)는 바다에 있는 자그마한 생명체로 말 모양을 하고 있는데, 이 해마가 누워 있는 모습과 뇌의 이 부위 모습이 닮아서 해마라고 부르게 되었습니다.

해마는 학습한 것을 새로운 기억으로 저장하는 과정이 일어나는 곳입니다. 이곳의 중요성이 알려진 사건이 있습니다. 1953년 28살이던 헨리 몰레이슨Henry Molaison, HM이라는 사람에게 일어난 일로, HM 케이스로 잘 알려져 있습니다. 헨리는 어릴 적 뇌를 다친 후 지속적으로 뇌경련에 시달렸고, 이 경련을 치료하려고 해마를 포함한 좌우측 내측두엽을 제거하는 수술을 받았습니다. 수술은 성공적으로 끝났고 경련은 없어졌습니다. 문제는 수술 이후에 새로운 기억이 형성되지 못한다는 것이었습니다. 그러나 이전에 기억된 정보들은 모두 그대로였습니다. 이 사건으로 해마가 새로운 기억을 저장하는 데 중요한 부위라는 것을 알게 되었습니다. 이후 해마에 대한 연구가 광범위하게 진행되면서 뇌에서 이루어지는 학습과 기억의 과정에 대한 본격적인 연구가 시작되었습니다.

우리는 학습한 것 중에서 필요한 것을 선택해 뇌에 기억memory했다

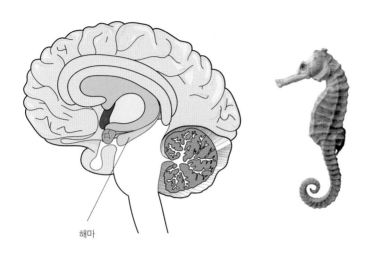

해마

가 필요할 때 다시 불러내 학습과 생활에 활용합니다. 기억이 이루어지는 단계와 종류는 감각 기억sensory memory, 단기 기억short-term memory, 장기 기억long-term memory의 세 가지로 구분됩니다. 첫 번째 단계는 감각 기억입니다. 매일 생활하면서 우리 몸으로 시각, 청각, 촉각 등의 여러 가지 정보가 들어오고, 그 감각 정보들은 앞에서 본 것처럼 대뇌피질의 담당 영역에서 인식합니다. 이렇게 여러 가지 감각 정보가 대뇌피질에서 처리되는 아주 짧은 시간 동안 뇌에 잠시 저장되는 것이란 개념에서 감각 기억이라고 말합니다. 감각 기억은 1초 이내의 짧은 시간 동안 유지되고 거의 대부분 사라지므로, 보통 말하는 기억에는 포함하지 않습니다. 하루 동안 수많은 정보가 눈으로 들어오는데, 그 정보 중에서는 의도적으로 의식하지 않는 한 아무것도 기억으로 저장되지 않습니다. 귀로 들어오는 여러 가지 소리들도 마찬가지입니다. 이렇게 수많은 감각 정보 중에서 의도적으로 집중하여 보거나 들은 것들만 단기 기억으로 저장된 이후 장기 기억으로 저장되는 겁니다. ✚그림 10

단기 기억은 몇 초에서 몇 분간 지속되는 기억을 말합니다. 수많은 감각 기억 정보 중에서 의도적으로 집중attention하고 또한 반복rehearsal해야 단기 기억으로 저장됩니다. 이러한 단기 기억은 일반적인 생활에서 각종 일에 활용되는 기억이기 때문에 작업 기억working memory이라고도 합니다. 흔한 예가 숫자나 단어를 기억하는 것입니다. 보통 7~10개의 숫자나 단어를 단기 기억으로 저장할 수 있습니다. 전화번호 숫자는 10자리 이내인데, 그 이유도 단기 기억을 위한 것입니다. 문장도 마찬가지로 10개 이하의 단어로 구성되어야 쉽게 단기 기억으로 저장될 수 있습니다. 그러나 단기 기억된 정보는 계속 반복 학습을 해 주지 않으면 몇 분 이내에 기억에서 사라집니다.

장기 기억은 몇 년 이상 지속되며 평생 기억될 수도 있는 기억을 말합니다. 단기 기억되어 있는 정보를 반복적으로 학습하고 또한 부호화encoding하여 기억하는 강화consolidation 과정을 거치면 장기 기억이 형성됩니다. 장기 기억의 정보는 그 정보의 종류에 따라 각각의 기능을 담당하는 대뇌피질 영역에 저장되는 것으로 알려져 있습니다. 물론 감각 기억 중에서 아주 강렬한 자극은 순간적으로 평생 잊지 못하

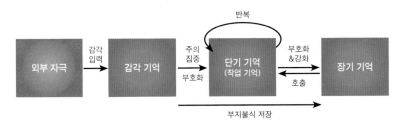

✦ 그림 10
기억의 단계와 종류

는 장기 기억으로 저장되기도 하며, 이를 부지불식 저장이라고 합니다. 또한 장기 기억된 정보를 다시 호출해 단기 기억으로 잠시 저장하면서 생활에 활용하기도 합니다.

장기 기억에는 다양한 종류가 있습니다. 가장 대표적인 장기 기억은 어떤 지식에 대한 학업(공부)일 것입니다. 그 외에도 운동이나 악기 연주와 같은 기술은 무의식적인 장기 기억에 속하고, 어떤 사실이나 개념을 공부해 지식을 습득하는 것은 의식적인 장기 기억에 속합니다. 또한 어떤 사건이나 여러 가지 경험 등을 의도적으로 기억하는 것도 의식적인 장기 기억의 한 종류입니다.

✦ 생각, 사고 기능과 창조

마지막으로 알아볼 뇌의 고위 기능은 생각 및 사고 기능과 창조 능력입니다. 생각은 보통 영어로 'thinking'이라고 쓰고, 사고는 'thought'라고 합니다. 생각 및 사고 능력은 사람을 가장 우수하게 만드는 뇌의 고위 기능이며, 이 능력이 바로 인류 문명을 창조하는 데 가장 중요한 힘이 됩니다. 그러나 생각 및 사고 기능이 뇌에서 어떻게 이루어지는지는 아직 잘 모르는 미지의 영역입니다. 말이나 표현을 잘 못하는 어린아이도 생각을 할까요? 침팬지, 강아지나 고양이도 생각하고 있는 것처럼 보일 때가 있지 않나요? 아마도 모든 동물은 생각 기능을 할 것으로 판단됩니다. 다만 생각하는 정도와 깊이가 다르고, 생각한 결과를 활용하는 정도도 다른 것으로 판단합니다. 이러한 차이는 뇌에 저장된 정보량의 차이 때문으로 보고 있습니다.

생각 및 사고 기능은 뇌에 저장되어 있는 여러 가지 기억을 가지고 이루어지는 것입니다. 생각 및 사고하는 과정의 종류는 보통 세 가지로 분류합니다. 첫째는 여러 가지 정보를 이해understanding하는 과정으로, 회상하기, 요약하기, 분류하기 등이 속합니다. 두 번째는 여러 가지 정보들을 조작manipulation하는 과정으로 분석하기, 문제 해결하기 등이 속합니다. 세 번째는 정보를 생산generating하는 과정으로 브레인스토밍brainstorming하기, 예측하기, 평가하기 등이 속합니다. 생각 및 사고 형태를 두 가지로 분류하기도 합니다. 첫 번째는 기억되어 있는 정보(지식)를 활용해서 여러 가지 질문을 만들어 내고 어떤 아이디어를 만들어 내는 과정입니다. 이 과정을 분기성 사고divergent thinking라고 하며, 대표적인 사례가 브레인스토밍 과정입니다. 두 번째는 반대의 경우로, 기억되어 있는 여러 정보(지식)를 활용해서 답을 얻어내는 논리적인 과정입니다. 이 과정을 수렴성 사고convergent thinking라고 하며, 대

+ 그림 11
생각(사고)의 종류와 분류

표적인 사례가 논리적인 분석 과정입니다.

이러한 생각 및 사고 기능은 대뇌피질의 앞부분에 위치한 전두전엽 연합 영역(이마앞엽 연합 영역, prefrontal association cortex)이라고 하는 부위에서 이루어지는 것으로 알려져 있습니다. + 그림 6 대뇌피질의 앞부분이 전두엽(이마엽, frontal lobe)인데, 그 앞부분이라는 의미로 전두전엽(이마앞엽)이라고 합니다. 연합 영역(association area)이라는 것은 뇌 여러 부위의 정보를 서로 연결하고 종합하는 곳이라는 의미입니다. 이 전두전엽 연합 영역은 원숭이와 인류가 가장 큰 차이를 보이는 부위로, 영장류에서 유인원을 거쳐 인류에서만 발달한 특징적인 부위입니다. 대뇌피질의 여러 가지 기능을 담당하는 여러 영역의 정보가 이 전두전엽 연합 영역으로 전달되는 것으로 알려져 있습니다. 즉 시각 정보, 청각 정보 및 여러 가지 감각 정보와 운동 정보가 모두 이 부위로 전달되고, 또한 기존에 대뇌피질에 장기 기억으로 저장되어 있던 기억 정보들도 이 부위와 연결되어 있다고 합니다. 따라서 이 부위에서 새로운 정보와 기존 정보들을 비교, 해석, 분석하여 종합한 후 어떤 결정을 할 수 있는 것으로 보고 있습니다. 이 과정이 바로 생각 및 사고 과정이 되는 것입니다.

전두전엽 연합 영역 부위를 사고로 다치거나 또는 뇌질환으로 수술한 경우 생각 및 사고 기능에 문제가 생깁니다. 이러한 사례들로부터 전두전엽 연합 영역이 담당하고 있는 기능들을 정리해 보면 다음과 같습니다.

여러 가지 정보를 연결하고 종합하는 기능

여러 가지 감각 정보들에 가장 효과적인 반응을 결정하는 기능

자신이 어떤 운동을 할 때 그에 따른 결과를 미리 판단하는 기능

사회적 도덕성에 맞는 행동인지 판단하는 기능

미래를 예측하고 계획하는 기능

목표 지향적으로 진취성과 야망을 유지하는 기능

복잡한 수학이나 법률 및 철학적 문제를 해결하는 기능

즉 이러한 기능들이 바로 생각 및 사고 기능을 통해 나타나는 것입니다.

뇌와 인류 문명

끝으로 인류가 지구에서 탄생한 이후 점차 뇌가 우수하게 발달하면서 문명을 창조하게 되는 과정에 대해 정리하겠습니다.

공룡의 멸종이 전체 역사적으로 보면 시작점입니다. 공룡 멸종 이후 다른 포유류와 함께 인류의 조상도 번성하면서 현생 인류로 발전합니다. 직립보행을 하고, 나무 위에서 생활하면서 맛있는 열매를 좋아하자 손의 감각과 운동 능력이 정교하게 발달하고, 이는 뇌의 발달에도 기여합니다. 이러한 변화를 거치면서 뇌 발달에 필요한 유전적인 변화가 서서히 일어났습니다. 인구가 늘어나 공동체 생활을 시작하면서 언어 기능에 필요한 뇌 기능이 발달합니다. 공동체의 집단 학습을 위해 언어와 문자가 활용되기 시작하면서 학습과 기억에 필요한 뇌 기능이 발달합니다. 많은 기억 정보를 축적하면서 생각과 사고 기능을 위한 뇌 기능이 발달합니다. 생각과 사고 능력의 향상은 농경 문명, 도시 문명을 거쳐 현대 문명을 창조하고 발전시켜 오늘에 이르게 했습니다. 미래에 인류 문명의 모습은 어떻게 변할까요? 상상해 보시기 바랍니다.

CHAPTER

지구 환경과
인류의 미래

오늘날의 지구가 되기까지
지구 생태계
지질 시대의 구분

우리는 환경의 영향을 받으면서 살 수밖에 없는 존재입니다. 인간은 환경으로부터 자유로울 수 없는 한편, 환경에 영향을 끼치기도 합니다. 21세기에 우리가 당면한 가장 큰 문제 가운데 하나가 바로 환경 문제입니다. 미세먼지, 자연재해, 폭염 경보 등으로 인류는 불편을 겪기도 합니다. 여기에는 인류의 책임도 있습니다. 그렇다면 우리는 어떻게 해야 할까요.

전 지구적 문제를 토론하는 공간인 UN에는 환경 문제를 다루는 UNEP라는 기구가 있습니다. 여기에서 21세기 인류가 해결해야 할 아젠다로 제시한 10가지 주제가 있습니다.

1. 기후 변화
2. 식량 문제
3. 생물 서식지 파괴
4. 화학비료 사용
5. 자연 자원의 고갈
6. 외래 동식물의 유입
7. 식수 문제

빅뱅에서 인간까지_ 우주, 생명, 문명

✦ 그림 1
2009년 스톡홀름 리질리언스 센터가 발표한 인류가 당면한 문제들

8. 납중독 문제

9. 도시 오염

10. 미세먼지

이 중에서 현대 사회를 사는 우리와 관련 없는 문제는 없습니다. 인간과 환경은 서로 영향을 주고받기 때문입니다.

스웨덴에는 스톡홀름 리질리언스 센터Stockholm Resilience Centre라는 세계적인 싱크탱크가 있습니다. 2009년도에 이들은 〈네이처〉 지에 인류가 당면한 문제점들을 소개했습니다. 예컨대 바닷물이 산성화된다, 성층권에서 오존층이 파괴된다, 질소 순환에 문제가 생긴다 등을 비롯해 불소 문제, 민물 문제, 토지 이용 문제, 생물종 다양성의 파괴, 대기 중 미세먼지를 포함한 에어로졸 성분 증가, 화학물질에 의한 지구오염을 이야기했습니다. 어느 한 가지도 우리와 무관한 것이 없는, 전부 우리 일상과 관계되는 것들입니다. 그 가운데 특히 높은 경보가 울린 것은 생물종 다양성 문제와 기후 변화입니다.

2014년, 세계 경제인이 스위스 휴양지 다보스에 모여 이런저런 정보를 공유하는 세계경제포럼World Economy Forum에서도 2024년까지 지구촌의 위험 요인 10가지를 지목했습니다. 소득 불균형, 청년 실업, 선진국의 늘어나는 채무로 인한 재정 위기, 수자원 위기, 비정상적인 기후, 기후 변화 대응 실패, 식량 위기, 정치 사회의 불안정 심화, 금융 제도 실패 등이 그것입니다. 경제인 포럼답게 경제적인 이슈를 주로 다루었지만, 기후와 관련된 요인도 중요하게 평가되었습니다. 그런데 여기서 발생 가능성이 높은 것으로 구분한 다섯 가지가 소득 격차, 극단적인 기상 재난, 실업과 고용 불안, 기후 변화, 사이버 공격 등입니다. 발생 확률이 높고, 일단 발생하면 부작용이 큰 다섯 가지에 기후 변화가 포함되는 겁니다. 우리도 기후 변화를 비롯한 환경 문제를 심각하게 바라봐야 합니다.

이렇게 여러 곳에서 지구의 미래에 영향을 줄 것으로 공통적으로 지목하고 있는 기후 변화, 오늘날의 환경 오염 이야기를 하려면 먼저 어떤 과정을 거쳐서 지구 환경이 지금에 이르렀는지 알아봐야 합니다.

오늘날의 지구가 되기까지

45~46억 년 전 지구가 태어났을 때만 해도 지구는 마그마가 흘러 엄청나게 온도가 높은, 대기 중 온도도 높아서 도저히 생물체가 살 수 없는 행성이었습니다. 현재 지구는 평균 1기압, 평균 기온 12~13℃의 환경입니다. 그런데 과학자들이 추정한 바에 따르면 당시 대기는 60기압, 기온은 300℃ 전후였습니다. 그러다가 오랜 시간이 지나서 많은 양의 물이 생겼습니다. 그 뒤 땅과 하늘과 물이 서로 섞이면서 비로소 지구에 생명이 시작됩니다. 길게는 30억 년 전쯤으로 보고요, 화석으로 분명히 확인되는 생명체는 지금으로부터 5억 년 전쯤에 있었습니다. 생명체는 물에서 육지로 상륙하고, 공중으로 진출하면서 오늘날 우리의 생물권을 이루게 된 겁니다.

이어서 700만~200만 년 전 현생 인류의 조상에 해당하는 고인류가 등장합니다. 1년 달력으로 시간을 따졌을 때 지구 탄생이 1월 1일 0시라면 인류의 탄생은 12월 31일 저녁 8시 30분쯤 됩니다. 지구 전체 역사에서 인류 역사는 정말 보잘 것 없는 찰나에 불과합니다. 그럼에도 그 짧은 시간 인류가 만든 변화가 46억 년 동안 진행되었던 어떤 변화보다 끊임없이 큰 영향을 미치는 것이 현실입니다.

+ 그림 2
지구 시스템의 구성

　오늘날 지구의 암석권, 대기권, 수권, 생물권 등은 서로 유기적으로 영향을 주고받는데, 인간의 행동 하나하나가 모든 시스템에 영향을 미칩니다. 우리가 사용한 물은 하천이나 땅에서 퍼낸 지하수입니다. 우리 생활에 없어서는 안 될 전기는 화석연료를 태워서 만드는데, 그 과정에서 온실기체가 나와서 생태계에 영향을 줍니다. 이렇게 복잡한 관계가 단지 눈에 보이지 않을 뿐, 오랜 시간에 걸쳐 꾸준하게 진행된다는 겁니다.

　지구를 봅시다. 세계 지도에 있는 땅덩어리들을 퍼즐이라고 생각하고 모아 보면 윤곽선이 비슷한 모습을 하고 있음을 알게 됩니다.

실제로 독일의 기상학자 알프레드 베게너는 과거에 육지가 한 덩어리였다고 생각했습니다. 그래서 육지가 하나로 붙어 있었다는 증거를 모아서 낸 책이 《대륙과 해양의 기원》입니다. 이 책에서 바로 '대륙이동설'을 주장합니다. 땅덩어리가 움직인다, 땅이 움직여서 이런 모양이 되었다. 그의 생각은 지구 생성과 관련해서 객관적인 사실로 받아들여지는 판구조론Plate-tectonics theory을 만드는 데 결정적인 역할을 했습니다.

그런데 베게너가 자신의 이론을 발표하면서 결정적으로 해결하지 못한 문제가 하나 있습니다. 베게너는 기상학자였습니다. 그러니 지질학에서 지금까지 연구되지 않았던 새로운 지구 형성에 대한 이론을 기상학자가 주장하니까 지질학자들은 마음에 안 들었던 겁니다. 지질학자들은 "그러면 땅덩이들이 어떻게 움직이느냐, 이유를 설명해 봐라." 하고 반박했습니다. 베게너는 이에 대해 조석간만의 차이처럼 지구와 달이 서로 끌어당기는 힘 때문에 그런 것 같다 정도로 이야기했습니다. 물론 설득력 있게 수용되지 못했습니다. 어쨌든 5대양 6대주가 한데 뭉친 형태의 대륙을 초대륙, 판게아Pangaea라고 합니다.

초대륙 상태에 있던 지구는 시간이 지나면서, 즉 2억 2,500만 년 전, 1억 3,500만 년 전, 2,500만 년 전 크게 움직였습니다. 그때와 비교했을 때 가장 멀리 이동한 지판은 인도판입니다. 원래 인도는 남반구에 있던 것이 북반구로 이동해서 유라시아 대륙에 붙었습니다. 인

판게아

대륙 이동

현재 대륙

+ 그림 3
대륙 형성 과정

도판이 유라시아 대륙판에 충돌하면서 힘에 의해서 거대한 산지가 만들어졌는데, 그것이 히말라야산맥입니다. 그러면서 지구는 또 다른 모습으로 바뀌게 된 겁니다. 북미 동부와 유럽 서부 일부 산맥의 지질은 같습니다. 그래서 이들이 한때 같은 대륙이었음을 알게 됩니다. 또한 빙하가 발달했다고는 상상하기도 힘든 아프리카 남쪽, 인도 남쪽, 남아메리카 남쪽, 오스트레일리아 등에서 고생대 말기 빙하의 흔적이 발견됩니다. 엄청나게 큰 빙하가 있었다는 흔적이 나타나거든요. 지금 보면 도저히 빙하가 있을 수 없는 곳인데 그 흔적이 나타나는 걸 봐서는 당시에 땅덩어리들이 빙하가 발달한 곳에 위치했다가 이동한 것으로 생각할 수 있습니다. 또 하나, 퇴적층들을 보니까 멀리 떨어진 대륙 사이에 지층 구조나 생김새, 나타나는 동식물 화석도 비슷하다는 겁니다. 게다가 남아프리카, 마다가스카르, 인도에 공통으로 나타나는 화석과 식물이 있었습니다. 이것이 땅이 움직였다는 증거가 됩니다. 여기까지는 알프레도 베게너가 발견했습니다.

나중에는 '고지자기'가 지구의 역사를 알려 준다는 사실도 밝혀졌습니다. 고지자기란 무엇일까요? 집에서 라면 끓일 때 먼저 물을 끓이잖아요? 그러면 물에서 대류 현상이 발생합니다. 뜨거워진 물은 위로 올라가고, 상대적으로 차가운 물은 아래로 내려가고요. 그러면서 물이 골고루 끓죠. 이렇게 끓는 물을 냉동실에 넣으면 꽁꽁 얼겠죠. 이와 비슷합니다. 맨틀과 마그마가 굳을 때는 자력선의 영향을 받아요. 예를 들면 마그마 속 철과 같은 물질은 굳으면서 자력선이 북극을 향하게 됩니다. 그런데 만약 오늘날 볼 수 있는 암석 속 자력선의 방향이 남쪽을 향한다면? 땅덩어리가 원래 위치와 방향에서 벗어나 반대쪽으로 이동했다는 증거가 되겠지요? 이때 대륙들을 이동시킨 데에는 지구 내부로부터 분출되는 마그마 덩어리가 대류하는 힘이 큰 역할을 한 것으로 볼 수 있습니다.

지금은 사람들이 5대양 6대주에서 살고 있습니다. 하지만 지구는 원래 크고 작은 13개 정도의 지판들로 이루어져 있었습니다. 육지와 대양을 가른 판들은 맨틀의 대류에 의해서 둥둥 떠 있고, 아래에서 솟구치는 에너지에 의해서 요동치면서 움직였습니다. 또 상대적으로 작은 힘을 받아서 아주 조금 움직이거나 옆의 강력하게 움직이는 힘에 밀려 땅속으로 가라앉기도 했습니다. 이런 일이 계속 일어나고 있습니다. 실제로 지구 내부 에너지가 주체할 수 없는 힘을 밖으로 표출하기도 하는데, 그것이 화산 활동입니다. 맨틀이 솟구치면서 지구상의 열점들이 분출한 거죠. 우리나라 백두산, 제주도도 이런 사례이고요, 하와이는 현재까지도 활화산입니다. 열점이 많으면 많을수록 그 일대에서 지각 활동이 활발하다고 이해하면 됩니다.

지진이 시작된 곳과 화산이 활발한 곳들을 지구에 표시해 보면 경계선이 분명하게 이어집니다. 이렇게 지구 내부 에너지의 활동이 활발한 곳, 끊임없는 활동을 일으키는 대표적인 지대가 환태평양 조산대입니다. 태평양 지대를 둘러싼 화산과 지진 활동이 활발한 지대를 불의 고리Ring of Fire라고도 합니다. 이곳에는 혜택과 불행이 같이 옵니다. 예를 들어 관광객들이 온천에 몸을 담그고 싶어서 일본을 찾잖아요. 이건 일본 입장에서 혜택입니다. 러시아의 캄차카반도에서는 미세먼지를 유발하는 화력발전소 대신 강력한 지열로 솟구치는 스팀을 이용해 지열발전소에서 전력을 생산합니다. 그 대신 일본은 지진이 잦습니다. 러시아 캄차카반도는 화산 폭발이 잦고요. 그로써 인명과 재산에 심각한 피해가 발생합니다.

지구 생태계

지구라는 땅덩이는 이처럼 복잡한 과정을 거쳐 만들어졌습니다. 여기서 싹튼 생태계는 주변 시스템과 무관하게 스스로 살아남을 수 없습니다. 태양으로부터 에너지를 공급받지 못한다면 지구는 유지될 수 없습니다. 우리가 부모님으로부터 끊임없는 사랑과 관심을 받으며 사는 것처럼 지구 생태계도 마찬가지입니다. 부모님의 사랑은 거의 일방통행이어서, 그분들께 받은 사랑을 다 갚을 수 없습니다. 지구도 태양으로부터 받은 햇빛과 에너지를 되돌려줄 수 없어요. 이처럼 햇빛과 에너지는 일방통행이기 때문에 '흐름flow'이라는 표현을 씁니다.

태양-지구 에너지 흐름은 지구에 필수적입니다. 식물, 땅, 동물이 흡수한 태양 에너지, 물과 광합성을 통해 만들어 낸 물질들, 이것들

덕분에 우리 삶이 유지됩니다. 동식물을 먹지 않고 버틸 사람은 아무도 없습니다. 우리가 먹는 것은 모두 동식물성 식품들이고, 이들은 태양의 빛과 에너지가 다른 형태로 바뀌어 동식물 속에 저장된 것입니다. 태양 에너지의 흐름과 물질의 순환 덕분에 지구 시스템은 유지됩니다. 식물은 광합성을 하고 잎과 열매를 생산하므로 생산자라고 합니다. 1차 소비자인 초식동물이 화학 에너지를 운동 에너지로 전환해 움직이면, 2차 소비자인 육식동물이 초식동물을 잡아먹습니다. 동물과 식물이 죽으면 청소동물들이 먹거나 자연 상태로(유기물이 무기물로) 돌아갑니다. 이 역할을 하는 것이 환원자 또는 분해자입니다. 생태계에서는 이런 에너지의 흐름과 물질의 순환 시스템이 끊임없이 일어납니다.

대기 중에도 눈에 보이지 않는 활동이 활발합니다. 수증기가 결집되면 비가 되어 내리고, 빗물이 하천을 이루고 바다로 향했다가 다시 대기로 증발됩니다. 식물의 발산 작용을 통해 물이 다시 대기로 돌아가기도 합니다. 이런 일들이 끊임없이 일어나면서 물질과 에너지는 순환되고, 지구를 유지합니다.

◆ 물

물은 우리 생활에 가장 필수적인 존재죠. 물이 없다면 생명체는 도저히 살아남을 수 없습니다. 그런데 물을 돌고 돌게 하는 힘은 역시 햇빛입니다. 태양 에너지가 많은 곳에서는 물이 증발하고, 에너지가

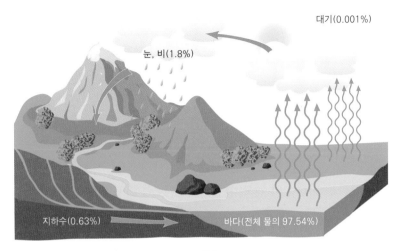

대기(0.001%)

눈, 비(1.8%)

지하수(0.63%)

바다(전체 물의 97.54%)

✤ 그림 4
물의 순환 사이클

적은 곳에서는 응결해 비가 되어 내립니다. 즉 〈그림4〉와 같은 순환 사이클이 계속 일어납니다.

목이 마를 때 찾는 먹는 샘물을 예로 들어 봅시다. 제주도는 화산 섬이죠. 이곳에는 1년에 어느 정도 비가 내릴까요? 제주도는 우리나라에서 가장 비가 많은 내리는 곳 중 하나입니다. 서귀포 같은 경우 일 년에 1,800mm 정도 비가 내리지요. 그런데 한라산 정상 백록담 일대의 강수량은 1년에 3,500mm 정도 입니다. 이건 열대 지방에 내리는 강수량 수준입니다. 보통 비가 내리면 빗물은 땅속에 스며들지 못하고 지표를 흘러 하천으로 향하는 게 일반적입니다. 하지만 제주도는 현무암과 같이 구멍이 많은 다공질 암석인 화산암으로 되어 있어 빗물 가운데 많은 양이 지하로 스며들면서 걸러져 깨끗한 지하수가 됩니다. 그러나 채워지는 지하수보다 더 많은 양을 뽑아 쓰면 문제가 됩니다. 우리가 식수를 많이 뽑아내 사용하면, 물이 채워지는 양보다 지하수로 뽑아 쓰는 양이 더 많아지면서 지하수 부족 문제가 발생합니다. 지하수가 부족하면 지하에 빈틈이 생기잖아요. 삼투압에 의해서 그 빈틈에 바닷물이 침투하게 됩니다. 그래서 제주도 일부 지역에서는 지하수의 염도가 높아 식수는 말할 필요도 없이 농업용으로도 사용할 수 없게 된 문제점이 나타났습니다.

오늘날 지구상 물의 97%는 우리가 직접 마실 수 없는 바닷물입니다. 전체의 2%를 차지하는 민물이 우리가 사용할 수 있는 물인데, 그 중 고체 상태의 빙하는 민물의 대부분을 차지하고 지표면의 11% 정도를 덮고 있어 사용할 수 없는 물이지요. 우리가 실제로 마실 수 있는 물은 극히 일부이며, 지역별로 수자원의 분포는 편차가 매우 큽니다. 충분하지 않은 물로 농사를 짓고, 공장에서 생산하는 데 쓰고, 생활에 사용하다 보니 과부족이 발생합니다. 그런데 우리는 많은 물을 낭비합니다. 또 우리가 소비하는 쌀, 보리, 밀 등 곡물과 가축을 사육하는 데 많은 양의 물을 사용하고, 먹을거리를 소비한 뒤 처리하는 과정에서도 많은 양의 물이 소비됩니다. 사람에게 필요한 제품들을 생산해서 사용하고 폐기하기까지 얼마나 많은 물이 사용되는지, 그 과정에 필요한 모든 물의 양을 수치적, 개념적인 용어로 물 발자국 water-footage이라고 합니다.

주요 상품	물 발자국
소고기 1kg	1만 5,400L
돼지고기 1kg	6,000L
닭고기 1kg	4,300L
쌀 1kg	2,500L
소고기 버거 1개	2,500L
담배 1kg	2,020L
밀가루 1kg	1,849L
파인애플 주스 1kg	1,300L
우유 1천 ml	1,000L
시금치 1kg	290L
파인애플 1kg	255L
블랙커피 1잔	130L

✛ 표 1
주요 상품 물 발자국

예를 들어 소고기 1kg을 생산하는 데에는 물 1만 5천 L가 필요합니다. 2L짜리 큰 페트병으로 계산하면 7,500개 정도 필요한 거죠. 소들은 물도 많이 마시고, 생산하는 데 물이 많이 필요한 곡물사료를 먹습니다. 더구나 축산업에서는 많은 축산폐수가 발생합니다. 이 폐수에는 너무나 많은 영양분과 오염물질이 들어 있어서 생태계에서 부영양화, 수질 오염을 유발하기 때문에 그대로 흘려보낼 수 없습니다. 이를 처리하는 데에도 많은 물이 필요합니다. 돼지고기 1kg에 물 6천 L, 닭고기 1kg에 4천 L의 물이 필요합니다. 그러면 여러분이 닭고기 1kg, 소고기 1kg을 먹을 때 적어도 물을 3천 통 넘게 쓴 겁니다.

우리의 식생활이 곡물 중심에서 육류 중심으로 식단이 바뀌면서 어떤 문제가 발생할까요? 인구 13억이 넘는 중국, 11억이 넘는 인도, 나이지리아, 일본, 미국 등 세계 10대 인구 대국들이 있습니다. 만약 중국과 인도를 포함한 인구가 많은 개발도상국들이 선진국 수준의 동물성 고열량 식품을 섭취한다면 어떤 일이 발생할까요? 이 거대한 인구 대국들은 먹을거리를 통해서 엄청난 양의 물을 소비하게 되고, 이에 따라 물 부족과 수질 오염을 피할 수 없을 것입니다.

◆ 기후와 인구

인류는 여러 단계를 거쳐 현생 인류로 발전했습니다. 초기의 인류 오스트랄로피테쿠스가 호모까지 발전을 했죠. 호모 하빌리스, 호모 에렉투스, 호모 사피엔스를 거쳐 호모 사피엔스 사피엔스까지 나아 간 겁니다. 그런데 최근 새로운 사실이 밝혀졌습니다. 조지아 인근의 작은 마을 드마니시의 지층에서 이 두개골들이 함께 발견된 겁니다. 여기서 인류가 단계를 거쳐 진화한 것이 아니라 여러 종류의 호모속 인류들이 어울려 살다가 일부가 사라지고 호모 사피엔스로 이어지 는 그룹이 생존해서 오늘날 인류로 이어졌다는 가설이 나왔습니다.

어쨌든 아프리카에서 시작된 현생 인류는 아시아를 거쳐서 아메 리카로 넘어갔습니다. 그런데 에덴동산인 아프리카를 떠난 이유는 무엇일까요? 바로 환경의 변화 때문입니다. 특히 기후 변화 때문에 구석기 사람들은 좀 더 안정된 조건을 찾아 떠난 것입니다. 당대 사람들에게 중요한 먹고사는 문제가 위협받았던 겁니다. 인류는 기본적으로 먹을거리와 편안한 생활 터전을 찾아 주거지를 옮겨 다녔고, 그 결과 오늘날의 인구 분포가 형성되었습니다. 아이러니한 점은 아프리카에서 시작된 인류의 기원, 우리에게 인류의 싹을 제공한 아프리카가 편견의 대상이라는 겁니다. 우리가 백인 남녀를 바라보는 것과 까만 피부를 가진 남녀를 바라볼 때 반응이 사뭇 다릅니다. 이렇게 우리가 세상을 바라보는 눈이 인류의 기원을 스스로 부정하는 행위는 아닌가, 그것이 바람직한가 고민해 봐야 합니다.

우리 조상에 가까운 인류로 호모 사피엔스가 있는데, 호모 사피엔스의 시초는 무엇일까요? 호모 사피엔스보다 400만 년 정도 앞선다고 알려진 것이 아프리카 동북부 에티오피아에 있는 아와시 강에서 발견된 아르디피테쿠스입니다. 이것은 〈네이처〉 지에 소개되었는데요, 당시 인류가 이동한 원인이 기후 변화로 인한 황폐화라고 합니다. 즉 기후 변화가 인류 문명 발전에 큰 영향을 미쳤고, 그것이 과거부터 현재까지 진행형이라는 겁니다.

기후가 인류에 영향을 미친 또 다른 사례를 보겠습니다. 약 10만 년 전, 마지막 빙하기가 있었습니다. 지구에는 백만 년 전부터 지금까지 10여 차례 추워졌다가 따뜻해진 시기가 있었습니다. 그렇게 기후가 오르락내리락하면서 인류가 영향을 받았습니다. 그 마지막 빙하기가 지금으로부터 10만 년 전에 시작되었고, 가장 추웠을 때는 2만 2천~

1만 8천 년 전입니다. 매우 추웠기 때문에 지금보다 온도가 5~12℃ 정도 낮아지면서 빙하가 발달하고, 해수면이 낮아졌습니다. 사람들은 낮아진 해수면으로 인해 노출된 연륙교를 이용해서 이동했고요. 1만 2천 년 전부터 빙하기가 끝나고 홀로세가 시작되면서 오늘날과 기후가 비슷해졌습니다. 빙하기 이전 구석기 시대에 인류는 들에서 동물을 사냥하고 식물을 채집하던 수렵경제 생활을 했는데, 이제 작물을 직접 기르고 가축을 키우는 농경문화가 시작되었습니다. 단위 면적당 먹여 살릴 수 있는 인구수가 늘면서 토지 생산력에서도 차이가 납니다. 그러면서 인류는 자식을 많이 낳아 기를 능력을 갖게 됩니다. 지금도 자연계에서 이런 일이 나타납니다. 날씨가 나쁘면 상수리나무의 꽃이 잘 영글지 못해서 도토리 생산량이 줄어듭니다. 그러면 다람쥐들은 새끼 낳는 숫자를 조절합니다. 새끼를 많이 낳지 않는 대신 소수를 낳아서 정성 들여 키우는 겁니다.

1만 2천 년 전 농업 시작, 수백만 명

5,500년 전 최초의 청동기 시대, 1천만 명

3천 년 전 인구 1억 명 돌파

207년 전 인구 10억 명 돌파

1950년 25억 명

2011년 70억 명

2025년 80억 명

2043년 90억 명

2083년 100억 명

기후가 오늘날과 비슷해진 홀로세 이후 인구가 급격히 증가하면서 신석기, 청동기, 철기 시대로 발전했습니다. 청동기가 출현한 것은 지금으로부터 3천 년 전이었고, 당시 인구는 1억 명에 이르렀습니다. 그리고 10억 명으로 늘어나는 데에는 많은 시간이 걸리지 않습니다. 특히 최근 400년 사이에 인구가 급격하게 증가했습니다. 산업혁명 전에는 1명이 먹고사는 데 10km^{2}의 토지가 필요했는데, 이후에는 농사 기술의 발달 등으로 필요 면적이 2분의 1 정도로 줄어듭니다. 그만큼 단위 면적당 더 많은 사람을 먹여 살릴 수 있게 되었다는 뜻입니다. 물을 대서 농사를 지으며 사람들은 더 많은 인구를 부양할 수 있게 되었습니다. 농업이 인류에 미친 영향이 이렇게 큽니다.

인류 4대 문명이 큰 하천을 중심으로 발생하고, 인구가 증가하고 도시화로 연결되었습니다. 다른 곳으로 인구가 이동하면서 확산되고요. 또 열대나 아열대 지역 기후 좋은 곳의 동식물을 개량하고 길들이면서 우리가 먹는 식량을 만들어 냅니다.

농업은 사람을 먹여 살리는 데 한계가 있습니다. 하지만 산업혁명으로 도시화, 공업화가 가능해지면서 인구 부양 능력은 폭발적으로 증가합니다. 역사를 살펴보면 구석기 시대에 인류는 다른 동물과는 다르게 스스로 필요한 도구를 만들고 불을 다루는 혁명을 일으킵니다. 즉 7천 년 전부터 동물과 뚜렷이 차이 납니다. 농업혁명이 발생하면서 인류는 스스로 먹고사는 문제를 해결합니다. 자연에서 공급해주는 먹이에만 의존하는 동물과 다른 길을 걷는 거죠.

인류는 철과 석유, 석탄, 천연가스를 이용하면서 산업화와 도시화에 성공했습니다. 먹는 문제 해결, 빈곤 탈피, 산업 발전이라는 세 단계를 거치면서 결국 인류 과학의 발전까지 이루어 냅니다. 이렇게 인류는 번성한 겁니다. 이 과정을 거치며 많은 자원(토지, 물, 동식물 재료, 지하자원, 에너지원)을 이용했고, 이것이 환경과 인류에 부담을 주었습니다. 지금 산업화에 성공해서 전 세계 경제를 이끌어 가는 OECD 국가를 중심으로 보면, 세계의 축이 온대 지방을 중심으로 발달하고 있습니다. 이 지역들은 인구밀도가 높고, 산업화, 도시화로 많은 자원을 소비하고 있습니다. 그래서 심각한 환경 오염, 기후 변화가 이 지역을 중심으로 발생합니다.

그런데 지구상 인구는 세계 곳곳에 균등하게 분포되어 있지 않습니다. 4대 문명 발상지와 산업화된 지역을 중심으로 몰려서 삽니다. 2천 년대 이르러서는 지구 인구가 65억을 넘어섰고, 지금은 75억 명 정도 됩니다. 2080년이면 100억 명을 돌파할 것이라고 합니다. 그런데 발전 단계상으로 보자면 산업화에 성공한 선진국들은 인구가 정체 혹은 감소 상태에 있습니다. 반면 제3세계는 아직도 인구가 늘어나는 패턴을 보입니다. 북아메리카 일부, 아프리카 중부 일부, 유럽, 중남미, 대서양 연안, 아시아 지역들을 보세요. 특히 중국에서 인도,

일본에 이르는 지역에 전 세계 인구의 절반이 밀집해서 삽니다. 인구가 이렇게 살면서 굶어 죽지 않는다는 이야기는 산업화, 도시화 단계를 떠나서 이곳에서 생산되는 식량이 많은 사람을 먹여 살릴 수 있다는 것입니다. 어떻게 가능할까요? 물을 활용한 수전농법으로 벼를 재배하기 때문입니다. 그래서 인구는 지금도 증가하고 있습니다.

인구 밀집 국가에는 중국, 인도, 미국, 인도네시아, 브라질, 파키스탄, 방글라데시, 나이지리아, 러시아, 일본 등이 있습니다. 이 나라 중 70% 이상에 인구 측면에서 공통점이 있습니다. 무엇일까요?

인도네시아, 파키스탄, 방글라데시, 나이지리아, 인도 북부 일부, 러시아 일부, 중국 일부, 미국 일부의 공통점은 우선 면적이 넓은 것을 들 수 있습니다. 문화적으로는 이슬람이 종교라는 공통점이 있고요. 다만 브라질은 종교가 가톨릭입니다. 가톨릭과 이슬람은 대립적인 경우도 많지만, 인구와 관련해서는 공통점이 있습니다. 바로 낙태와 피임을 허용하지 않는 것입니다. 아기는 조물주가 준 선물이라는 생명 사상을 갖고 있습니다. 이런 신념은 인구와 관련하면 큰 함의를 갖습니다. 미국이나 일본, 중국 일부 같은 지역들은 경제적으로 일정한 수준에 올랐기에 인구가 늘어나도 스스로 자급자족할 수 있습니다. 그런데 감당할 수 없는 지역에서 인구가 늘어나면 자연환경은 빠르게 파괴됩니다. 스스로 감당하지 못할 정도의 인구와 경제력 때문에 환경이 파괴되는 것입니다. 21세기 후반 세계 최대 인구 국가는 인도가 될 것으로 예상합니다. 중국 인구는 줄어들고, 아프리카 나이

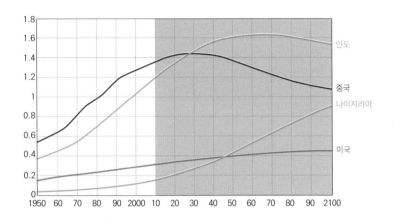

＋그림 5
1950~2100년 사이 중국, 인도, 나이지리아, 미국의 인구 증가

지리아는 세계 인구의 3대 강국으로 등장할 겁니다.＋그림5 그렇게 되면 우리나라는 저출산 문제로 고민하는 반면에 이들 국가들은 불어난 인구를 부양해야 하는, 우리와 전혀 다른 고민을 해야 합니다. 앞으로도 세계 인구는 끊임없이 늘어날 겁니다.

전 세계 인구가 골고루 증가한다면 문제가 덜 됩니다만, 지역별 인구 증가 속도와 인구밀도의 편차가 큽니다. 급격하게 늘어나는 인구는 아프리카, 중앙아시아, 중남미에 집중되고요. 이 지역은 아직 스스로 먹고 살 인프라가 덜 갖춰졌습니다. 그러다 보니 환경이 망가질 수밖에 없고, 그것이 우리에게도 영향을 미칩니다. 이미 이웃 국가로 인한 환경 오염 사례가 발생하고 있습니다. 사람들의 속성을 이렇게 제대로 살펴보고, 잠재적 악영향을 줄 수 있는지 알아봐야 합니다.

장기적으로는 국가마다 감당할 수 있는 인구수를 유지해야 합니다. 인도의 인구 증가는 종교 요인이 큽니다. 힌두교와 이슬람교가 대립하는 상황에서 종교 문화적 요인 때문에 인구를 강제적으로 억제하다가는 사회적 혼란이 발생할 수 있습니다. 그래서 지구촌의 가난과 빈곤 문제를 탈피하는 차원에서도 문화와 인구 속성을 낱낱이 살펴보고 인류의 미래를 진단해야 합니다.

지질 시대의 구분

최근에는 지질 시대를 새롭게 나누자는 이야기가 있습니다. 지금은 지구 역사를 환경 변화에 따른 생물의 사멸과 등장을 기초로 크게 세 덩어리, 즉 고생대, 중생대, 신생대로 나눕니다. 그런데 고생대 이전에도 시기가 있었고, 그 시기를 선캄브리아기, 혹은 시생대와 원생대로 나누기도 합니다.

지금으로부터 약 6,500만 년 전에 신생대가 시작됩니다. 신생대를 세분하면 6,500~250만 년 전에 있었던 시기를 신생대 제3기, 250만 년 전쯤부터 시작되어 오늘날에 이르는 시기를 신생대 제4기라고 합니다. 그리고 1만 2천 년 전부터 오늘날까지 기후 조건이 비슷한 이 지질 시대를 '홀로세Holocene', 혹은 현세라고 합니다. 1만 2천 년 전부터 오늘까지 인류가 농사를 시작하고, 신석기에 새로운 도구를 만들고, 이어서 토기나 청동기, 철기를 만들고, 화석연료를 사용하고, 원자력을 이용하고 다음으로 신재생 에너지를 사용하는 등 온갖 많은 일들을 해내고 있습니다.

최근에는 인류의 영향력이 급격히 커지는, 비정상적으로 커지는 이 시기를 별도의 지질 시대로 부르자는 제안도 나왔습니다. 그런 제안을 한 대표적인 사람은 1995년 노벨 화학상을 받은 파울 크루첸이라는 과학자입니다. 크루첸은 대기 중 성층권에서 오존이 파괴되어 오존홀, 즉 오존 구멍이 뚫려서 지구상 사람들이 피부암에 많이 걸리고 많은 피해를 입는다는 사실을 공동 발표해 노벨 화학상을 받았습니다. 그는 과거 논의된 내용을 중심으로 인류 활동이 부정적 영향을 낳고 인류의 생존 자체를 위협하는 지경에 이르렀다, 이대로는 안 된다, 인류가 각성하고 새로운 조치를 할 때가 왔다고 판단했습니다. 그래서 인류의 영향력이 너무 커졌고, 지구 시스템이 감당하기 어려운 정도의 이 시기를 별도의 지질 시대로 이야기하자는 겁니다.

지질 시대를 나누는 기준은 전혀 새로운 생물체의 등장입니다. 식물의 경우는 우리가 육안으로 볼 수 없는 생물체가 있고, 양치류가 나타나고, 물속에서 삼엽충 같은 동물들이 헤엄치던 시기를 고생대로 본 것입니다. 양치류가 사라지고 바늘잎을 가진 침엽수가 등장한 시기, 물속 생물체들이 육지로 상륙하고 공룡에 이르기까지 번성했던 시기를 중생대라고 합니다. 중생대 말기에 중생대의 지표종인 공룡들이 사라졌습니다. 지질 시대로 보니까 금방 같지만 여러 단계를 거쳐 서서히 사라졌습니다. 침엽수가 지배하던 시대가 지나고 꽃을 활짝 피우는 현화식물과 포유동물이 번창한 시기를 신생대라고 부릅니다. 이런 생물들이 더 이상 생명을 유지하지 못하고 사라지는 일들이 발생하니까, 그 시기를 '인류세^Anthropocene'라는 새로운 지질 시대로 명명하자는 것이 크루첸의 주장입니다.

2016년, 남아프리카 케이프타운에서 세계지질학회가 있었습니다. 거기에서 논의된 것이 인류세라는 용어를 공식적인 지질학 용어로 정의할 것인가였습니다. 당장 인류의 영향력이 커진 시기가 언제였는지 결정해야 했습니다. 그래서 논란이 많습니다. 많은 사람들이 동의하는 것은 18세기 중반 산업혁명이 인류가 환경에 대규모로 영향을 미치기 시작한 계기가 되었다는 겁니다. 이때부터 인류가 화석연료를 대량으로 사용하면서 지구 대기가 오염되기 시작했으며, 대기 중 이산화탄소 농도가 높아지면서 지구 온난화가 일어났습니다. 따라서 산업혁명이 삶의 질과 기술 고도화를 가져다준 측면도 있지만, 분명히 부정적인 면도 있음을 지적하자는 것이죠.

한편에서는 지구상에 전혀 존재하지 않았던 새로운 물질들이 만들어진 시기를 기점으로 삼자는 주장도 있습니다. 어떤 사람은 플라스틱이나 석유에서 추출한 물질을 예로 듭니다. 인류에게 단기간에 걸쳐 치명적인 영향력을 미친 핵폭탄을 기준으로 삼자는 의견도 있습니다. 1945년에 일본 히로시마와 나가사키에 떨어진 이 위력적인 무기는 인류 역사상 획기적인 재앙 중 하나였으니까요.

46억 년 전쯤 탄생한 지구는 2억 2천만 년 전 하나의 초대륙, 즉 판게아에서 시작되어서 오늘날에 이르렀습니다. 미래의 언젠가에는 5대양 6대주가 다시 하나로 합쳐진 '판게아 울티마Pangaea Ultima'가 될 것이라고 보고 있습니다. 그 과정에서 우리가 어떤 상황에 처할지, 급기야 멸망하게 될지 어떨지는 아무도 모릅니다. 인류의 생존 가능성을 아는 사람은 없습니다. 지구를 생명이 살 수 있는 터전으로 가꿀지 황폐한 공간으로 만들지는 우리의 선택과 노력에 달려 있습니다.

14

CHAPTER

기후 변화와
위기의 생태계

겨우내 추위에 떨다가 봄이 오면 날씨가 좋아야 하는데 하늘을 뿌옇게 뒤덮은 미세먼지와 황사 때문에 달갑지 않죠? 대기오염과 함께 봄마다 반복되는 가뭄은 농민에게만 골칫거리가 아닙니다. 생활용수의 질이 나빠지면서 도시 사람들도 불편을 하소연합니다. 봄의 끝이 언제인지 모르게 여름 더위가 찾아오고, 무더위와 폭우가 교차하면 사람들은 기후에 큰 문제가 생겼다고 불평합니다. 또 태풍이 발생하면 강력한 위력으로 엄청난 피해를 주지요. 짧은 가을이 지나면 겨울이 오고요. 겨울은 예전처럼 길지 않고 춥지 않은 경우가 많지만, 어떤 때는 한파가 몰려와 전국을 꽁꽁 얼게 합니다. 지구의 기후 시스템에 심각한 문제가 발생했다고 말하지만, 왜 문제가 발생하고, 어떻게 대응해야 할지 막막한 경우가 많습니다.

이렇게 기후 변화는 우리 일상과 밀접한 관계가 있습니다. 기상 이변과 기후 변화는 어느 날 갑자기 발생한 것이 아니라 오랜 시간 동안 만들어진 결과이지요. 지구 시스템을 구성하는 땅, 공기, 물, 생물은 오랜 시간에 걸쳐 서로 유기적인 작용을 하면서 발전을 거듭했는데, 인류가 등장하면서 세상이 달라졌습니다.✛그림1 우리가 매일 사용하는 전기도 화석 에너지를 사용해 발전한 것이라면 어떤 형태로든

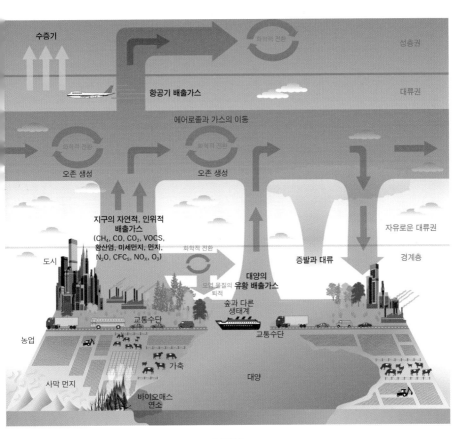

수증기

항공기 배출가스

에어로졸과 가스의 이동

성층권

대류권

오존 생성

오존 생성

자유로운 대류권

지구의 자연적, 인위적
배출가스
(CH_4, CO, CO_2, VOCS,
황산염, 미세먼지, 먼지,
N_2O, CFC_5, NO_x, O_3)

도시

교통수단

농업

가축

사막 먼지

바이오매스
연소

화학적 전환

대양의
유황 배출가스

숲과 다른
생태계

교통수단

대양

증발과 대류

경계층

+ 그림 1
기후 시스템

지 기후 시스템에 영향을 미치게 됩니다.

화석 연료를 연소시키면 대기 중에 이산화탄소가 많아지고 태양의 복사 에너지가 지표면에 오래 머물면서 기온이 오릅니다. 나무를 잘라 땔감으로 사용하고, 화장지, 종이, 가구 등을 만들면, 숲이 더 이상 이산화탄소를 흡수하지 못하면서 대기 중 온실기체가 늘어나 지표면의 기온이 상승합니다. 대기 중 이산화탄소가 많아져서 기온이 상승하면 빙하가 녹으면서 해수면이 올라가고, 기후 시스템은 균형을 잃게 됩니다. 지구 시스템은 암석권, 대기권, 수권, 생물권이 상호 유기적으로 작용해 조화와 균형을 이루면서 발달했는데 인간의 영향으로 교란을 겪고 있는 겁니다.

기후대와 식생대

지구상에서는 위도, 고도, 지역 조건에 따라 기후가 달라지면서 적도를 중심으로 열대(열대, 아열대), 온대(난온대, 냉온대, 한온대), 한대(아한대, 한대) 등 기후대가 띠 모양으로 나타납니다. 기온과 강수량의 영향을 받는 식물은 적도에서 극지까지, 산록에서 설선까지 다양한 경관과 식생대를 만들어 냅니다.

열대와 아열대처럼 기온이 매우 높고 비가 충분히 내리는 곳에는 일 년 내내 푸른 나뭇잎이 있는 열대 우림이 나타나고, 기온이 높고 비가 알맞게 내리는 난대 지역에서는 상록활엽수림이 발달합니다. 여름이 매우 건조한 난온대 지중해성 기후 지역에는 올리브, 아몬드 등 작고 두꺼운 상록성 잎을 가진 경엽수림이 나타나고요. 강수량이 적당한 온대 대륙성 기후 지역에는 봄부터 가을까지 나뭇잎이 자라

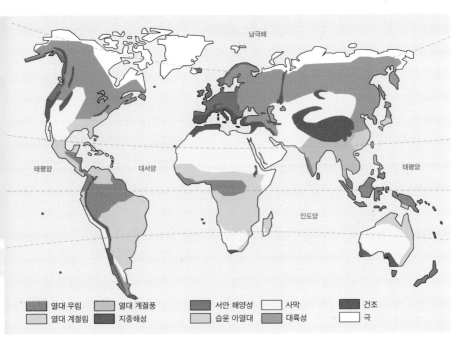

남극해

태평양　　　대서양

태평양

인도양

| 열대 우림 | 열대 계절풍 | 서안 해양성 | 사막 | 건조 |
| 열대 계절림 | 지중해성 | 습윤 아열대 | 대륙성 | 극 |

✦ 그림 2
기후대

는 낙엽활엽수림이 흔합니다. 우기와 건기가 뚜렷하게 나뉘는 계절
풍 지대에서는 우기에 푸르지만 건기에는 잎이 지는 열대 계절림을
볼 수 있고요. 춥고 겨울이 긴 아한대 대륙성 기후 지역에는 침엽수
림이 자라지요. 극지에 가까워지면 교목이 자라지 못하고 관목이나
초본류가 자라는 툰드라가 나타나며, 극지에는 빙설 기후대가 나타
납니다.

기상과 기후, 기후 변화의 원인

46억 년 전에 지구가 만들어진 이래 발전을 거듭한 기후가 안정화되면서 오늘날과 같은 세계의 기후 시스템이 자리 잡았습니다. 위도에 따라 1년 12달 고온다습한 열대 지역도 있고, 극지에서는 여름에 해가 지지 않는 백야가 나타나고, 겨울에는 온종일 혹독하게 추운 날씨와 어두운 나날이 이어집니다. 지역의 기후는 환경에 영향을 미치고, 그에 따라 사람들도 기후의 영향을 받습니다.

일상에서 많이 사용하는 단어 가운데 일반인뿐만 아니라 언론 그리고 전문가까지 혼동해서 사용하는 단어가 기후와 기상입니다. 기상은 짧은 시간 동안 공기의 상태를 뜻하고, 다른 말로는 날씨, 일기라고도 합니다. 오늘 기온이 몇 도이고, 습도가 얼마이고, 강수량이 어느 정도냐 등 짧게는 하루에서 일주일 동안의 대기 상태가 기상입니다. 기상은 사람으로 치면 그날의 기분과 같지요.

이에 비해 기후는 한 장소의 기상 자료가 30년 정도 축적되었을 때 알 수 있는 장기간에 걸친 기온, 강수량 등의 평균값에 기초한 경향성입니다. 기후는 기상과 같이 갑자기 들쭉날쭉하지 않습니다. 적어도 30년 이상 오랜 기간에 걸쳐 나타나는 경향성이기 때문에 갑자기 바뀌진 않습니다. 사람으로 따지면 하루아침에 바뀌지 않는 성격과 같아요. 때문에 단기간에 걸쳐 나타나는 극단적인 고온, 폭우, 강풍 등은 이상 기후라고 부르기보다는 이상 기상 또는 기상 이변으로 부르는 것이 적절합니다.

♦ 자연적인 원인

기후는 자연적인 요인에 따라 끊임없이 바뀌는데, 그 원인은 지구 외부 요인과 내부 요인, 자연적인 요인과 인위적인 요인으로 구분해서 살펴볼 수 있습니다.

자연적 요인 가운데 지구의 활동과는 관계없이 지구 바깥 활동에 의해 지구 기후가 영향을 받기도 합니다. 태양에서 발생하는 에너지의 많고 적음의 변화가 대표적이지요. 보통 11년 주기로 왕성해지거나 약해지는 태양 활동에 따라 태양 표면에 흑점이 증가하거나 감소하는데, 이 흑점이 폭발하면서 발생하는 태양 플레어는 양성자 폭풍이라고 하는 강력한 고에너지 입자의 흐름을 분출합니다. 또한 강력한 태양풍을 생성하면서 지구의 우주 기상에 큰 영향을 미칩니다.

지구의 기후 변화는 지구가 태양 주위를 도는 공전 궤도와 관련 있습니다. 지구는 태양 주위를 돌면서 약 10만 년을 주기로 태양과의 거리가 가까워지거나 멀어지는데, 이때 지구가 받는 태양 에너지 차이에 따라 기후가 변하지요. 또한 우주에서 생성되어 지구에 충돌하는 운석 등에 의해서도 기후는 영향을 받습니다. 중생대 말기인 백악기에 지구상에 급격한 기후 변화가 오면서 공룡을 포함한 생물의 대멸종이 발생했는데, 운석 충돌이 원인으로 알려졌습니다.

지구의 내부 활동이 기후 변화를 가져오기도 합니다. 그 가운데 하나가 지구 지축의 기울기입니다. 지금은 23.5도 정도 기울어져 있지만, 4만 년 주기로 지축의 경사가 변하면서 태양 에너지를 받는 양이 달라져 지역의 기후가 변합니다. 또 다른 경우는 화산 폭발입니다. 지구 내부에서 강력한 열과 물질을 포함한 마그마가 여러 종류의 가스와 함께 지표 위로 분출됩니다. 이때 온실기체가 많이 분출되면 지구가 더워지기도 하지만, 보통은 화산재, 화산회, 수증기와 같은 화산 분출물이 대기 중에 퍼지면서 태양 광선을 차단해 지표의 기온이 내려가지요. 남아메리카 과테말라에 있는 산타 마리아 화산이 1902년에 폭발한 뒤 기온은 크게 내려갔습니다. 1883년 인도네시아 크라카타우 화산, 1963년 발리 섬 아궁 화산 폭발도 세계 기후에 영향을 주어 몇 년 동안 세계 평균기온이 0.5℃ 정도 내려갔어요. 1983년에 멕시코 엘 치촌 화산이 폭발했을 때도 기후가 악화되었습니다. 1991년 필리핀 피나투보 화산은 폭발하면서 2천만 톤의 이산화황을 대기 중으로 방출했고, 이로써 1992년에 전 세계 평균기온이 0.8℃ 정도 하강했습니다. 또한 대기 중의 이산화황이 증가하면서 생긴 연무가 태양광을 반사시켜 1993년까지 기온 하락을 부추겼습니다.

◆ 인위적인 원인

지구 기후는 인위적인 요인에 의해서 바뀌기도 합니다. 가장 근본적인 원인은 인구 증가와 자원 소비에 있습니다. 사람이 늘어나면 인구를 먹여 살리기 위한 식량과 공간이 필요하죠. 에너지도 필요하고,

온실기체 발생　　　　무분별한 벌목　　　　환경 오염

화석 연료 사용 증가

✤ 그림 3
지구 온난화의 원인들

여러 가지 자원도 필요합니다. 도시화, 산업화가 되면서 식량을 생산할 경작지의 확장, 자원 채굴, 화석 에너지의 사용 등에 따라 기후 변화가 발생합니다. 산업혁명 이전에는 대기 중 이산화탄소가 280ppm 정도였으나 2008년 태평양 한가운데 위치한 하와이에서는 대기 중 이산화탄소 농도 측정치가 400ppm을 넘었습니다. 지구촌 인구 증가, 화석 연료 사용 증가와 함께 온실기체 흡수원인 열대 우림이 사라지면서 지구 온난화가 나타났습니다. 1800년대 중반부터 최근까지 150년 사이에 지구의 연평균기온은 1℃ 가까이 상승했고, 지난 100년 동안 지구의 연평균기온은 0.7℃ 정도 올랐습니다. 한편 우리나라는 지난 100여 년 동안 연평균기온이 1.5℃ 상승했습니다. 이는 세계 기온 상승 값의 두 배 정도에 이릅니다.

최근에 나타난 지구 온난화 등 기후 변화는 자연적인 원인에 의해서만 발생한 것이 아니고 온실기체의 증가, 이산화탄소 흡수원인 열대 우림의 대규모 벌목 등 인위적인 영향이 공동으로 작용해 나타났습니다. 따라서 이산화탄소, 염화불화탄소^{CFCs} 등 대기 중 온실기체 증가와 온실기체를 흡수해서 기온이 오르지 못하게 조절하는 숲과 같은 탄소 흡수원이 빠르게 줄어드는 것을 우려하지 않을 수 없습니다.

지구의 허파 기능을 하면서 온실기체를 흡수하고, 복사 에너지를 저장하고, 물의 순환을 조절해 주는 열대 우림, 타이가숲, 온대 활엽수림이 훼손되면서 온실기체를 흡수하는 능력이 저하되었고, 그 결과 지구 온난화가 널리 퍼진 것입니다. 북한에서도 가장 외지고 추운 곳 가운데 하나인 압록강 유역에 위치한 도시 중강진의 기온은 지난 100년 동안 3.1℃ 상승했는데, 원시림의 벌목 외에 그 원인을 설명할 수 있는 근거가 많지 않습니다.

◆ 기후 변화를 복원하는 자료

현재의 기후가 앞으로 어떻게 바뀔지 예측하는 것은 쉽지 않습니다. 미래 기후를 예측하려면 과거 기후가 어떻게 변해 왔는지 체계적으로 알아야 합니다.

고기후를 복원하는 것에 활용되는 자료는 다양합니다. 호수 바닥에 쌓여 있는 퇴적물을 분석하면 시기별로 어떤 꽃가루가 어느 정도로 출현하는지 확인할 수 있고, 시기별 꽃가루를 근거로 당시 기후를 복원할 수 있습니다. 강원도 속초에 위치한 영랑호 물속에는 지금으로부터 1만 7천 년 전쯤부터 형성된 퇴적층이 발달해 있습니다. 퇴적층의 꽃가루를 분석한 결과 최후빙기가 막바지에 이르렀던 1만 7천~1만 5천 년 전에는 지금 북한의 높은 산지나 설악산, 지리산의 정상 가까이에서나 볼 수 있는 가문비나무, 잎갈나무 등 한대성 침엽수들이 영랑호 일대에 우점했다고 합니다. 당시 기온이 오늘날보다 5℃ 이상 추웠다가 소나무와 참나무 종류들이 많아지는 1만 년 전부터 오늘날과 기온이 비슷해졌음을 알 수 있지요.

나무들은 기온이 따뜻하고 강수량이 충분하면 빠르게 자라면서 나이테의 폭이 넓어지고, 추워지거나 건조해지면 연륜의 폭이 좁아집니다. 그 원리를 이용하면 나이테를 기준으로 기후가 어떻게 변화했는지를 알 수 있겠지요.

과학자들이 극지의 추운 곳에서 연구하는 것 중 하나가 빙하를 시추해서 얼음 속 공기 방울을 분석해 빙하가 만들어진 당시 기후가 현재와 얼마나 차이 나는지 복원하는 것입니다. 물가에 사는 작은 곤충, 딱정벌레, 물속의 물고기, 조개류 등도 죽어서 물속 퇴적층에 묻히면 보존되는데, 이를 분석해 당시의 고기후를 복원하기도 합니다.

조상들이 남긴 고문헌에서도 날씨에 대한 기록, 기상과 관련된 재해 기록을 찾아내고, 그것을 기초로 당시 지역별 기후를 복원합니다.

설악산, 한라산 꼭대기에 올라가면 북극권에서 자라는 돌매화나무, 시로미 등 키 작은 식물들을 볼 수 있습니다. 따라서 이런 북극

식물들은 현재보다 기온이 낮았을 빙하기 때 북쪽의 추위를 피해 옮겨 와 살아 있다는 걸 알 수 있지요. 주변에 볼 수 있는 동식물은 과거의 기후 변화를 이해하는 데 중요한 생물지리적인 단서가 될 수 있습니다.

기후 변화 사례

지난 5억 7천만 년 전부터 현재까지 지구의 기후는 끊임없이 바뀌었습니다. 이에 지구에서는 수많은 빙하기와 간빙기가 교차했고, 그중 적어도 다섯 차례 이상의 큰 기후 변화가 있었습니다. 기후가 온난해지거나 한랭해지면서 원래 서식하던 생물이 멸종하고 새로운 생물이 등장하면서 고생대, 중생대, 신생대 등 새로운 지질 시대가 시작됩니다. 한랭했던 빙하기와 오늘날은 10℃ 정도 기온 차이가 납니다. 기후가 온난다습해지면 생물종 다양성이 높아지고, 기온이 낮아지면 동식물 수가 줄어듭니다.

오늘날 우리가 화석 연료로 사용하는 석탄은 현재보다 날씨가 따뜻했던 고생대 온난기에 번성했던 식물들의 유체가 지층 속에 묻혀 열과 압력의 영향을 받아 탄화된 것입니다. 오늘날 양치류는 하찮게 보이는 식물이지만, 고생대에는 키가 30m에 이르는 큰 나무였고, 이 것들이 땅에 묻혀서 석탄이 된 겁니다.

우리는 6,500만 년 전부터 현재에 이르는 신생대에 살고 있습니다. 현생 인류가 지구상에 등장한 것은 20만 년을 넘지 않는 시기입니다. 특히 지난 10만 년은 인류 역사에 매우 중요한 시기였습니다. 마지막 빙기가 시작된 건 지금으로부터 약 10만 년 전입니다. 그중에서도 지금으로부터 2만 2천~1만 8천 년 전 정도가 마지막 빙하기 중 가장 추웠던 시기로, 최후빙기Last Glacial Maximum라고 하지요. 최후빙기 동안에 오늘날보다 세 배가 넓은 육지의 30%는 대륙 빙하에 덮여 있었습니다. 시카고, 런던, 모스크바 전부가 얼음으로 덮였습니다. 스칸디나비아반도는 빙하의 두께가 3천 m에 이르렀습니다. 대륙 빙하가 발달하던 곳들은 빙하 무게 때문에 가라앉고, 다른 쪽은 상승하는 지각운동이 나타났습니다. 특히 북반구 고위도 지역에서 대륙 빙하가 발달해 많은 양의 물이 빙하로 바뀌면서 해수면은 오늘날보다 130m까지 낮아졌습니다. 고위도 지역에 대규모 빙하가 발달하고 영구 동토층이 발달하는 툰드라가 넓어지면서 북쪽의 동식물이 남쪽으로 내려왔고, 인류도 식량과 온난한 곳을 찾아 남쪽으로 이동했습니다.

기후가 추워지고 따뜻해짐에 따라 지구 생태계도 반응했습니다. 유럽에서 빙하기와 간빙기 사이에 자연환경과 경관은 오늘날과 크게 달랐습니다. 지금은 유럽 쪽 북극해 주변 지역에 키가 작은 관목이나 풀들이 자라는 툰드라가 있고, 남쪽으로 가면서 키 작은 나무가 자라고, 북극권을 벗어나야 자작나무와 침엽수가 우점하는 타이가의 울창한 숲이 발달하며, 중부 유럽에 가야 낙엽활엽수림대가 나타납니다. 알프스 남쪽에는 지중해성 기후 지역에서 번성하는 식물들이 자라지요.

한편 빙하기 때 식생 경관은 오늘날과는 사뭇 달랐습니다. 북극해 주변 극지방은 두께 3천 m 이상의 대륙 빙하가 덮고 있었고, 일부 식물들만 해안가 등에 잔존할 수 있었습니다. 특히 알프스산맥은 고도가 높아 빙하기 때 식물들이 이동하는 데 걸림돌이 되어 유럽에서 생물이 멸절하는 데 결정적인 역할을 했습니다. 알프스산맥 남쪽으로 가야만 빙하기의 추위를 피해 살 수 있는 피난처가 있었습니다. 기후 변화는 식물, 동물 생태계와 그 다양성 유지에 결정적인 요인이었지요.

◆ 홀로세의 기후 변화

오늘날과 비슷한 기후는 1만 2천 년 전에 시작된 홀로세부터 이어졌습니다. 플라이스토세 최후빙기가 끝나고 기온이 서서히 회복되면서 연평균기온이 13℃를 넘고, 최근에는 15℃까지 올랐는데, 과거 한때는 오늘날보다 기후가 온난했습니다.

기후가 온난했을 때 유럽인은 북쪽에 위치한 그린란드까지 가서 목축을 했습니다. 로마 시대에도 현재보다 따뜻했던 시기가 있었는데, 그때는 영국에서도 포도를 재배했습니다. 기후가 좋으면 농사를 지어 먹고살 수 있는데, 날이 추우면 그게 힘듭니다. 북쪽에 살던 바이킹들은 기후가 한랭해져 농사가 안 되고, 고기도 안 잡히면 배를 타고 남쪽으로 가서 노략질을 일삼았습니다. 즉 바이킹 활동 시기와 기후 변화에 밀접한 관계가 있습니다. 1만 2천 년 동안에도 몇 차례 추운 시기가 있었는데, 마지막으로 추웠던 시기는 14세기부터 18세기 사이입니다. 이때를 소빙기^{Little Ice Age}라고 부르며, 유럽에서는 온도가 내려가고 비가 많이 오면서 감자에 바이러스가 발생해 식량 부족으로 사람들이 굶어 죽게 됩니다. 이때 흑사병까지 창궐해서 엄청나게 많은 사람이 죽었습니다. 이에 죽음과 굶주림을 피해 북미 대륙으로 진출하면서 북아메리카 역사가 시작된 겁니다. 소빙기에는 우리나라도 농사에 실패하고 생활이 어려워지면서 민란이 많이 발생하는 등 어려운 시기를 보냈습니다. 기후는 과거에도 인류 역사에 많은 영향을 미쳤고, 앞으로도 그럴 것입니다.

◆ 지난 100년 동안의 기후 변화

요즘 화두로 등장한 지구 온난화 경향은 언제부터 두드러지게 나타났을까요? 기후 변화에 대한 정부간 협의체^{IPCC}라는 국제기구는 1988년 UN과 세계기상기구^{WMO}가 공동으로 지구촌 기후 변화 문제의 원인을 찾고 대응책을 마련하고자 만든 조직입니다.

2007년에 발표된 IPCC 보고서에 따르면, 지난 150년 동안 유럽 기온은 꾸준히 상승했습니다. 1900년대부터 100년 동안 0.74℃가 올라서 지난 150년보다 가파르게 기온이 상승한 겁니다. 특히 1980년대 이후에는 0.45℃가 올라 기온 상승 추세가 매우 급해져 지구 온난화는 명백한 현실이 되었습니다. 또한 일부에서 의혹을 제기하는 것과는 다르게 지구 온난화는 뚜렷하게 진행되고 있으며, 자연적 요인보다 인위적 요인에 의해 나타난다고 했습니다. 아울러 북극과 남극의 빙하 면적과 두께가 빠르게 감소하면서 해수면 상승이 발생한다고 우려를 나타냈습니다.

2015년, 프랑스 파리에 세계 지도자들이 모여서 기후 변화 문제에 노력하자는 파리 기후협정을 맺었습니다. 전 세계가 힘을 합쳐 기후 변화 문제를 해결하자고 약속한 거죠. 그러나 미국 트럼프 대통령은 파리 기후협정에서 탈퇴하겠다고 하여 국제적인 비난을 받았습니다.

◆ 우리나라의 기후 변화

우리나라 역시 지난 100여 년 동안 기온이 1.5℃ 정도까지 상승했고, 최근 들어 기온 상승 추세는 더욱 두드러지고 있습니다. 미래 기후를 예측하는 시나리오마다 차이가 있지만, 21세기 말에는 우리나라 기온이 현재보다 3~5℃ 정도 높아질 것이고, 강수량도 늘어날 것이라 보는 견해가 지배적입니다. 100년 동안 기온이 3℃ 정도 올라가는 건 큰 차이가 아닌 것처럼 보입니다. 그러나 지난 2만 년 전 최후빙기 때 현재보다 5℃ 내지 10℃ 정도 낮았던 것과 비교하면 100년 동안 3℃ 기온 상승은 큰 차이입니다. 단기간에 기온이 오르면 사람들은 적응할 수 있겠지만, 자연 생태계는 적응하지 못해서 생존의 문제가 생깁니다.

2050년이 되면 겨울이 지금보다 한 달 정도 짧아지고, 덜 추울 것

	1월	2월	3월	4월	5월	6월	7월	8월	9월	10월	11월	12월
2010년	겨울		봄			여름				가을		겨울
2050년	겨울 (-27일)		봄 (+10일)			여름 (+19일)				가을 (-2일)		

✦ 표 1
우리나라 기후 변화

으로 예측합니다. 반면 여름은 20일 정도 길어지고, 더워지며, 집중
호우가 내리는 일이 잦아질 것으로 보고 있습니다. 지구 온난화가 현
실화되면 현재의 생활 패턴을 유지할 수 없습니다. 식량과 에너지 등
새로운 상황에 인류는 대처해야 되겠지요.

지난 100년 동안 기온의 변화 추세를 관측한 결과, 남한은 1.5℃,
평양은 1.6℃ 상승했습니다. 그런데 중국과 이웃한 압록강 주변에 있
는 중강진의 기온 상승폭은 3.1℃를 기록했습니다. 중강진은 도시화
와 산업화가 된 것도 아닌데 기온이 급상승했습니다. 이는 대기 중
이산화탄소의 흡수원인 삼림이 벌목되고 복사 에너지가 많아져서
기온이 오른 것으로 봐야 할 겁니다.

기온 상승 추세가 계속되면서 남부 일부 지방에 국한돼서 나타나
는 아열대 기후가 수도권까지 확산될 것이라는 우려가 있습니다. 기
온이 현재보다 2℃ 정도 높아질 2030년에는 중부 지방 기후가 아열
대 기후에 가까워지고, 2050년쯤 5℃ 정도 높아지면 수도권 대부분

이 아열대 기후로 바뀔 것으로 보기도 합니다.

기후 변화의 원인 제공자

지구촌에 급속한 기후 변화를 일으킨 주된 원인 제공자는 누구일
까요? 화석 연료와 천연자원을 대량으로 소비하면서 산업화와 도시
화를 통해 경제 발전을 이룩한 나라들입니다. 선진국이 주를 이루는
모임인 경제협력개발기구OECD에 속한 나라들인데, 여기에는 우리나
라도 포함되어 있습니다. 남반구에서는 오스트레일리아, 뉴질랜드,
남아프리카 공화국 등이 산업화를 통한 기후 변화에 기여한 비중이
높은 국가들입니다.

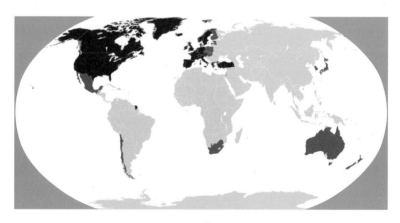

+ 그림 4
기후 변화에 일조한 국가들

뒤늦게 산업국가군에 포함된 우리나라는 온실기체 배출량, 화석 연료 소비 증가율 등에 있어 전 세계에서 가장 증가율이 높고 인구밀도 역시 높아 환경에 대한 부담이 높은 실정입니다. 기후 변화 문제에 능동적으로 대응하지 않으면 국제 경쟁력을 잃어 경쟁에서도 뒤쳐질 수 있습니다. 기후 변화 문제는 환경 현안이기도 하지만, 우리가 감당해야 할 국제 사회에 대한 의무이기도 합니다.

우리가 해결해야 할 문제들

◆ 에너지와 기후 변화

세계가 산업화 과정에서 주로 사용한 에너지원은 석탄, 석유, 천연가스와 같은 화석 연료입니다. 최근에는 오일 샌드, 셰일가스 등도 개발되어 사용하고 있지요. 이와 같은 화석 연료의 사용량이 많아지면서 연소 과정에 발생한 온실기체가 지구 온난화와 대기오염을 부추기고 있습니다. 화석 연료의 고갈 위험성과 채굴 과정에 발생하는 환경 오염은 인류가 아직 해결하지 못한 문제입니다.

특히 우리나라는 석탄을 제외한 화석 연료의 부존량이 극히 적어 각종 화석 연료를 수입해서 사용합니다. 그런데도 원유 소비 증가율이 전 세계에서 가장 높은 국가군에 속해 에너지 자립은 먼 나라 이야기입니다.

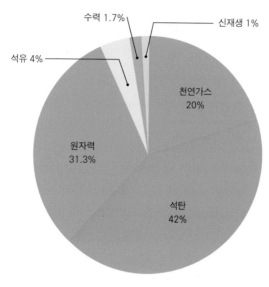

수력 1.7%

신재생 1%

석유 4%

천연가스
20%

원자력
31.3%

석탄
42%

✦ 그림 5
우리나라 전기 생산에 사용하는 자원들

원유와 천연가스는 거의 전량 해외에서 수입해야 하고, 국내에서 생산되는 석탄은 기후 변화와 환경 오염의 부담이 커서 대안으로 선택한 에너지원이 원자력입니다. 한국전력이 발표한 바에 따르면 우리나라 에너지 총생산량 중 원자력 발전 비율은 2015년 기준으로 약 31%를 차지하며, 2017년 기준으로 25기의 원자력발전소가 운영되고 있습니다. 대한민국 국민은 10시간 중 3시간을 원자력발전소에서 생산한 전기를 이용하고 있습니다.

그런데 사람들은 전기를 필요로 하면서도 전력을 생산하는 원자력발전소가 자기가 사는 지역에 오는 것을 싫어합니다. 이와 같은 님

비 현상 때문에 원자력발전소에서 전력을 생산할 때 나오는 방사성 폐기물을 저장하거나 처리하는 데 어려움을 겪고 있습니다. 나 스스로 전기 사용은 포기하지 않으면서 원자력발전소가 내 곁에 오는 것은 반대하는 것이 바른 생각일까요? 또한 국내 전기 발전량의 42%를 차지하는 석탄화력발전소도 대기오염의 원인이자 미세먼지 발생원 중 하나이기도 합니다.

화력발전소와 같이 대기오염의 피해가 크지 않고 원자력발전소처럼 위험 부담이 많지 않고 핵폐기물 문제도 없는 에너지원을 자연 에너지, 신재생 에너지, 대체 에너지라고 부릅니다. 태양광과 태양열, 수력, 풍력, 해양(조력과 파력), 지열, 바이오, 수소 에너지 등이 신재생 에너지에 포함됩니다. 그러나 신재생 에너지조차 설치, 운영에 있어 부분적으로 환경과 경관에 피해를 준다는 이유로 개발 과정에 갈등이 발생합니다.

신재생 에너지 개발에 적극적인 유럽에서는 화석 연료에 대한 의존 비율을 갈수록 줄여 가면서, 지역 특성에 맞는 신재생 에너지를 전기 생산에 활용하고 있습니다. 덴마크는 세계적으로 풍력 발전의 기술 경쟁력을 가진 나라입니다. 독일 프라이부르크 일대는 태양 에너지를 활용해 전기를 생산하는 기술력이 독보적입니다. 2030년부터는 엔진이 없는 자동차만을 생산한다는 유럽 자동차 제조사들의 선언도 이어지고 있습니다. 유럽 선진국들은 원자력발전소를 더 이상 가동하지 않아도, 미세먼지가 나오는 화력발전소가 없어도, 필요

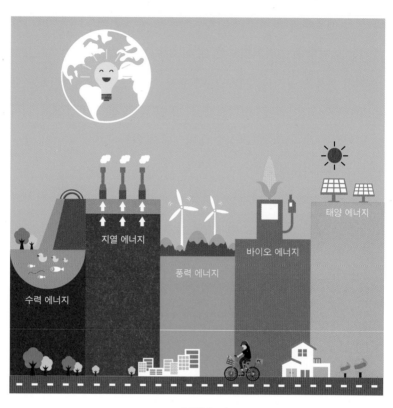

✛ 그림 6
다양한 발전 방식의 신재생 에너지들

한 전기를 생산하는 길을 가고 있는 겁니다.

화석 연료를 대체할 에너지로 주목받는 신재생 에너지도 예기치 못한 어려움을 겪고 있습니다. 우리 농어촌에서는 태양 에너지 단지가 들어오면 빛 공해가 발생하고, 토지 가격이 떨어지고, 지역 개발이 저해된다며 설치를 반대하고 있어요. 바이오 에너지는 몇 년 전까지만 해도 화석 연료를 대체할 대안으로 부상했습니다. 그러나 에탄올을 생산하기 위한 옥수수, 콩, 사탕수수, 야자나무 등을 재배할 농장을 만들려고 열대 우림을 불태워 개간하면서, 이산화탄소 흡수원인 삼림을 파괴하는 부작용이 생기며 한계에 부딪혔습니다. 근본적으로 전력 공급을 늘려서 늘어나는 수요를 충당한다는 것은 바른 선택으로 볼 수 없지요. 나부터 전기 사용을 줄여야 합니다. 국가에서는 공급하는 전력을 친환경적인 신재생 에너지로 전환해 기후 변화와 환경 오염을 방지해야 합니다.

◆ 식량과 기후 변화

에너지, 천연자원과 함께 해결해야 할 문제가 먹을거리입니다. 전통적으로 우리나라는 곡물과 채소를 중심으로 식단을 차렸는데, 생활 수준이 높아지고 서구화되면서 육류의 비중이 빠르게 높아졌습니다. 식탁에 오르는 식재료도 기후 변화와 밀접한 관계가 있다는 것을 아시나요? 건강한 소비자가 되고 싶다면 식재료와 기후 변화 그리고 건강과의 관계를 살펴보아야겠지요.

식재료 가운데 양고기, 쇠고기, 돼지고기, 닭고기 등 육류는 사육 과정과 생산 이후 처리 과정에서 이산화탄소를 많이 발생시킵니다. 즉 지구 온난화를 부추기고 식량 부족을 야기하는 식재료인 거죠. 그런데 우리나라에서는 육류 소비가 급증하고 있으며, 특히 삼겹살 소비가 기형적으로 많습니다. 삼겹살을 생산하려고 불필요하게 돼지 사육 마릿수를 늘리면서, 나머지 부위는 소비자를 찾지 못해 축산 산업이 왜곡되고도 있고요. 또한 지방이 너무 많아 삼겹살 소비를 꺼리는 국제 시장에서 비싼 가격을 주고 수입하는 어처구니없는 일도 일어나고 있습니다. 식문화 개선이 꼭 필요한 시점입니다.

반면 토마토, 우유, 콩, 두부, 브로콜리, 견과류 등 식물성 재료들은 육류와 비교할 수 없을 정도로 이산화탄소 발생량이 낮을 뿐만 아니라 건강한 식재료입니다. 세계적 주간지 〈타임〉에서 암에 걸리지 않고 장수하는 데 도움이 되는 '세계 10대 슈퍼 푸드'를 선정했는데, 이런 식재료들이 절반 정도를 차지했습니다.

우리가 어떤 식재료를 선택하느냐에 따라 식량 자원의 효율이 크게 달라집니다. 무게 20kg인 옥수수, 콩 한 자루면 20명 정도가 음식을 해서 먹을 수 있습니다. 그러나 옥수수, 콩 한 자루를 사료로 먹여 고기를 생산하면 한 사람이 먹을 수 있는 분량인 1kg 정도의 소고기를 생산할 수 있습니다. 즉 육식을 하면 식량 효율이 20분의 1로 감소하기 때문에 같은 인구를 먹여 살리는 데 20배 많은 식량이 필요해지겠죠. 또한 가축을 사육하는 데에는 많은 물과 사료가 필요합니다. 더구나 가축 분뇨는 수질 오염을 일으키고, 트림과 분뇨에서 배출되는 메탄가스는 대표적인 온실기체입니다. 단순하게 보이는 먹을거리 하나에도 많은 인과관계가 복잡하게 연결되므로 환경 문제는 종합적이고 체계적으로 접근해야 합니다. 건강을 지키면서 지구 환경도 개선할 길이 있으니 남은 것은 우리 선택이지요.

◆ 환금 작물과 기후 변화

식량과 함께 지구 환경에 큰 영향을 미치는 작물은 열대와 아열대 지역에 분포하는 대규모 농장 플랜테이션plantation에서 재배하는 환금 작물cash crop입니다. 환금 작물은 현지인이 소비하기보다는 수출해 달러를 벌고자 재배하는 작물로, 커피, 차, 카카오, 열대 과일, 담배 등 기호 식품과 사탕수수, 기름야자, 고무, 콩, 옥수수, 면화 등 원료 작물이 대표적입니다.

대표적인 환금 작물인 커피는 전 세계적으로 선풍적인 인기를 누리며 시장이 폭발적으로 성장하고 있으며, 국내에서도 사정은 마찬가지입니다. 어떤 커피 브랜드는 국내 시장에서 세계에서 유례 없는 대성공 기록을 세우며 2015년 연 매출 1조를 돌파했다고 합니다.

커피는 동부 아프리카 에티오피아가 원산지로 아랍 상인들에 의해 유럽으로 전파되었습니다. 유럽의 식민지 종주국들은 풍부한 자본과 원주민의 값싼 노동력을 이용해 아프리카, 아시아, 남아메리카에 위치한 열대 우림을 불태워 조성한 농장에서 커피를 대량 생산했습니다. 오늘날 적도를 중심으로 커피가 집중적으로 재배되는 지역을 커피 존 또는 커피 벨트라고 합니다.

지구의 허파이자 생물 다양성의 보고인 열대 우림은 커피를 비롯한 환금 작물을 재배하기 위해서 파괴되고 있습니다. 열대 우림이 사라짐에 따라 열과 수분을 저장하는 열대 숲이 제 기능을 발휘하지 못하면서 지구의 기후 시스템에 이상이 생겨 기상 이변이 이어지고 있

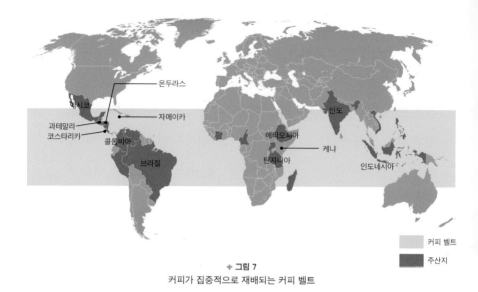

과테말라
코스타리카
멕시코
온두라스
자메이카
콜롬비아
브라질
인도
에티오피아
케냐
탄자니아
인도네시아

커피 벨트
주산지

✦ **그림 7**
커피가 집중적으로 재배되는 커피 벨트

습니다. 더구나 잠재적인 가치가 있는 동식물, 희귀종, 멸종 위기종, 지역 특산종들까지 사라지는 피해를 보고 있지요.

이런 환경적인 이유로 세계인에게 가장 친숙한 커피를 끊으라고 주장할 수는 없으니 대안을 찾아야 합니다. 열대 우림을 태워 조성하는 플랜테이션 대신 현지 농민들이 열대 우림 사이에 소규모로 커피나무를 심어서 생산하는 친열대 우림 커피rainforest friendly coffee, 친조류 커피bird friendly coffee, 유기농 커피organic coffee, 공정무역 커피fair-trade coffee 등을 소비해 커피 재배의 이익이 원주민에게 돌아가면 열대 우림을 지키고 기후 시스템을 유지하며 생물 다양성을 보전하는 첫걸음이 될 겁니다.

작물을 재배하는 데 좋은 기후 조건을 가지고 있는 적도 주변 국가들이 왜 가난한지 생각해 보았나요? 장 지글러의 책《왜 세계의 절반은 굶주리는가》를 보면 선진국 사람들은 부유한데 개발도상국 사람들은 왜 빈곤과 기아를 벗어나지 못하는지 알려 줍니다. 여기에는 식민지 시대 이래 굳어진 세계 질서가 한 몫을 하지요. 개발도상국이 생산하는 농산물인 커피, 바나나, 사탕수수, 고무, 팜유(기름야자) 등은 수출용 환금 작물입니다. 그러나 정작 가난한 나라들이 먼저 생산해야 할 작물은 수출용 환금 작물보다 자급자족용 식량 작물이겠지요.

농산물 생산 구조를 보면 개발도상국은 선진국에서 소비되는 기호 작물과 원료 작물을 생산하고, 개발도상국 사람들에게 필수적인 식량 작물은 선진국이 주로 생산해 수출합니다. 문제는 개발도상국에서 생산하는 환금 작물과 선진국에서 생산하는 곡물의 가격을 모두 선진국이 주도하는 시장이 결정한다는 것입니다.

국제 곡물시장을 장악하고 막강한 정치적 힘을 발휘하는 다국적 기업이 국제 곡물 메이저입니다. 미국의 카킬, 콘티넨털, 프랑스의 루이 드레퓌스, 스위스의 앙드레, 아르헨티나의 붕게 등 특정 민족 자본 중심의 5개 비공개 기업이 대표적이고요. 곡물 메이저들이 주로 취급하는 상품은 옥수수, 밀, 콩 등 유통량이 많은 농산물입니다. 이들의 시장 점유율은 미국 전체 곡물 수출량의 80%를 넘습니다. 세계 최대의 쌀 수출국인 태국에서는 중국계 곡물상들이 상권을 장악하고 있고, 선진국 기업은 커피, 팜유와 같은 농산품 거래도 주도하지요.

개발도상국 사람들이 자기가 생산한 농산물의 가격도 결정하지 못하고, 수입 농산물의 가격도 결정하지 못하는 구조가 정당하다고 보기 어렵습니다. 그 결과 국제 농산물 시장에서 곡물을 수입해야 하는 가난한 국가들은 기아를 피할 수 없습니다. 여기에 더해 가뭄, 홍수, 병해충, 사막화 등으로 개발도상국에서 생산하는 식량 작물이 부족해지면 문제는 더 커집니다. 식량 위기를 겪게 될 가능성이 높은 국가들은 아프가니스탄, 콩고민주공화국, 부룬디, 에리트레아, 수단, 에티오피아, 앙골라, 라이베리아, 차드, 짐바브웨 등 주로 아프리카 나라들입니다.

지구상에는 하루 1달러도 안 되는 돈으로 살아가는 사람이 13억 명에 이를 정도로 절대 빈곤에 처한 사람들이 많다는 사실을 기억해야 합니다. 식량과 환경 문제는 서로 영향을 주고받으며 상승 작용을 일으키는 경우가 많습니다.

개발도상국의 기아 문제를 해결하는 데 우리가 할 수 있는 역할이 있을까요? 농림축산식품부는 우리의 식량 자급률이 2015년 기준으로 50.2%라고 발표했습니다. 식량 자급률이 늘어난 주된 이유는 사료용을 제외한 식량 소비량이 감소했기 때문입니다. 한편 사료용 곡물 소비를 포함한 2015년 곡물 자급률은 23.8%입니다. 즉 우리 식탁에 오르는 곡물과 육류 가운데 4분의 1 정도만 자급하는 겁니다. 국제 곡물 가격이 높아지면 우리나라는 감당할 수 있겠지만, 가난한 국가들은 곡물 수입이 어려워지면서 기아를 겪게 됩니다.

한편 주요 곡물 수입국인 우리나라의 한 해 음식물 쓰레기 배출량은 500만 톤 정도입니다. 이것도 해결해야 할 숙제이지요. 우리가 남기는 음식물 쓰레기는 환경을 오염시키는 것에 그치지 않고, 높은 국제 곡물 가격 때문에 수입이 어려운 가난한 나라의 사람들을 굶어 죽게 하는 원인이 됩니다. 이렇게 세상을 보는 다른 눈이 필요합니다.

지구촌 기아와 빈곤 문제는 특정 국가의 문제이기도 하지만, 스스로 식량 사정을 악화시킨다는 책임 의식을 가지고 행동할 때 국제 사회에서 존경을 받을 수 있겠지요. 국민 소득 3만 달러도 중요하지만, 글로벌 마인드가 있어야만 세상을 이끌어 가는 건전한 리더가 될 수 있습니다.

◆ 우리의 먹을거리와 기후 변화

요즘 농민들에게 재배하던 과일나무와 작물을 포기하는 일들이 흔해지고 있습니다. 기온이 상승하고 강수량이 변하는 등 기후 변화에 따라 지역 특산물이 명성을 잃고 사라지는 겁니다. 이에 도시 소비자들도 새로운 지역 특산물을 익혀야 합니다. 예전에는 사과의 주산지가 대구, 경북 일대였는데, 지금은 경북 봉화, 안동, 충북 충주, 전북 장수 등 내륙 산간 지역뿐만 아니라 강원도 양구, 경기도 연천 등 중북부 지방까지 재배지가 넓어졌습니다. 녹차도 과거에는 제주, 전남 보성, 경남 하동 일대에서 주로 재배했는데, 이제는 강원도 고

411

성까지 재배지가 북상했고요. 이러다가는 사과를 수입해서 먹어야 할지도 모릅니다.

반면 낮은 온도 때문에 국내에서 재배하지 못했던 열대, 아열대성 작물을 재배하는 것이 유행이라고 합니다. 망고, 용과, 패션프루트, 구아바 등 열대 과일을 남부 지역뿐만 아니라, 대구, 부산, 전북, 충남, 충북 지역에서도 재배한다니 기후 변화의 위력이 대단합니다. 머지않아 비닐하우스 속이 아닌 노지에서도 이런 열대 작물과 과수를 재배하는 일이 현실로 다가올 수도 있겠네요.

◆ 바다 생태계와 기후 변화

한반도 주변 바다의 해수 온도가 꾸준히 상승하면서 바다 생태계도 변화를 겪고 있습니다. 차가운 물에 서식하는 명태, 정어리 등 한류성 물고기들이 수온이 상승하면서 북쪽으로 이동해 국내 어민의 어획량이 급감했다고 합니다. 동해에서 명태가 사라진 것에는 남획에 따른 피해도 있지만, 수온 상승에 따라 물고기의 서식 환경이 변해 발생했다는 사실을 부인할 수 없습니다.

반면 연근해 바다의 수온이 따뜻해지니까 오징어, 고등어, 멸치 등이 예전보다 많이 잡힌다고 합니다. 울릉도에서 맛보던 오징어회를 서해안에서도 즐기게 되었죠. 제주도 근해에서 참치를 잡는 행운을 맛보는 어부들도 늘고 있습니다. 빠르게 변하는 해양 환경에 능동적으로 대처하지 못하면 어업에도 큰 부담이 될 수 있으므로 적극적이고 과학적인 대응을 해야 합니다.

기후 변화와 미래 대응

인간은 자신을 세상의 중심에 두고 보는 경향이 있습니다. 환경에 대한 적응력도 높은 편이고, 필요하면 환경을 자신에게 맞도록 바꾸기도 하지요. 이에 따라 인간에 의해 지구 시스템을 구성하는 암석권, 대기권, 수권 등 자연환경이 스스로 치유할 수 있는 자정 능력을 잃는 일이 나타날 수 있을 겁니다. 때로는 원상회복이 불가능한 상황으로 빠지기도 하지요. 특히 생물권을 구성하는 동물이나 식물은 기후 변화와 환경 오염, 환경 파괴에 따라 서식지가 줄고 멸종하기도 합니다. 생물이 멸종하면 복구가 불가능하기 때문에 국제 사회는 생물 다양성에 관심이 크지요.

기후 변화는 현대 사회가 당면한 가장 중요한 환경적 현안 중 하나입니다. 왜 기후 변화가 발생하는지, 어떤 과정을 거쳐 기후가 변하는지, 주변에 어떠한 영향을 끼치는지, 미래 기후는 어떻게 변할지, 이런 문제들을 과학적으로 분석해야 합니다. 환경 문제를 해결하려면 국제 사회, 정부, 기업, 지역 사회, 개인이 각자 해야 할 일을 실천해야 합니다. 그래야만 지속 가능한 사회를 후손들에게 물려줄 수 있습니다.

413

지구 생태계에 발생하는 일들이 우리에게 직접적인 부담이나 피해를 주지 않으면 무관심해지기 쉽지요. 사람들은 자신이 환경 오염이나 환경 파괴의 피해자가 될 경우 매우 적극적으로 문제점을 지적하고 해결 방안을 요구하기도 합니다. 그러나 자신이 환경 오염이나 환경 파괴의 원인 제공자 또는 주체일 경우 스스로에게 관대해지기 쉽습니다. 나 때문에 발생하는 환경 문제는 시간과 공간이 다를 뿐이지 부메랑처럼 반드시 내게 피드백을 준다는 사실을 기억해야 합니다.

현대 사회가 당면한 환경 문제를 해결하려면 나 자신부터 범지구적인 시각을 가지고 체계적으로 생각하면서 먼저 친환경적인 생활을 실천하는 태도가 필요합니다.

그림 출처

- **17쪽** (아래) CC BY–SA 2.0 Steve Ryan
- **27쪽** CC BY–SA 2.5 Niko Lang
- **31쪽** CC BY–SA 2.5 Niko Lang
- **35쪽** CC BY–SA 3.0 Arpad Horvath
- **61쪽** CC BY–SA 3.0 Cronholm144
- **63쪽** CC BY–SA 3.0 K. Aainsqatsi
- **82쪽** CC BY–SA 3.0 Mysid
- **93쪽** CC BY 4.0 ESA/Hubble
- **97쪽** (아래) CC BY–SA 3.0 Aldaron
- **108쪽** ESA/Hubble & NASA
- **109쪽** CC BY–SA 3.0 Lithopsian
- **111쪽** CC BY–SA 4.0 ESO
- **112쪽** NASA
- **131쪽** CC BY–SA 3.0 Wjh31, Quibik
- **232쪽** CC BY 2.5 Robinson R
- **245쪽** Richard A. Neher and Boris I. Shraiman , 〈Fluctuations of Fitness Distributions and the Rate of Muller's Ratchet〉, 〈Genetics〉 vol.191, 2012
- **269쪽** CC BY 4.0 CNX OpenStax
- **295쪽** CC BY 4.0 CNX OpenStax
- **303쪽** CC–BY–SA–3.0 Semhur
- **309쪽** CC BY–SA 2.0 Filip Lachowski (malczyk)
- **313쪽** CC BY–SA 4.0 Lars Ebbersmeyer
- **321쪽** CC BY–SA 2.0 Martin Beek
- **338쪽** CC BY 4.0 CNX OpenStax
- **343쪽** CC BY 3.0 OpenStax College
- **359쪽** CC BY–SA 4.0 Felix Müller
- **387쪽** CC BY–SA 3.0 historicair
- **400쪽** CC BY–SA 2.0 Cflm001

빅뱅에서 인간까지
_우주, 생명, 문명

초판 1쇄 발행·2017. 11. 10.
초판 7쇄 발행·2023. 9. 15.

지은이·마그나 히스토리아 연구회
발행인·이상용
발행처·청아출판사
출판등록·1979. 11. 13. 제9-84호
주소·경기도 파주시 회동길 363-15
대표전화·031-955-6031 팩시밀리·031-955-6036
E-mail·chungabook@naver.com

ISBN 978-89-368-1109-9 03400

* 값은 뒤표지에 있습니다.
* 잘못된 책은 구입한 서점에서 바꾸어 드립니다.
* 본 도서에 대한 문의사항은 이메일을 통해 주십시오.
* 이 책에 사용된 사진 자료 중 일부는 저작권자를 찾지 못했습니다. 저작권자가 확인되는 대로
정식 허가 절차를 진행하겠습니다.

이 도서의 국립중앙도서관 출판예정도서목록(CIP)은 서지정보유통지원시스템 홈페이지(http://seoji.nl.go.kr)와 국가자료공동목록시스템
(http://www.nl.go.kr/kolisnet)에서 이용하실 수 있습니다.(CIP제어번호: CIP2017027201)